计算机前沿技术丛书

架构之道

自定义软件体系结构

谷雨丰 ◎ 编著

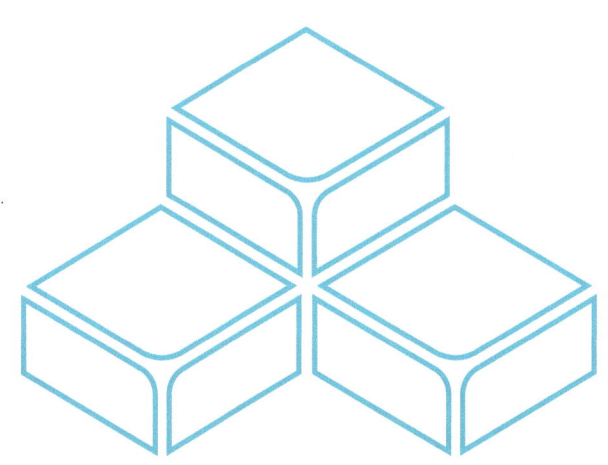

机械工业出版社
CHINA MACHINE PRESS

本书基于 ISO 国际标准、架构行业发展情况编著，讲解了软件架构的基本概念、前沿理论和实践应用。全书共 7 章，包括软件架构概述、基础架构剖析、高阶架构剖析、云计算架构、分布式架构、存储系统架构，以及自定义架构实践。书中对每种架构都详细介绍了其理论基础与具体实践，并给出其优缺点及适用场景。注重理论与实践相结合，使读者能够对每种架构的设计思想有深入的理解，帮助其在进行自定义架构设计时能使用不同风格的架构设计思想，并掌握架构风格分析、设计思想提取、设计思想应用的方法。

本书既可以作为架构设计的入门书籍，也可以作为深入理解架构设计思想的参考书，还可以作为架构设计时随时查阅的工具书，以及了解架构发展趋势的指南。本书不仅适合软件架构师，帮助他们完善自己的架构理论及框架，还适合想从事架构工作的软件开发者，使其对软件架构有全面的认识并进行设计实践。

图书在版编目（CIP）数据

架构之道：自定义软件体系结构／谷雨丰编著. --北京：机械工业出版社，2025.8. --（计算机前沿技术丛书）. -- ISBN 978-7-111-78757-0

Ⅰ. TP311.561

中国国家版本馆 CIP 数据核字第 2025AU4177 号

机械工业出版社（北京市百万庄大街 22 号　邮政编码 100037）
策划编辑：李晓波　　　　　　　　　责任编辑：李晓波　侯　颖
责任校对：张勤思　杨　霞　景　飞　责任印制：张　博
北京机工印刷厂有限公司印刷
2025 年 8 月第 1 版第 1 次印刷
184mm×240mm・16.75 印张・349 千字
标准书号：ISBN 978-7-111-78757-0
定价：99.00 元

电话服务　　　　　　　　　　　网络服务
客服电话：010-88361066　　　　机　工　官　网：www.cmpbook.com
　　　　　010-88379833　　　　机　工　官　博：weibo.com/cmp1952
　　　　　010-68326294　　　　金　书　网：www.golden-book.com
封底无防伪标均为盗版　　　　机工教育服务网：www.cmpedu.com

前言
PREFACE

现代社会对软件的依赖程度不断提升，软件几乎渗透到每一个领域。在数字化和信息化迅速发展的背景下，软件架构的重要性愈加突出。随着业务需求日益复杂化和技术的不断进步，软件系统变得越发庞大和复杂，这就要求开发团队在系统设计时必须综合考量多种因素，例如可扩展性、可靠性和安全性。因此，软件架构成为保证软件质量和适应快速变化的市场需求的关键所在。良好的软件架构不仅能够提升开发效率、减少系统维护成本，还能增强系统的灵活性和适应性。各行业对高效、稳定且安全的软件系统的迫切需求，使得软件架构的设计和实施在软件开发中占据了至关重要的地位。

本书基于 ISO 国际标准、架构行业发展情况编著，讲解了软件架构的基本概念、前沿理论和实践应用。全书共 7 章，包括软件架构概述、基础架构剖析、高阶架构剖析、云计算架构、分布式架构、存储系统架构，以及自定义架构实践。书中对每种架构都详细介绍了其理论基础与具体实践，并给出其优缺点及适用场景。注重理论与实践相结合，使读者能够对每种架构的设计思想有深入的理解，帮助读者在进行自定义架构设计时能使用不同风格的架构设计思想，并掌握架构风格分析、设计思想提取、设计思想应用的方法。

本书内容丰富，涵盖了从基本概念、设计思想到实际应用的多个层面。书中详细介绍了软件架构的核心要素，包括架构定义、架构风格及架构实践等。首先，架构定义为理解和构建稳定系统奠定了基础。接着，书中探讨了不同的软件架构风格，如微服务架构、事件驱动架构和面向服务架构等，深入分析了它们的设计思想、优缺点和适用场景等。此外，书中还阐述了架构设计中的常见挑战，如性能优化、系统扩展和安全性问题，并提供了实际案例和解决方案。通过这些内容，读者可以全面掌握软件架构的知识体系，并能够在实践中应用这些技术，解决复杂系统中的实际问题。本书不仅适用于软件架构师，帮助他们完善自己的架构理论及框架，也适用于有一定实际经验的开发者，助力他们全面了解软件架构并开展架构实践。

由于作者学识有限，虽尽力为多种架构风格给出详细的定义，但难免存在疏漏。本书中软件架构风格的定义采用了卡内基梅隆大学软件工程研究所提出的"元素、元素之间的相互关系以及二者各自的属性"这一理念，并在此基础上，基于有限的理解，对书中涉及的每种架构风格进行了详细定义及具体应用阐述。如有不足之处，恳请读者批评指正。

谷雨丰

目录 CONTENTS

前　言

第 1 章　软件架构概述　/　1

1.1　软件架构理论体系　/　2
　　1.1.1　软件架构的定义　/　4
　　1.1.2　架构属性　/　5
　　1.1.3　架构说明　/　7
　　1.1.4　软件需求与架构需求　/　19
　　1.1.5　架构定义流程与设计定义流程　/　22
　　1.1.6　架构师　/　29
1.2　软件架构的发展历程　/　37
1.3　软件架构设计原则　/　39
　　1.3.1　架构设计的基本原则　/　40
　　1.3.2　演进式架构设计　/　41
　　1.3.3　架构设计的驱动内因　/　42
　　1.3.4　架构权衡　/　47
1.4　架构评价　/　51
　　1.4.1　架构评价的目的　/　52
　　1.4.2　架构评价的一般方法　/　52
1.5　架构生命周期　/　56
　　1.5.1　架构生命周期与软件生命周期的关系　/　57
　　1.5.2　软件生命周期的定义　/　58
　　1.5.3　架构生命周期的定义　/　58

1.5.4　不同开发模式下架构设计的侧重点 / 59

1.6　架构治理 / 60

　　1.6.1　架构的演进与退化 / 61

　　1.6.2　重构 / 65

第 2 章　基础架构剖析 / 67

2.1　单体架构 / 68

　　2.1.1　单体架构的软件架构定义 / 69

　　2.1.2　紧耦合的经济性与敏捷性 / 69

　　2.1.3　快交付与难维护的权衡 / 70

　　2.1.4　中小型项目的优选 / 71

　　2.1.5　单体架构在自定义架构风格中的设计方法 / 71

　　2.1.6　单体架构风格实践 / 72

2.2　面向服务架构 / 74

　　2.2.1　面向服务架构的软件架构定义 / 75

　　2.2.2　服务可组合性的复用和复杂性管理 / 76

　　2.2.3　开发周期缩短与管理周期增长的权衡 / 76

　　2.2.4　不断变化的复杂系统的适用性 / 77

　　2.2.5　面向服务架构在自定义架构风格中的设计方法 / 77

　　2.2.6　面向服务架构风格实践 / 77

2.3　客户端-服务器架构 / 79

　　2.3.1　客户端-服务器架构的软件架构定义 / 79

　　2.3.2　分离与连接的跨平台兼容性 / 80

　　2.3.3　关注点分离与版本控制的权衡 / 81

　　2.3.4　数据-程序分离场景的适用性 / 81

　　2.3.5　客户端-服务器架构在自定义架构风格中的设计方法 / 82

　　2.3.6　客户端-服务器架构风格实践 / 82

2.4　分层架构 / 84

　　2.4.1　分层架构的软件架构定义 / 84

　　2.4.2　层次化结构的复杂性管理 / 85

　　2.4.3　复用与沟通成本的权衡 / 86

　　2.4.4　多人协作场景的实用性 / 86

2.4.5 分层架构在自定义架构风格中的设计方法 / 87

2.4.6 分层架构风格实践 / 88

2.5 事件驱动架构 / 89

2.5.1 事件驱动架构的软件架构定义 / 90

2.5.2 异步通信的灵活性与性能 / 90

2.5.3 高性能与容错性、复杂性的权衡 / 91

2.5.4 异步通信场景的适用性 / 91

2.5.5 事件驱动架构在自定义架构风格中的设计方法 / 92

2.5.6 事件驱动架构风格实践 / 92

2.6 无状态架构 / 94

2.6.1 无状态架构的软件架构定义 / 94

2.6.2 状态外部化的水平扩展与容错性 / 95

2.6.3 可用性与复杂性的权衡 / 96

2.6.4 大规模水平扩展场景的适用性 / 96

2.6.5 无状态架构在自定义架构风格中的设计方法 / 96

2.6.6 无状态架构风格实践 / 97

第3章 高阶架构剖析 / 99

3.1 无状态架构的演进——容器化架构 / 100

3.1.1 容器化架构的软件架构定义 / 100

3.1.2 Docker 架构 / 101

3.1.3 Kubernetes 架构 / 103

3.2 面向服务架构的演进——微服务架构 / 104

3.2.1 微服务架构的软件架构定义 / 104

3.2.2 分而治之的可伸缩性与迭代交付 / 107

3.2.3 灵活性与复杂性的权衡 / 108

3.2.4 大型复杂系统的适用性 / 109

3.2.5 微服务架构在自定义架构风格中的设计方法 / 109

3.2.6 微服务架构风格实践 / 110

3.3 事件驱动架构的演进——流式架构 / 111

3.3.1 流式架构的软件架构定义 / 111

3.3.2 分布式事件驱动的实时性 / 113

3.3.3 高吞吐量与成本、技术复杂度的权衡 / 113

3.3.4 实时大规模数据处理场景的适用性 / 113

3.3.5 流式架构在自定义架构风格中的设计方法 / 114

3.3.6 流式架构风格实践 / 114

3.4 **客户端-服务器架构的演进** / 116

3.4.1 CQRS 架构 / 116

3.4.2 BFF 架构 / 118

3.4.3 Database per service 架构 / 120

3.5 **分层架构的演进——六边形架构** / 123

3.5.1 六边形架构的软件架构定义 / 123

3.5.2 内外分离的灵活性与可维护性 / 124

3.5.3 清晰的分层边界与配置复杂性的权衡 / 125

3.5.4 多团队协作、不断演进系统的适用性 / 125

3.5.5 六边形架构在自定义架构风格中的设计方法 / 126

3.5.6 六边形架构风格实践 / 126

第4章 云计算架构 / 128

4.1 **云计算平台** / 129

4.1.1 云计算平台的发展历史 / 129

4.1.2 云计算平台的三层架构 / 130

4.1.3 云计算赋能软件架构 / 132

4.2 **混合云部署架构** / 133

4.2.1 本地部署架构 / 133

4.2.2 云平台部署架构 / 133

4.2.3 混合部署架构 / 134

4.3 **云平台应用架构** / 136

4.3.1 云微服务架构 / 136

4.3.2 无服务器架构 / 137

4.3.3 应用架构切换 / 140

4.3.4 自动化架构 / 142

第5章 分布式架构 / 146

5.1 分布式架构基础理论 / 147
- 5.1.1 分布式架构的软件架构定义 / 148
- 5.1.2 自治性的高可用、高性能扩展与容错性 / 148
- 5.1.3 高性能与一致性、复杂性的权衡 / 149
- 5.1.4 高可用、高容错需求场景的适用性 / 149
- 5.1.5 分布式架构在自定义架构设计中的设计方法 / 150
- 5.1.6 分布式架构风格实践 / 150

5.2 分布式架构算法 / 152
- 5.2.1 分布式一致性 / 152
- 5.2.2 强一致性 / 154
- 5.2.3 弱一致性 / 156
- 5.2.4 CAP 理论 / 159
- 5.2.5 BASE 理论 / 161
- 5.2.6 Paxos 及其衍生算法 / 163
- 5.2.7 分布式架构在自定义架构设计中的设计方法 / 167

5.3 分布式文件系统 / 168
- 5.3.1 分布式文件系统的基础理论 / 169
- 5.3.2 HDFS 架构分析 / 170
- 5.3.3 分布式文件系统在自定义架构设计中的设计方法 / 172
- 5.3.4 分布式文件系统实践 / 173

5.4 分布式备份架构 / 175
- 5.4.1 分布式备份架构的基础理论 / 175
- 5.4.2 Cassandra 的分布式备份架构分析 / 176
- 5.4.3 分布式备份架构在自定义架构设计中的设计方法 / 178
- 5.4.4 分布式备份架构风格实践 / 179

5.5 分布式计算架构 / 180
- 5.5.1 分布式计算架构的基础理论 / 181
- 5.5.2 Hadoop 架构分析 / 182
- 5.5.3 分布式计算架构在自定义架构设计中的设计方法 / 184
- 5.5.4 分布式计算架构设计实践 / 185

第 6 章 存储系统架构 / 187

6.1 存储系统架构概念 / 188

6.2 关系数据库 / 189

    6.2.1 关系数据库基础理论 / 189

    6.2.2 MySQL 中存储引擎 InnoDB 架构分析 / 191

    6.2.3 NoSQL 架构分析 / 193

    6.2.4 关系数据库在自定义架构设计中的设计方法 / 195

    6.2.5 存储系统架构设计实践 / 196

6.3 文档数据库 / 198

    6.3.1 文档数据库基础理论 / 198

    6.3.2 MongoDB 架构分析 / 200

    6.3.3 文档数据库在自定义架构设计中的设计方法 / 202

    6.3.4 文档数据库架构设计实践 / 202

6.4 键值数据库 / 203

    6.4.1 键值数据库基础理论 / 203

    6.4.2 Redis 架构分析 / 205

    6.4.3 键值数据库在自定义架构设计中的设计方法 / 209

    6.4.4 键值数据库架构设计实践 / 210

6.5 图数据库 / 211

    6.5.1 图数据库基础理论 / 212

    6.5.2 Neo4j 架构分析 / 213

    6.5.3 图数据库在自定义架构设计中的设计方法 / 216

    6.5.4 图数据库架构设计实践 / 217

6.6 数据备份及恢复机制 / 218

    6.6.1 主从架构备份 / 219

    6.6.2 对等架构备份 / 220

    6.6.3 集群架构备份 / 221

    6.6.4 差异备份 / 223

6.6.5 增量备份 / 224

6.6.6 快照备份 / 225

6.6.7 逻辑备份 / 226

6.6.8 事务日志备份 / 227

第7章 自定义架构实践 / 230

7.1 自定义架构风格理论 / 231

7.1.1 架构需求分析 / 231

7.1.2 评估参考架构 / 232

7.1.3 参考架构设计思想提取 / 233

7.1.4 核心元素定义 / 234

7.1.5 设计方法与实现 / 236

7.1.6 架构验证 / 236

7.1.7 优化与调整 / 238

7.1.8 权衡与 Plan B / 240

7.2 自定义架构风格实践——多种约束条件的物联网系统架构设计 / 241

7.2.1 物联网系统架构需求分析 / 241

7.2.2 评估参考架构 / 242

7.2.3 参考架构设计思想提取 / 246

7.2.4 物联网系统自定义架构核心元素定义 / 248

7.2.5 物联网系统架构设计方法与实现 / 250

7.2.6 物联网系统架构验证 / 254

7.2.7 物联网系统架构优化与调整 / 255

7.2.8 利益冲突下的权衡与 Plan B / 256

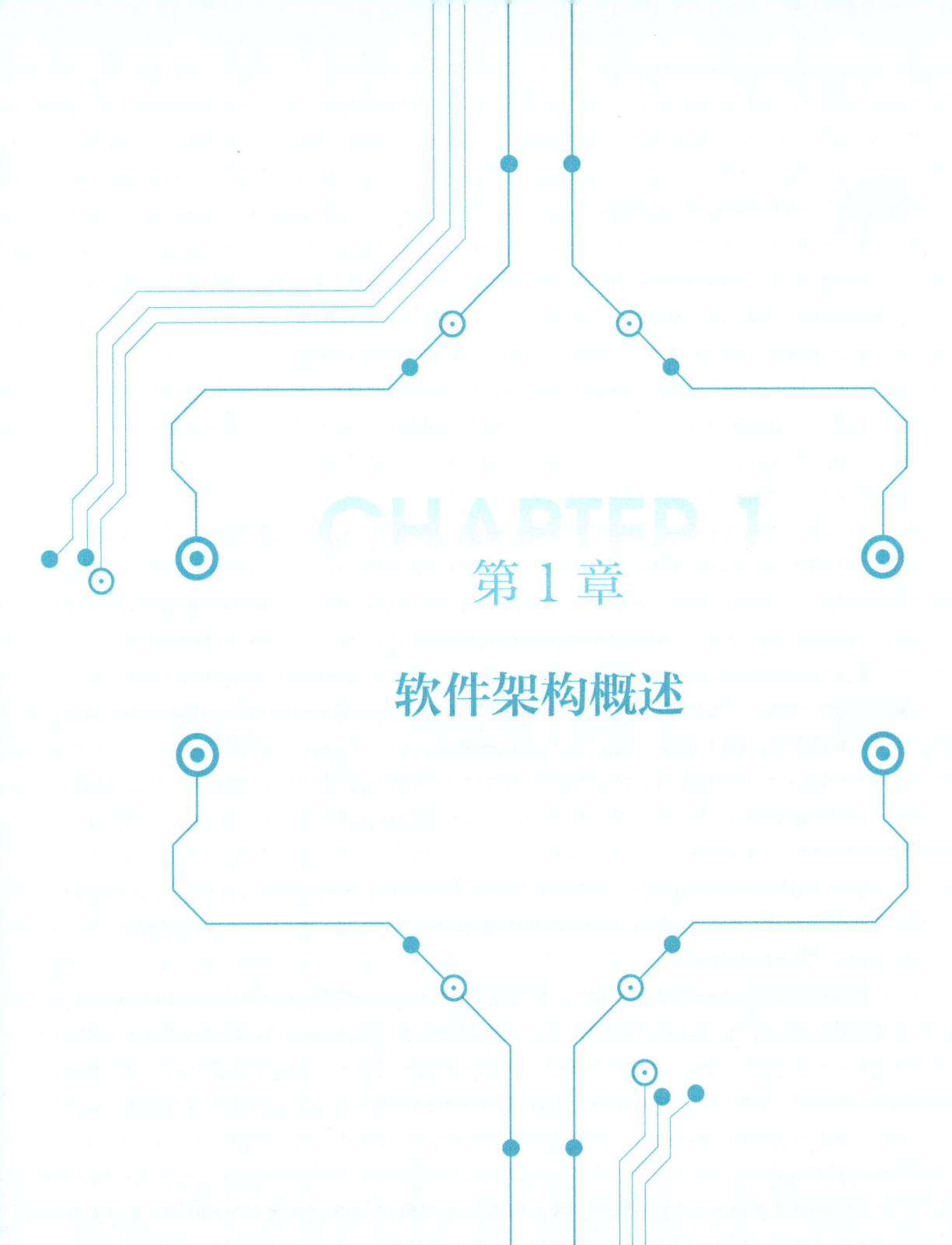

第 1 章

软件架构概述

1.1 软件架构理论体系

"架构"这一概念起源于古代的建筑实践和文化传统,然而,在古代并未给出关于"架构"的明确的定义。我国古代建筑在设计和构造上始终注重整体结构和组织方式,这种思想贯穿了整个古代建筑史。我国古代的工匠通过长期的实践和总结,形成了对建筑整体结构的深刻认识。在设计宫殿、寺庙、园林等各类建筑的过程中,所涉及的关于建筑总体结构、构造方式及空间布局等方面的思考,都充分反映了当时人们对"架构"这一概念的理解,如图1-1所示。

● 图1-1 中国古代城楼示意

西方建筑架构的起源可以追溯到古希腊和古罗马时期,同样发端于建筑领域。在那个时期,建筑师们开始注重建筑的整体结构、比例和设计原则,如对称、序列等。文艺复兴时期,人们重新研究并回归古典建筑原则。此后,在巴洛克、洛可可等不同时期,形成了各具特色的建筑风格。近现代建筑运动带来了现代建筑的概念和设计理念,包括功能主义和现代材料的运用。

软件架构的概念起源于计算机科学领域。最早的软件架构理论可以追溯到20世纪70年代至80年代初,随着软件系统规模的增大,人们开始认识到需要更好地组织和设计软件系统,例如大卫·帕纳斯(David Parnas)提出的模块化设计原则。

"软件架构"这一概念引入中国的时间相对较晚。随着计算机科学的不断发展,软件工程和系统设计的需求逐渐增长,软件架构作为一种设计和组织软件系统的方法逐渐进入我国的计算机科学领域。

随着计算机技术的不断进步,软件架构的概念不断演化并趋于系统化。设计模式、面向对象编程和分布式系统等概念在软件架构中扮演着重要角色。近年来,微服务架构和云计算等新兴技术推动了软件架构的发展。

尽管建筑架构和软件架构起源和发展的领域不同,但它们都着重关注整体结构和组织方式。建筑架构强调物理空间的设计和结构,而软件架构关注的是软件系统的组织结构和模块设计。两者的共通之处在于都致力于对复杂系统进行有序的组织和设计。在建筑领域,架构对应着建筑的结构设计,若缺乏明确的结构设计可能导致建筑物不稳定,存在结构安全隐患。同时,架构有助于规划建筑物的功能和布局,缺乏良好设计的架构可能导致功能区域的混乱,不同部分之间的关系不清晰。

对于软件系统来说,若缺乏良好的软件架构,软件项目可能失去整体方向和愿景。开发人员没有对项目整体目标和架构设计原则的理解,会导致工作分散,无法实现有针对性的协同合作。一个设计良好的软件架构可以为软件系统未来的扩展和变化提供支持;反之,若缺乏架构规划,系统很可能无法适应未来需求的演变，从而引发技术难题和业务困境。

架构对于团队协同工作至关重要。缺乏架构可能引发团队成员之间的分歧，使得各自编写的代码难以集成，协同工作时困难重重。架构明确界定了系统的质量属性，包括性能、可维护性等关键指标。缺乏架构就难以对系统质量进行量化评估和管理，大大增加项目失败的风险。可以说，缺乏软件架构等同于失去了对整个软件系统的掌控力和方向引导力，极有可能导致项目在设计、开发和演进中遇到各种复杂问题和严峻挑战。

软件系统通常涉及大量互相关联的元素和交互关系，而软件架构为管理这种复杂性提供了一种有效途径。通过抽象、模块化和接口定义等手段，软件架构让系统整体结构更易于理解，显著降低了人们对系统复杂性的认知难度。架构定义了软件系统的问题解决空间，为开发人员在设计和实现系统时提供了明确的方向指引和边界约束，指导他们在解决实际问题时合理地组织和结构化系统。架构赋予系统整体性，将各个组成部分联系起来形成一个有机的整体。这种整体性不仅有助于确保系统的一致性，还能让系统以更协调、高效的方式运作。架构基于抽象设计原则构建，这使得系统设计具有更高灵活性和可扩展性。通过抽象，架构可以提供通用的设计模式和解决方案，使系统在不断变化的环境中能更从容地适应。架构为软件系统的演化提供了框架。鉴于系统需求和环境会不断变化，设计良好的架构能让系统相对容易地进行扩展、升级以适应这些变化。此外，架构有助于识别和管理风险。在系统设计的早期阶段，通过全面考虑各种设计选择和决策，架构可以帮助团队识别潜在的风险，并提前制定相应的应对策略。同时，架构提供了一个抽象层次，不同层次的团队成员借此能够理解系统的整体结构，而不必深入研究每一行代码。这有助于团队成员之间的沟通、协作和共享知识。

综上所述，软件架构为软件系统提供了一套科学的组织和指导原则，使开发团队能够更加高效地应对系统的复杂性，确保系统的灵活性和可维护性。

软件架构是一种用于描述大型软件系统的抽象设计方法，它以抽象和结构化的方式呈现系统的整体结构。软件架构也是一套限制和规范软件系统的规则，通过抽象和结构化的方式描述了大型软件系统的高层次的设计和系统的总体结构。系统的软件架构视图的主要目标是对系统的主要组件进行分类，识别组件/元素之间的关系，并对这些关系及组件的特征进行相应描述。这些组件通过连接器组合在一起，连接器给出了不同组件之间的关系。连接器本身也可以被视为一种组件。连接器在区分不同架构风格方面起着基础性作用，并对特定架构风格的特征有着重要影响。软件架构视图的主要目标如图1-2所示。

● 图1-2 软件架构视图的主要目标

软件架构是软件设计和开发中的关键环节。它由一系列决策组成，这些决策取决于软件开发过程中的诸多因素。每一项决策都对软件的整体成功有着重大影响。恰当的架构风格可以通过设计重用，为常见问题提供解决方案。随着软件架构设计的不断发展，已经出现了多种架构建模样式，以应对各种软件设计问题。每种架构模型都有其独特的定义，包含关键原理、优点和应用场景。不同的架构风格适用于特定的环境，以解决某些关键问题。当前，软件架构仍然保持高速发展的态势，架构师必须时刻保持对软件发展的敏锐感知，及时掌握最新的软件架构发展趋势。以下这些期刊对于了解最新架构发展动态会有所帮助。

1）*IEEE Transactions on Software Engineering*（TSE）：该期刊发表软件工程领域的高质量论文，其中包括软件架构相关内容。

2）*ACM Transactions on Software Engineering and Methodology*（TOSEM）：这是美国计算机协会（Association for Computing Machinery，ACM）旗下的一个期刊，专注于软件工程及方法学领域的研究成果发表。

3）*International Conference on Software Engineering*（ICSE）：作为软件工程领域的重要会议，该会议内容通常包含有关软件架构的重要论文和综述。

4）*Journal of Systems and Software*：该期刊聚焦于系统与软件领域，刊载包括软件架构综述文章在内的各类研究成果。

5）*IEEE Software*：这是一个专注于软件工程实践和创新的期刊，会呈现软件架构方面的最新发展动态。

▶ 1.1.1 软件架构的定义

亚里士多德在其哲学体系中对实体进行了三个方面的划分。

1）物质：代表实体的物质特性，是实体存在的基础，是构成一切事物的物质本质。从层次对应角度看，物质层次对应于具体的实体。

2）形式：关注实体的形式或结构，是赋予物质以特定特征和属性的原则，表现为物质所呈现的形状、结构和组织方式。形式使物质具有特定的特性和意义。

3）物质和形式的合成：物质和形式是密不可分的，它们共同构成了实体的完整性。物质和形式的合成是一个统一的过程，在这一过程中，潜在的物质得以实现，从而呈现出具体的实体。这种合成是在实体的发展和实现过程中逐渐实现的。

亚里士多德提出的实体的三个层次划分思想可以应用于架构实体的分析。在软件架构中，元素对应物质层次，元素之间的相互关系对应物质和形式的合成，二者各自的属性对应形式层次，即"元素、元素之间的相互关系，以及二者各自的属性"，如图1-3所示。

本书采用的软件架构定义是卡内基梅隆大学软件工程研究所提出的"元素、元素之间的相互关系

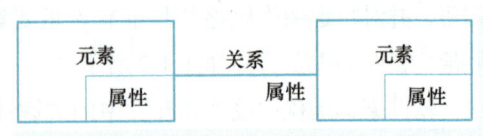

● 图1-3 软件架构的定义

以及二者各自的属性"。

软件架构作为一门学科，从诞生便飞速发展，至今关于其统一的定义仍未形成一致的观点。以下是一些机构或组织对软件架构给出的不同定义。

1）IEEE（Institute of Electrical and Electronics Engineers，电气电子工程师学会）：软件架构是一个系统的基本组织结构，涉及软件元素、元素之间的关系，以及系统的外部特性和行为。

2）SEI（Software Engineering Institute，软件工程研究所）：软件架构是对系统基本组织结构的高层次描述，强调系统的组件、它们之间的交互及与外部环境的接口。

3）ACM（Association for Computing Machinery，国际计算机学会）：软件架构涉及系统中的抽象、模块化、组件和模式，以及它们之间的关系，重点强调对系统整体性质的设计。

4）TOGAF（The Open Group Architecture Framework，开放群组架构框架）：软件架构是一个系统的结构，包括组件、它们的属性以及它们之间的关系，同时强调架构的逻辑和物理视图。

这些定义均体现了软件架构作为系统设计和组织的高层次抽象概念，都关注组件、结构、关系及系统整体性质。虽然不同的机构有不同的关注点，但其共同的目的是提供一个框架，帮助理解和设计复杂的软件系统。

1.1.2 架构属性

软件架构属性是部分架构需求的实现结果。软件需求是架构需求的子集，架构需求除包含软件需求外，还包含利益相关者需求、质量需求等。架构属性是架构需求经过架构设计过程最终实现的结果，能够充分体现架构特征部分。

架构属性是实现软件质量属性的方式之一。软件架构的属性主要通过软件系统的非功能性质量属性来表示，且部分架构属性源于软件质量属性所衍生出的架构属性要求。软件质量属性是指软件系统的特定方面或特征，用于描述系统的质量特性，它直接关系用户对系统的期望和满意程度。架构属性是指软件系统架构中的一些特定设计决策或属性，它们直接影响软件质量和系统的运行行为。架构属性是在软件架构设计中做出的决策，通过在系统架构中引入某些属性，可以实现对应的软件质量目标。在软件架构设计时，通常需要在不同的软件质量属性之间进行权衡，因为某些架构属性可能在提升一方面质量的同时，降低另一方面的质量。

根据 ISO/IEC 25010—2011 及 GB/T 25000.10—2016 中对于软件系统质量模型的定义，软件系统质量模型需要考量性能、兼容性、易用性、可靠性、安全性、可维护性及可移植性等指标，如图 1-4 所示。

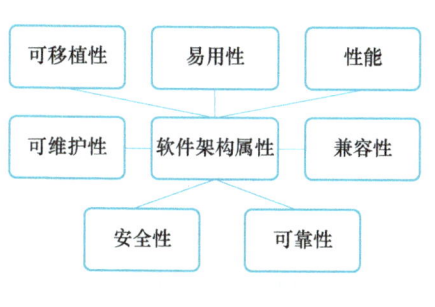

● 图 1-4 软件架构属性

性能模型的主要功能是评估软件系统在特定条件下对系统资源消耗情况的满足程度，主要包含时间模型、资源模型和负载模型。时间模型主要评估软件系统的处理时间、响应时间和吞吐量对需求的满足程度。资源模型主要评估软件系统运行时对资源使用量的满足程度。负载模型主要评估软件系统负载峰值的承受及满足相关需求的程度。

兼容性模型的主要功能是评估系统或组件能够与其他系统或组件进行通信或执行其所需功能的满足程度，主要包含隔离型模型、可集成性模型。隔离性模型主要评估软件系统、构件在与其他系统或构件共同使用同一资源时，不对其他系统或构件产生影响的程度。可集成性模型主要评估软件系统、构件与其他系统、构件进行通信并传输可通信数据的能力和程度。

易用性模型主要用于评价软件系统或组件被用户便捷使用的程度，主要包含可识别性模型、易学性模型、易操作性模型、吸引性模型、易用性依从性模型。可识别性模型主要评估用户识别系统功能及其作用的难易程度。易学性模型主要评估用户学习使用系统或产品的便捷程度。易操作性模型主要评估用户操作产品或系统时的舒适便捷程度。吸引性模型主要评估产品或系统在外观及交互方面吸引用户的程度。易用性依从性模型主要评估产品遵循易用性相关标准、约定等的程度。

可靠性模型主要评估系统、子系统或组件在特定条件下和特定时间内完成特定功能的程度，主要包含成熟度模型、可用性模型、容错性模型和可恢复性模型。成熟度模型主要评估软件系统或组件在正常运行情况下满足可靠性需求的程度。可用性模型主要评估系统或组件在使用时的可操作和可访问性程度。容错性模型主要评估在存在硬件或软件故障的情况下，软件系统仍能正常提供服务的能力和程度。可恢复性模型主要评估软件系统发生故障时，受到直接影响的数据的恢复程度以及系统恢复到正常服务状态的程度。

安全性模型主要评估软件系统对数据的保护程度，即保护信息和数据的程度，确保个人或其他产品或系统具有与其类型和授权级别相适配的数据访问程度，主要包含保密性模型、完整性模型、不可否认性模型、问责制模型和真实性模型。保密性模型主要评估软件系统确保数据仅可供有权访问的人员访问的程度。完整性模型主要评估软件系统或组件防止计算机程序或数据被未经授权访问或修改的程度。不可否认性模型主要评估能够证明行动或事件已经发生，使其以后不能被否认的程度。问责制模型主要评估行为或事件可以被唯一追溯到实体的程度。真实性模型主要评估对象或资源能够被证明为其所声称身份标识的程度。

可维护性模型主要评估软件系统进行修改的有效性和效率，主要包含模块化模型、可重用性模型、可分析性模型、可修改性模型和可测试性模型。模块化模型主要评估代码的内聚和耦合程度，例如一处代码的修改对于其他组件的影响程度。可重用性模型主要评估组件能够在多个系统中被使用的程度。可分析性模型主要评估软件系统的一个或多个组件的预期变更对产品或系统的影响能够进行评估的有效性和效率的程度。可修改性模型主要评估在不引入缺陷或降低现有产品质量的情况下能够修改产品或系统的程度。可测试性模型主要评估在软件系统或组件建立测试标准的完善程度及可测试程度。

可移植性模型主要评估软件系统或组件转移到另一个环境的效率程度，主要包含适应性模型、可安装性模型、可替换性模型。适应性模型主要评估系统或组件适应不同环境的程度。可安装性模型主要评估软件系统或组件在指定环境中成功安装或卸载的有效性程度。可替换性模型主要评估软件系统或组件替换另一个指定软件系统或组件的程度。

这些软件系统质量模型评价指标是架构属性中重要的部分，是对软件系统通用的质量属性要求。然而，它们无法满足特定场景下的质量属性要求，因此软件架构属性还有一些其他评价指标作为补充，如可访问性、灵活性、可扩展性、适应性、伸缩性、可服务性、可负担性、敏捷性、可审计性、简单性、可信度、兼容性、可组合性、可配置性、正确性、可裁剪性、相关性、可调式性、可降级性、可追溯性、可信赖性、合规性、可发现性、分布性、故障透明性和有效性等。

非主要指标虽然不直接影响系统的核心功能，但仍然对用户体验和系统整体质量至关重要。这些指标有助于提供全面的系统评估，并优化最终用户的使用体验。

▶▶ 1.1.3 架构说明

架构说明是软件架构的一个重要表现形式，架构说明的准确、完整程度决定了其在使用过程中的应用结果。在软件开发流程中，每个步骤的顺利推进取决于架构说明表述的清晰度。软件架构通常使用多种图表和理论进行描述，例如文本、方框和线条、数据流程图及其他图形和文本方法。然而，所有这些描述方法都有其自身的局限性和问题。

架构是无形的、抽象的，可以通过概念、属性和原则来体现。而架构说明是有形的工作产品，是架构的一种展示方式。可以把架构想象成一座大厦的设计理念，它存在于设计师的脑海中，抽象且无形；而架构说明就像是这座大厦的设计蓝图，是实实在在可以看到的图，通过各种元素详细描绘出大厦的样子。架构说明由架构说明元素组成，是为特定的架构设计目的而创作的。

目标实体的架构可以通过一个或多个不同的架构说明来理解，每个架构说明都是为了与架构和涉众需求相关的目的而创建的。例如，不同的架构说明可以基于不同的利益相关者及其视点，或基于不同的时间段、环境中的特定上下文或使用情况来创建。

架构说明是对软件系统或项目的结构、设计和组成部分等方面进行详细说明的文档。它通常包含了系统的整体架构、各个组件之间的关系、关键设计决策、利益相关者的需求和期望等信息。架构说明的主要目的是提供对系统设计的全面理解，为开发人员、项目团队和其他利益相关者提供指导和参考。根据 ISO/IEC/IEEE 42010：2022 的定义，架构说明与其他元素之间的关系如图 1-5 所示。

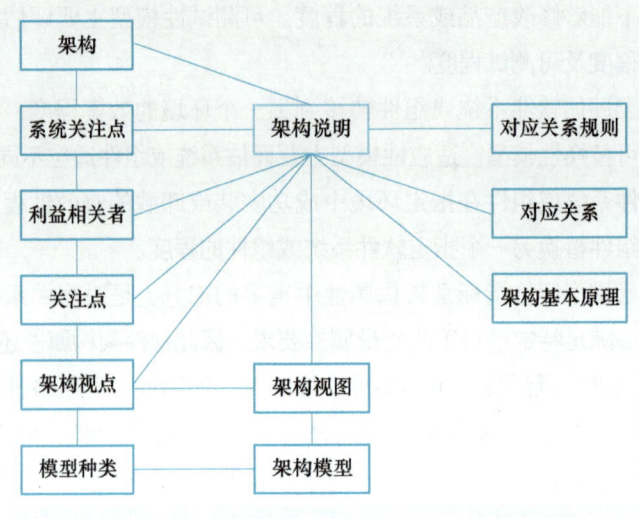

• 图 1-5 架构说明与其他元素之间的关系

架构说明通常在架构设计的早期阶段创建。这个阶段包括需求分析和概要设计,在此过程中,架构师需要理解系统的功能需求、性能要求、安全需求等,并开始构思系统的整体结构和组织方式。在架构设计的早期阶段,架构说明旨在记录架构师对系统设计的初步想法和决策,为后续的设计和开发提供指导,包括对系统的模块划分、关键组件的功能和接口定义、整体系统结构的草图等方面的描述。

架构说明随着设计的深入和细化而不断演进。在后续的设计和开发阶段,架构说明会逐渐细化为更具体的设计文档,涵盖更详细的技术细节、数据模型、接口规范等内容。因此,架构说明可被视为整个架构设计过程中的一个持续产出,从初步的概念到最终的详细设计,贯穿了整个软件开发生命周期。

架构说明不仅是设计和开发的基础,还涉及文档、沟通、培训、规划等多个层面,有助于对系统形成全局性的理解。架构说明的用途广泛,包括设计、开发、文档记录、分析、评估、维护、风险缓解、下游用户规范制定、工具规范制定、沟通协调、规划安排、指导实践、生命周期支持、决策支持、审查、培训、设计验证,以及解决方案中各种利益相关者的成本比较和分析等。

架构说明被各方用来改善沟通与合作,使所有参与方,包括组织、团队和个人,都能够以一致的方式协同工作。

架构说明在软件工程中扮演着多重角色。

- 作为实体设计和开发活动的基础:架构说明记录着目标实体的基本特征,如预期用途和应用环境。其记录内容涵盖了实体对未来变化的灵活性或限制点、架构决策及其原理和影响，以及架构风格。
- 作为分析和评估架构替代实现的基础：通过明确实体的特征和设计，并规划从遗留架构到新架构的过渡路径，架构师可以更好地分析和评估不同架构方案的优劣。
- 作为开发和维护文档：架构说明促进了架构决策的跟踪和沟通。它支持开发、生产、部署、运营和维护等各环节相关方之间的沟通，简化了从架构和系统工程到开发的流程，并在合同谈判中作为重要依据。
- 支持投资或其他战略决策：架构说明有助于减少或减轻随之而来的风险。它为潜在客户、收购方、所有者、运营商和集成商记录实体的特征、特性和设计，成为生命周期规划、日程安排和预算活动的指南。
- 在合规机制、培训和教育等方面发挥作用：架构说明可作为外部、计划、项目或组织特定政策的合规机制，同时也为利益相关者和其他各方提供关于架构及其演进最佳实践的培训和教育。

1. 架构说明文档的制定流程

架构说明是对实体在整个生命周期中进行审查、分析和评估的基础，同时，它通过定义架构视点、架构模式和架构风格，实现经验教训的分享以及架构知识的重用。这些方面共同构成了架构说明在软件开发过程中的综合作用。架构说明文档的制定流程见表1-1。

表1-1 架构说明文档的制定流程

主要步骤	详细内容
1）利益相关者的识别	找出那些与项目密切相关、可能受到项目影响的人或组织
2）利益相关者视点的识别	明确每个利益相关者关心的问题
3）问题识别	明确关注哪些事情
4）切面识别	获取目标实体的相关特征
5）架构视点的识别	每个架构视点关注系统的不同方面，从多角度对系统架构进行全面审视
6）形成架构视图	实现系统架构的可视化表示
7）制定架构决策记录	提供对特定架构决策的详细描述

（1）利益相关者的识别

利益相关者的识别是项目或系统开发过程中的关键步骤，旨在找出那些与项目密切相关、可能受到项目影响的人或组织。这些利益相关者涵盖的角色极为广泛，包括用户、运营商、投资者、所有者、供应商、销售商、架构师、设计师、开发者、实施者、维护者、监管者、测试人员及竞争对手等，如图1-6所示。

在识别利益相关者的过程中，主要关注的是直接或间接与项目或系统有关的各方。用户是最终使用系统的群体；运营商通常关注系统的性能和稳定性；所有者和投资者则最为关心项目的成功和回报；架构师、设计师和开发者是直接参与项目实施的关键角色；而实施者、维护者和测试人员负责确保系统在生命周期内的持续稳定运行；监管者在确保项目的合规性和法规方面发挥重要作用；竞争对手则会对项目的创新性和市场竞争地位产生显著影响。

● 图 1-6 利益相关者示意

因此，全面、准确地识别利益相关者有助于深入理解项目所处的生态系统，充分考虑并满足各方需求和期望，进而为项目的成功奠定坚实的基础。

（2）利益相关者视点的识别

利益相关者视点的识别旨在确保全面考量每个利益相关者的独特视角，聚焦他们在项目或系统中所关心的问题。这些视点围绕战略、组织、运营等维度展开，涵盖了各种角色和层面的关注点。在架构设计过程中，充分认知每个利益相关者的视点至关重要，这是满足他们需求的基础。

在视点识别过程中，架构师的关键任务是明确每个利益相关者关心的问题。例如，技术人员可能更注重系统的技术细节和性能表现，而管理者可能更关心项目的战略目标和组织层面的相关事务。架构说明的目标是将这些视点与利益相关者联系起来，确保它们与架构的设计目的一致，如图 1-7 所示。

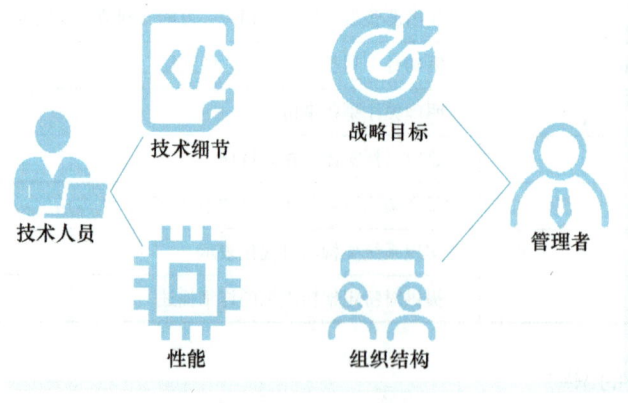

● 图 1-7 利益相关者的视点示意

利益相关者的角色多种多样，包括技术人员、管理者、用户、供应商等，他们的个人特质，如性格、文化背景、工作经验等因素，都会影响他们的关注点。因此，架构师需要在考虑视点时充分考虑这些因素,以确保项目的架构满足各方的期望。

利益相关者的观点体现了他们在特定项目情境下的思考方式,其中涉及他们的担忧和期望。通过识别这些观点,架构师可以更深入地理解不同利益相关者的关注点,从而更好地引导架构设计的方向。在整个项目生命周期中,充分考虑和理解利益相关者的视点是确保项目成功的关键因素之一。

(3) 问题识别

架构说明需要明确关注哪些事情。这些关注点与关注的实体相关,而且和架构说明的目标一致。这些关注点涉及很多方面,包括战略适配性问题、工程可行性问题、价值创造问题、系统性能问题、可持续发展问题、风险控制问题、生命周期管理问题等。

- 战略适配性问题包括架构与利益实体战略目标的内在一致性验证,企业技术、管理及资源履约能力与架构实施需求的匹配性评估,行业规范、安全标准及法律法规的合规性覆盖。
- 工程可行性问题包括架构在开发、部署、运维全周期的可实现性验证,关键技术难点解决方案的明确性,开发环境与目标部署环境的适配性分析。
- 价值创造问题包括全系统生命周期的价值交付机制设计,架构资产复用策略对技术债务与开发成本的优化效果评估,系统退役后的环境责任与合规性处置方案规划。
- 系统性能问题包括弹性与容错机制对业务连续性保障能力考察,水平/垂直扩展性技术升级预留空间评估,服务响应延迟与用户体验基准的匹配性检验,操作便捷性与用户交互设计的架构集成度衡量。
- 可持续发展问题包括架构对复杂性控制的有效性评估,技术过时防护的架构演进路线图规划,开发、运营、下线全周期的覆盖度。
- 风险控制问题包括潜在风险对利益相关者价值网络影响的量化评估,环境自适应需求的变更管理响应速度提升,服务连续性保障措施的压力测试验证。
- 生命周期管理问题包括架构治理框架对规划到报废全周期的覆盖完整性评估,利益相关者核心诉求向架构约束条件转化机制的建立,动态业务场景变化下的复杂性控制机制有效性检验。

(4) 切面识别

切面识别是在架构说明中寻找与项目相关、符合目标的不同方面。这些方面包括结构、行为、功能、程序等,每个方面都与特定的关注点相关联。通过切面的应用,可以获取目标实体的相关特征,为分析、解决和构建关注点提供有力支持。

切面是一组用于捕捉架构说明中各类问题的特性或特征集合,它关联着一个或多个利益相关者的关注点。凭借在应用领域内积累的经验,架构师可以利用已知的切面系统地覆盖已有关注点的范围,并发现新的关注点。这使得架构设计在全面性和深度上得以提升,进而能够满足不同利益相关者的期望。

切面相对客观，因为它们源自专家在特定领域实践中形成的共识，代表了被公认为最佳实践的知识。通过对切面的审视，架构师可以辨别或预测目标实体的相关特征或属性。这种客观性有助于提高架构设计的质量和一致性。

切面和关注点之间的关系是由架构师基于自身经验定义的，并在充分考虑利益相关者的理解和知识水平的基础上进行评估。这意味着切面的识别不仅依赖于专业知识，还受到利益相关者对项目和系统的理解和期望的影响。通过清晰地定义和理解切面与关注点的关系，架构师能够更好地引导架构设计，确保它能够全面、深入地满足项目的各项要求和期望，如图 1-8 所示。

● 图 1-8 利益相关者与关注点和切面的关系

（5）架构视点的识别

架构视点是从特定角度或维度对系统的某一部分进行审视和描述的方式。每个架构视点都关注系统的不同方面，捕捉特定的需求、质量属性或利益相关者的关注点，以便实现对系统更深入、更全面的理解和设计。

架构视点通过关注特定方面，使架构师和项目团队能够有目的地集中精力。每个视点聚焦于系统的特定部分，通过这种方式，确保对整个系统进行全面考量。这一特性有助于避免系统设计过程中忽略关键维度，从而提高设计的全面性和深度。

架构视点的定义满足了不同利益相关者的多样化需求。由于各方对系统关注的方面各异，比如业务人员关注业务流程、技术人员关注技术实现、运维人员关注系统的性能等。通过定义不同的架构视点，可以为各个利益相关者提供符合其独特需求的信息，极大地提高沟通和理解的效率。

架构视点还有助于提高系统的可理解性。将系统分解为不同的视点，能有效降低系统的复杂性，使得每个视点关注的特定维度更易于理解。这种简化不仅降低了团队人员之间沟通和理解的难度，还促进了团队协作。关于性能的架构视点如图 1-9 所示。

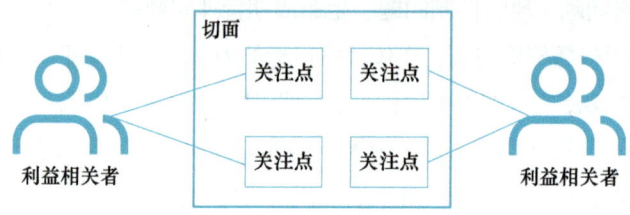

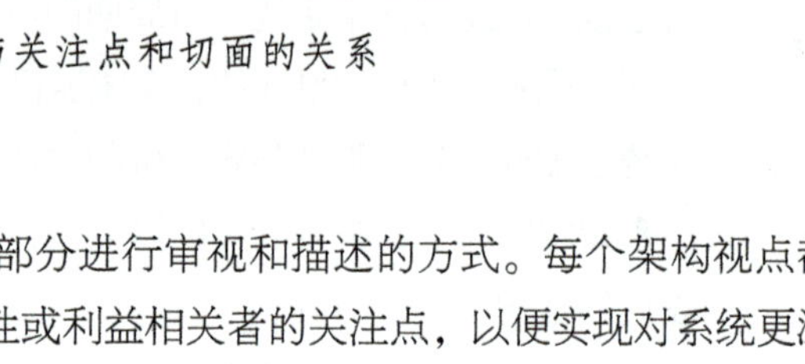

● 图 1-9 关于性能的架构视点

架构视点还在决策过程中发挥关键作用。它为架构决策提供了有条理的依据，通过分析不同视点下的信息，团队能够更好地做出决策，确保所选方案是全面考虑的结果，进而提升决策的准确性和全面性。

架构视点推动了设计和分析进程，支持在不同抽象级别上开展设计和分析。例如，透过逻辑视点关注业务逻辑、物理视点关注硬件部署等，有助于深入分析系统的多个层次，提升了设计的灵活性和深度。

架构视点助力变化管理，通过捕捉系统中的变化点和演进路径，有助于有效管理和规划系统变化，确保系统能够适应未来的需求和技术演变。同时，架构视点作为系统架构文档的组成部分，提供了一种结构化的方式来记录和呈现系统架构，有助于传递对系统设计的理解和认知，为团队提供清晰的参考。

在系统设计中，架构视点不仅为设计者提供了有条理的思考框架，还满足了各方的需求，促进了沟通和协作，是构建稳健系统不可或缺的要素。架构视点帮助系统架构师和团队以系统性、有序的方式思考和设计系统，确保全面考虑各方面因素，以满足业务需求、质量属性和利益相关者的期望。

利益相关者的需求是识别架构视点的基础。系统设计需要从各个利益相关者的视角出发，深入理解他们的需求和关注点。这有助于确保不同视点的制定是基于真实需求的，提高系统设计的实用性和适应性。

系统的用途和目标是指导架构视点识别的重要依据。明确系统的主要用途和目标，可以有目的地识别需要关注的方面。例如，如果系统的核心目标是数据处理，那么数据的完整性和可用性会成为关键的架构视点。考虑系统的质量属性也是关键的原则。系统的性能、安全性、可维护性等质量属性都可以作为独立的架构视点。这有助于确保系统在这些关键方面得到满足，提高系统的整体质量水平。

将系统分解为不同的层次和组成部分是识别架构视点的另一关键原则。模块、组件、服务等都可能对应特定的架构视点，借此理解系统的结构和关系。这种层次化的视点识别有助于深入分析系统的不同抽象级别。如果系统与业务流程有关，就需要识别与这些业务流程相关的视点，以确保系统架构与业务需求一致，提高系统的业务适应性。

此外，还需要考虑系统可能面临的技术约束和限制。系统在特定技术栈、平台要求等方面可能存在限制条件，这可能促使关注特定的技术视点。同时，考虑系统的演进和变化，确定可能的演进路径和变化点有助于确定关键的架构视点，以支持系统的可扩展性和可维护性，使系统在未来能够适应变化和需求的发展。另外，参考行业标准和最佳实践，了解通用的架构视点，有助于确保系统的架构满足业界的期望和标准，提高系统的可理解性和可维护性。

(6) 形成架构视图

架构视图是系统架构的可视化表示，它通过图形或其他可视化手段呈现系统的不同方面，以帮助理解、设计和沟通系统架构。每个架构视图关注系统的特定视角或维度，以传达有关系统结构、组件、交互和关系等方面的信息。

图形化表示是架构视图的显著特征。通常，架构视图通过图形化方式进行呈现，如采用图表、图形、图示等形式，将复杂的系统结构以直观的形式呈现出来。这种可视化方式极大地降低了理解门槛，使团队成员和利益相关者能够更轻松地把握系统的整体架构。

每个架构视图都有一个特定的视角来关注系统的某个方面。例如，组件视图可能专注于系统中的软件组件及其相互关系，而容器视图可能关注系统中不同容器间的交互。这种方式有助于将系统的复杂性分解为易于理解的部分，便于深入分析与设计，如图 1-10 所示。

● 图 1-10 架构视图的不同视角

架构视图通过可视化的方式传递关于系统结构、组织、交互和关键关系的信息。这样，团队成员和利益相关者能够以直观的方式了解系统的关键特征，促进信息共享和沟通交流。一个系统往往涉及多个不同类型的架构视图，每个视图涵盖不同的层次和维度，以满足不同人群的需求。这种多样性有助于全面理解系统的各个方面。

通常，架构视图按照系统的层次结构进行组织，例如分为高层次的上下文视图和更详细的组件视图。这种层次化结构有助于深入分析系统在不同抽象级别的情况。通过提供清晰的信息，架构视图帮助团队做出架构决策，理解设计决策所产生的影响，从而更好地引导系统的发展。随着时间的推移，架构视图会不断演变。系统架构是一个动态的实体，会随着需求、技术和业务的变化而发展。架构视图记录了系统架构的演进过程，反映出系统设计的持续优化和调整。

常见的架构视图类型包括上下文视图、容器视图、组件视图、数据流视图等。每种类型关注不同方面，共同构成一个综合的系统架构视图集合。这些视图针对各自对应的架构视点所描述的问题展开，涵盖与该视点相关的部分或全部目标实体，从而提供全面且有针对性的系统架构视图。

构建视图的综合方法是一种在系统或项目中整合多个架构视点的方式，旨在获得全面深入的理解。这种方法将来自不同视角的信息整合在一起，以揭示系统的整体性质。其中，投影方法和综合方法是两种常用手段，它们在综合不同架构视图方面起到关键作用。

投影方法是一种通过从整体中选择或提取特定方面的信息，生成一个或多个特定视图的方式。在这一方法中，关注的焦点通常是某个特定方面或特定利益相关者的需求。通过有针对性地投影相关信息，可以创建专注于某一方面的视图，使其更易于理解和处理。例如，通过投影方法可以生成专注于性能、安全性或业务流程的视图，以满足特定利益相关者的需求。

综合方法旨在通过融合不同架构视点的信息，提供对系统整体且全面的认识。这种方法关注系统的整体架构维度，致力于揭示系统各个方面的关系和互动。通过整合不同视点的信息，团队和利益相关者能够更全面地理解系统的结构和功能。

这两种方法通常结合使用，以便既充分考虑系统的整体架构，又能满足特定方面或特定利益相关者的需求。综合方法通过整合来自不同方面的信息，提供对系统整体特性的深入理解，而投影方法则通过生成特定的、专注的视图，满足对某个方面详细了解的需求，如图 1-11 所示。

构建视图的综合方法是系统架构设计中的关键步骤，它确保了对系统各个方面的全面理解。通过投影方法和综合方法的有机结合，团队能够在全局

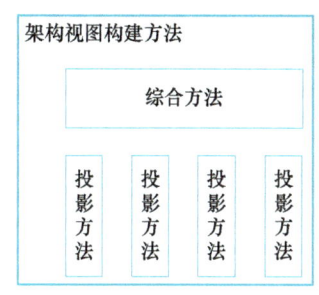

● 图 1-11　投影方法与综合方法相结合

和局部之间实现平衡，既满足整体架构的需求，又兼顾特定方面的详细要求，从而为系统设计提供更为全面和深入的支持。

（7）制定架构决策记录

架构决策记录是一种文件或文档，用于捕捉和记录在软件架构设计过程中做出的关键决策。其目的是提供对特定架构决策的详细描述，包括决策的背景、动机、可选方案的评估，以及最终所选择的方案。这些记录有助于团队成员、利益相关者和未来的维护者理解和追溯系统架构的设计原则和决策依据。

架构决策记录的决策理由涵盖多个关键方面。首先，当决策涉及系统重要要求的制定、实施或强制执行时，往往需要大量精力和时间的投入，以确保满足项目需求。其次，考虑到决策的影响范围涉及主要利益相关者，明确这些利益相关者及其需求是至关重要的。架构决策应聚焦于解决核心问题，确保系统的核心方面能够满足要求。在面对复杂或不明显的问题时，需要深入推理和分析，以确保决策的准确性。由于架构对变化高度敏感，需要谨慎权衡各种可能的变化情况，以确保架构在未来的演变中具有灵活性。考虑到改变可能带来的高昂成本，前期架构决策需充分考量，以降低未来变更产生的额外成本。此外，架构决策作为项目规划和管理的基础，对项目整体方向和进度具有深远影响。同时，决策应基于已知信息，摒弃不明确或不准确的假设，提高决策的可靠性。若决策涉及重大资本支出或间接成本，需权衡成本和效益，确保决策方案最优。架构决策也必须符合项目的合规性要求，并与所选择的技术标准密切相关。最后，考虑到可能存在系统漏洞的情况，需要特别关注系统的安全性和可靠性，采取措施确保系统的稳定性。

表 1-2 所示为架构决策记录模板，它可以有效地记录架构决策的环境信息、选择理由及实施计划，为追溯和理解决策过程提供一个清晰的框架。

表 1-2　架构决策记录模版

主要元素	详细内容
标题	包含架构决策记录序号和简单的描述
背景	用一系列简单的事实说明制定决策的背景，描述影响架构的因素，如技术、能力等
决策理由	解释选择特定方案的原因，包括权衡和考虑的因素，说明为什么选择这个方案而非其他备选方案
决策	描述决策内容
实施计划	提供关于如何实施所选方案的计划，包括时间表、负责人等信息
状态	分为草案、提议、通过、取代、弃用
结果	描述决策将对系统、利益相关方、团队产生的影响（或已经产生的影响），正反两方面的结果均应记录。如果以后出现了新的结果，应该更新此处的内容

2. 架构说明语言

架构说明语言是一种专门应用于软件架构领域的语言，用于描述、记录和传达系统的结构、组件、关系、行为及其他与架构相关的信息。这种语言旨在提供一种规范化的、易于理解且便于共享的表达方式，以推动架构设计、交流和决策过程。

架构说明语言通常包括特定的词汇和语法，用于准确描述系统架构的关键方面。它可以涵盖多个抽象层次和视图，从高层次的上下文视图到更详细的组件和数据流视图，全面呈现系统的整体结构。

使用这种语言有助于团队成员增强彼此间理解，促进沟通交流，并为架构决策提供明确的依据。它还可以作为系统文档的一部分，帮助开发者、测试人员、项目管理人员等利益相关者理解系统的设计和演进。

架构说明语言的定义和使用依赖于特定的方法论、工具或框架，以确保一致性和准确性。常见的架构说明语言见表 1-3。

表 1-3　常见的架构说明语言

架构说明语言	图类型	应用领域
UML（Unified Modeling Language）	类图、用例图、时序图、活动图、状态图、组件图、部署图等	通用的面向对象建模语言，可用于软件系统、业务流程等领域
Archimate	需求图、功能图、角色图、合作图、过程图、物理元素图等	专注于企业架构，强调业务和技术的整合
SysML（Systems Modeling Language）	需求图、用例图、行为图、结构图、部署图等	面向系统工程的建模语言，适用于复杂系统的设计和分析
BPMN（Business Process Model and Notation）	流程图、任务图、数据对象图、泳道图等	用于业务过程建模，关注业务流程的可视化表示
ERD（Entity-Relationship Diagram）	实体图、关系图	主要用于数据建模，表示数据库中实体之间的关系

常见的架构说明语言通常提供丰富多样的图形元素和符号，使架构师能够更清晰地表达系统的结构、行为和交互关系。在实际项目中，选择特定的架构说明语言通常取决于项目需求、领域和团队的偏好。

3. 架构说明框架

架构说明框架是一种系统性的结构或模板，用于组织和呈现软件系统架构文档中的关键信息。它旨在提供一种标准化且一致的方式，助力架构师和团队开展记录、沟通和管理系统架构等方面的工作。

架构说明框架通过提供有组织的结构、标准化表示及沟通工具等多方面的支持，为架构师和团队创造了一种高效记录、呈现和管理系统架构信息的方式。

在组织结构上，架构说明框架提供了一种有序的模式，使架构师能够以一致的方式整理和呈现系统架构信息。这种组织结构确保了文档的一致性，使团队成员更易于理解和定位关键信息。同时，通过提供标准化的模板和元素，框架还推动了系统架构的标准化表示，有助于团队理解和对比不同项目的架构，促进最佳实践的统一。

作为一种标准化语言，架构说明框架成为团队内外进行清晰、一致沟通的有力工具。它确保每个人对系统架构有相同的理解，减少了沟通误差和歧义。借助标准化的术语和符号，框架促进了高效沟通，使架构师能够更易于与利益相关者及团队成员进行交流。

架构说明框架还具有知识传承的重要功能。它提供了一种机制，使系统架构的知识能够被传承给新加入的团队成员。新成员遵循框架能够更快速地理解和融入已有的架构文档，从而加速团队协作和项目推进。

架构说明框架还记录了系统架构的演进过程，为团队提供了追踪系统发展历程的工具。这对于追溯决策、发现问题和改进设计至关重要，有助于团队更好地理解系统是如何随时间演变的。

在决策方面，架构说明框架提供了一个结构化的框架，有助于系统地记录架构决策的过程和结果。这使得团队能够更系统化地理解做出特定决策的原因及决策背景，为未来的决策提供参考依据。

此外，架构说明框架还支持对系统架构进行审查和评估，有助于发现潜在问题、优化设计，并确保系统的质量和一致性。这种有序的审查和评估过程为团队提供了改进系统架构的机会，从而不断提升系统的整体质量。

架构说明框架的作用不仅在于提供一种有组织、标准化的记录和表达方式，更在于促进团队协作，提高架构文档的质量和可维护性，为软件系统的开发和维护提供有力的支持。常见的架构说明框架见表1-4。

表1-4 常见的架构说明框架

架构说明框架	说明	流程	优势	劣势	使用场景
4+1 View Model	4+1视图模型是一种结构化的架构描述方法,包含逻辑视图、开发视图、过程视图、物理视图及场景视图	定义各个视图,每个视图描述系统的不同方面,最后使用场景视图整合各个视图,提供完整的系统描述	提供多个视图以满足不同利益相关者的需求,清晰划分各个视图的关注点	可能过于复杂,对小型项目不太适用	大型软件系统,有多个利益相关者,需要详细且全面的架构描述
TOGAF (The Open Group Architecture Framework)	TOGAF是由The Open Group制定的一种企业架构开发方法和框架,分为多个阶段,包括架构开发方法和内容框架	包括初始阶段(Preliminary)、架构愿景(Architecture Vision)、业务架构(Business Architecture)、信息系统架构(Information Systems Architecture)等阶段	统一的架构开发过程,支持企业架构的全面规划	可能较为庞大,初学者入门难度较高	大型企业,需要进行全面的企业架构规划
Zachman Framework	Zachman框架是一个全面的企业架构框架,定义六个视图维度和六个不同的架构描述者(Who, What, When, Where, Why, How)	强调对系统进行多个视图的分类,侧重于描述和分类各个视图的构件	提供多个视图和多个维度的分类,适用于不同的架构描述者	对于初学者可能过于抽象,难以理解	大型系统,注重系统在多个维度上的全面描述
Arc42	Arc42是一种轻量级的架构文档模板,强调简洁、易读和实用性	提供一套结构化的文档模板,包括背景、目标、解决方案、运行时、部署等方面	简单、易于理解,适用于中小型项目,注重实际应用	不够详细,应用于大型项目时需要补充	中小型项目,注重文档的简洁性和实用性
DDD	DDD是一种面向领域的设计方法,注重对领域的深入理解和建模	通过对业务领域的深入分析来构建模型,包括领域实体、值对象、聚合等	适用于复杂业务领域,帮助理解和映射实际业务	可能需要团队对领域有较深的专业知识	复杂业务领域,强调对领域的深入理解
C4 Model (Context, Containers, Components, Code)	C4模型是一种轻量级的软件架构描述方法,分为上下文、容器、组件和代码等四个层次	通过层次化的方式,提供从整体系统到详细组件的多层次架构描述	简洁而有层次,易于理解,适用于中小型项目	对于大型项目来说,详细描述可能有限	中小型项目,注重层次结构和简洁性

(续)

架构说明框架	说明	流程	优势	劣势	使用场景
ACME (Architecture, Components, Connectors, Configurations, and Events)	ACME是卡内基梅隆大学提出的一种面向软件体系结构的建模语言	强调对体系结构的多层次描述，包括体系结构、组件、连接器、配置和事件等	提供多个层次的架构描述，更加全面	较为复杂，初学者学习难度较高	大型项目，注重多层次架构的描述

上述架构说明框架的共同优势在于，它们均提供了有序、一致、可追溯的方式，用于记录和传递系统架构信息。它们为架构师和团队提供了一个通用的语言和结构化模板，有效避免了信息丢失和混淆情况的发生。借助这些框架，团队在面对复杂的系统架构时，能够更高效地协同工作，大大降低沟通成本。

然而，不同的框架适用于不同的场景和需求。一些框架可能更适合大型企业级应用，而另一些则更灵活，适用于中小型项目。因此，在选择架构说明框架时，需要综合考量项目的规模、性质及团队成员的熟悉程度等因素做出最适合的决策。

▶ 1.1.4 软件需求与架构需求

架构需求是在系统设计和开发过程中对系统整体架构提出的关键要求或期望。这些需求旨在引导架构师和开发团队在创建系统架构时充分考虑和满足系统的关键方面。架构需求通常与系统的整体性能、可靠性、可维护性和其他质量属性密切相关，并会对系统的整体设计和组织产生深远影响。

软件业务需求是架构需求产生的源头，利益相关者的需求直接影响架构需求的侧重点，而架构需求又直接决定了软件架构的设计方向。软件架构设计是系统实现与开发的基础，系统实现与开发的目的就是为了满足业务需求。

架构需求对系统设计具有重要的指导作用。首先，它明确定义了业务需求、性能指标和技术标准，为架构师在设计阶段做出明智决策指明了方向。其次，架构需求致力于保障系统质量，通过详细定义质量属性，如性能、可维护性、可扩展性等，确保系统在各个方面都能达到较高的质量水平。再者，满足各利益相关者的期望是架构需求的重要目标之一，有助于提高系统的可接受度。此外，架构需求还有助于降低项目风险，通过在需求阶段充分考虑系统可能面临的风险，提前制定相应措施，降低后期出现问题的可能性。最后，架构需求为决策提供了重要依据，确保系统的设计和实施过程有条理、有计划，为项目的成功实施奠定基础。总之，架构需求通过综合考虑多方面因素，为软件系统的成功开发和维护提供全面的指导和保障。

系统设计本质上反映了企业的组织机构。系统各个模块间的接口也反映了企业各个部门之间的信息流动和合作方式。康威定律指出，系统的架构会受到其组织架构的影响，因为模块的设计者需要互相之间频繁沟通，而跨部门交流往往重重困难，这就导致系统架构在一定程度上与组织架构具有相似性。

架构需求通常来自软件业务需求、利益相关者需求、技术需求、法规和标准、质量属性、风险管理、未来发展方向等方面，具体见表1-5。

表1-5 架构需求的来源

需求来源	详细说明
软件业务需求	软件业务需求是从业务角度在功能和性能方面所期望的要求，包括业务流程、用户需求、市场需求等
利益相关者需求	利益相关者是与系统相关的各类角色，包括业务所有者、用户、开发人员、运维人员等，他们的需求和期望会对系统架构产生直接影响
技术需求	技术需求是系统必须符合的技术标准、平台要求、性能指标等方面的要求，包括硬件和软件环境、安全性、可维护性等方面
法规和标准	针对特定行业或地区，存在法规和标准对系统架构方面的要求。架构必须符合相应的法规和标准，以确保合规性
质量属性	架构需求还包括对系统质量属性的要求，如性能、可扩展性、可维护性、安全性等。这些属性直接影响系统在运行时的表现和用户体验
风险管理	架构需求涉及对潜在风险的管理。考虑系统可能面临的风险，架构师可以设计出更可靠的系统架构
未来发展方向	架构需求还要考虑系统未来的发展方向，以确保系统具备强大的可扩展性和适应性，能够应对未来的变化

架构需求的制定是系统设计的关键环节，它为开发团队提供了明确的目标和方向，有助于确保系统在各个方面都能够满足利益相关者和业务的期望。这些需求通常是与整个系统生命周期密切相关的，在设计、开发和维护阶段都需要持续加以考虑并满足。

架构需求与软件功能需求的对比见表1-6。

表1-6 架构需求与软件功能需求的对比

特 点	架构需求	软件功能需求
定义和关注的内容	关注系统整体结构、性能、可靠性、安全性、可维护性等方面，描述系统的整体特征，如组件之间的交互、数据流、系统的部署结构等	关注系统需要执行的具体功能和任务，描述系统应具备的各种功能，例如用户界面、业务逻辑、数据处理等
层次关系	处于更高层次且更抽象，关注整体系统结构和性能	更具体，关注系统具体的功能和行为
影响范围	影响整个系统的设计和开发，对系统的质量属性和整体性能产生直接影响	影响具体的功能和模块的设计和实现，对系统的功能特性产生直接影响
变化的灵活性	在系统设计早期确定，相对较稳定。变更架构需求可能会引发系统的全面调整	可在系统设计的后期阶段进行调整，能较容易地进行功能的添加或修改，而不涉及整个系统结构的改变

尽管架构需求和软件功能需求在系统开发中的关注点不同，但它们是相互关联的。合理的架构设计需要同时兼顾满足系统的功能需求和架构需求，以确保系统既能够执行所需功能，又具备良好的性能、可靠性和可维护性。在系统设计和开发的过程中，架构师和团队需要在这两者之间取得平衡。架构需求制定流程见表 1-7。

表 1-7 架构需求的制定流程

步骤	详细说明
1）确定利益相关者	明确定义和识别系统的各个利益相关者，确保全面涵盖所有相关方，为后续充分考虑各方需求奠定基础
2）明确定义系统需求	详细描述系统的特性、用户背景、操作概念，以及系统整个生命周期中的关键概念，为后续设计和开发提供清晰、全面的指导
3）明确识别系统约束	在定义系统需求的过程中，明确系统受到的各种制约，包括技术、法规、资源等，确保需求在实际实现过程中是可行和合规的
4）深入理解利益相关者的需求	通过深度沟通，确保对各个利益相关者的需求有全面而准确的理解，避免需求遗漏或误解
5）将优先需求转化为系统要求	将明确定义的优先考虑的需求进一步细化和转化，确保它们能够直接映射到系统的设计和开发过程中，成为具体的设计和开发依据
6）定义关键性能指标和质量特性	明确系统需要满足的关键性能指标和质量特性，为后续的系统验证和测试工作提供明确、可衡量的目标
7）获得利益相关者对需求的一致认同	通过有效的沟通和反馈机制，确保所有利益相关者都认同定义的需求和期望
8）保障支持系统或服务的可用性	确保系统运行所需的支持系统或服务在需求定义过程中已被充分考虑，并在系统开发和运行阶段能够正常使用
9）建立需求可追溯性	为了跟踪和管理需求变更，确保建立起利益相关者需求及其在系统设计和开发过程中对应实现的可追溯路径，使需求变更的影响能够被准确评估和控制

架构需求作为软件工程的关键组成部分，承担着引导系统演进的重要职责。其本质在于为软件系统的构建和维护提供一个有机的框架，以此为基础，确保系统在满足业务需求的同时，具备高质量、可维护、易扩展的特性。架构需求综合体现了对系统全局性能、质量和适应性的全面考量，从而为系统未来的变化和发展奠定了坚实的基础。其目标是定义系统的基本属性，包括性能、可用性、安全性等，引导开发人员在设计和实施过程中做出符合整体规划的决策。此外，架构需求还注重满足各利益相关者的期望，确保系统在交付后能获得广泛认可。架构需求的实质在于在系统设计的早期阶段建立起坚实的基础，保障整个开发生命周期的成功。通过综合考虑业务需求、质量属性、风险因素等多方面因素，架构需求为系统架构师在制定和调整架构方向时提供清晰的指导，从而确保最终交付的软件系统具备可靠性和可维护性。在实践中，架构需求不仅是一份技术文档，更是整个软件工程过程的战略规划和指导方针，为软件系统的成功演进奠定了基础。

1.1.5 架构定义流程与设计定义流程

在软件工程领域，架构定义流程与设计定义流程是极为关键的环节，它们对软件项目从概念构思到最终落地起着决定性作用。架构定义流程着重于确定并清晰描述系统的整体架构，而设计定义流程则是将抽象的需求转化为具体、可操作的设计方案的核心步骤。

架构定义流程旨在确定并描述系统的整体架构。首先，通过深入的需求分析全面了解系统的功能、性能和安全需求；接着，明确系统的利益相关者，充分考虑各方需求；随后，设定系统设计和架构的目标，同时考虑技术约束，确保设计在特定技术环境下切实可行，在进行架构设计时，选择适当的架构风格，合理组织组件和模块的结构，详细制定数据流和交互方式，这一设计过程的结果会被记录为架构文档，其中包括不同层次和维度的架构视图；最后，通过审查、验证和可能的迭代优化，确保架构选择符合系统目标、需求和技术要求。架构定义流程是项目成功的基石，有助于全面对系统进行考虑，从而实现高效、可维护且符合预期的软件系统。

架构定义流程的核心目标是明确系统整体架构，以满足利益相关者的期望、系统需求和设计目标。这个过程始于对需求的深入分析，通过与利益相关者的充分交流，全面理解系统的功能、性能和安全需求。确定系统的利益相关者，并充分考虑他们的需求和关注点，是确保系统成功的首要步骤。

架构定义流程不仅有助于管理系统的需求，还能有效处理从硬件平台到第三方组件等各种技术约束。这种全面的考量有助于防范潜在的风险，确保系统在实施过程中不会遇到重大问题。同时，通过设定系统设计和架构的目标，架构定义流程为整个开发过程指明了清晰的方向，保证团队朝着共同目标协同迈进。架构定义流程的目的见表1-8。

表1-8 架构定义流程的目的

目 的	详 细 内 容
明确系统整体架构	通过对需求的深入分析，全面理解系统的功能、性能和安全需求，确定系统的利益相关者并考虑其需求和关注点
满足利益相关者期望	通过与利益相关者交流，确定并考虑其需求和关注点，以满足利益相关者的期望
明确约束与限制	对需求进行深入分析，借此全面理解系统的技术约束（如接口规范、性能指标、安全策略等）、实施限制（如资源约束、时间约束、法规限制等），以及架构设计约束（如稳定性原则、可扩展性原则等）
确保系统性、可追溯性与利益相关者共识	生成架构说明文档、设计决策记录、系统设计图、架构评审报告、利益相关者沟通材料、技术选型和工具清单、系统性能优化方案和未来演化方向等文档，通过标准化方法支撑需求分配、设计验证及长期演化

架构定义流程的关键输出是架构说明文档。这份文档记录了系统的整体结构、组件之间的关系、数据流和交互方式，以及其他关键的架构决策。架构文档为整个团队提供了清晰且一致的

视图，使得团队成员能够在同一个理解基础上共同努力。在这一过程中产生的架构文档可以作为项目进展的里程碑，为整个开发团队构建一个共享的认知框架。

架构定义流程的重要性在于它不仅关注系统的功能实现，还注重系统的整体性能、可维护性、可扩展性等质量属性。在设计阶段就考虑这些方面，架构师和团队能够确保系统在长期运行中持续满足利益相关者和业务的期望。此外，架构定义流程赋予了系统灵活性和适应性，使其在未来面对变化时仍能保持竞争力。

架构定义流程是确保项目成功实施和运行的关键要素。通过深刻理解系统需求、整体目标和技术约束，综合考虑利益相关者的需求和各方面的质量属性，架构定义流程为团队提供了制定合理决策、保障系统质量的基础。在整个软件开发生命周期中，架构定义流程的迭代和演进将不断推动项目朝着成功的方向发展。架构定义流程的输出结果见表 1-9。

表 1-9 架构定义流程的输出结果

输出结果	详细说明
架构说明文档	详细描述系统的整体结构、组件之间的关系、数据流、接口定义等。该文档通常包括多个视图，如逻辑视图、物理视图、流程视图等，以全面展示系统的各个方面
设计决策记录	包含对于架构选择、技术选型、接口定义等方面的详细描述，为团队提供了制定和理解设计决策的依据。确保架构与适用政策、指令、目标和约束保持一致，保证系统架构已经解决了已识别利益相关者的关注点
系统设计图	包括系统的概念图、流程图、UML 图等，用于清晰地呈现系统的结构和工作流程。这些图形化表示有助于团队成员更直观地理解系统设计
架构评审报告	输出内容为架构评审的详细报告，记录了评审过程中提出的建议、问题和解决方案
利益相关者沟通材料	架构定义的输出包括用于向利益相关者传达架构设计决策和设计思路的材料，如简化的图表、概要文档或演示文稿
技术选型和工具清单	输出内容是选用的技术和工具清单，以及关于它们合理使用的说明
系统性能优化方案	输出内容是性能优化的具体方案和指导原则
未来演进方向	提供系统未来演进的方向和建议，确保架构在未来的变化中能够持续适用

这些输出结果构成了一个全面而详尽的架构文档集，为整个软件开发团队提供了清晰的指导框架，同时也为项目的可维护性、可扩展性和整体质量奠定了基础。

架构定义流程能够生成系统架构替代方案。具体来说，是从众多替代方案中选择一个或多个被利益相关者重点关注且紧密贴合系统需求的方案，并以一致的视图和模型进行表达。系统架构定义活动根据逻辑上相互关联且一致的原则、概念和属性来定义解决方案。该解决方案架构具有尽可能满足由一组系统需求所表达的问题或机会的特征和特性。这个过程会对相关架构、组织和项目政策与指令、生命周期概念和约束、利益相关者的关注点和要求，以及系统的基本要求和限制、系统的概念和属性，还有系统及其相关生命周期过程演化的控制原则产生影响。

系统架构定义流程与项目的成功实施和软件系统的健康发展直接相关。这一流程旨在为软件系统的设计和开发提供一个有组织、有计划的方法，以确保系统能够充分满足利益相关者的期望、整体需求和设计目标。

在进行架构设计时，首先要考虑识别或开发架构视点的典型考虑因素。这包括基于利益相关者关注点的视点和模型类型的选择、改造或开发，明确架构详细信息的预期用户，以及确定用于开发模型和视图的潜在架构框架或参考架构。这一过程旨在确保系统设计充分考虑各个利益相关者的需求和期望。

同时，在与外部实体的接口和交互方面定义系统上下文和边界时，需要综合考虑多个因素。这包括根据与外部实体的接口和交互来明确系统上下文和边界，识别架构实体及其之间的关系，将对系统架构决策具有重要意义的概念、属性、特征、行为、功能或约束分配给架构实体，以及选择、调整或开发系统候选架构模型。综合这些因素，有助于确保在系统设计中对外部环境有清晰的界定，同时充分满足关键利益相关者的关注点和系统需求。

此外，架构过程定义的约束对于设计方案的选择也至关重要。这些约束涉及技术、资源、时间、业务和组织等多个方面。技术约束要求架构设计符合组织内已有的技术栈和标准；资源约束限定了可用的人力、物力资源；时间约束对项目的进度设定了要求；业务约束要求架构设计符合业务规则和流程；组织约束涉及组织结构和文化；技术可行性约束要求架构设计充分考虑所选择技术的实际可行性；可维护性和升级性约束要求架构设计考虑系统的可维护性和未来升级的便利性；安全性约束要求架构设计符合安全标准和最佳实践准则。这些约束共同限定了设计的范围并指引着设计方向，要求架构师在各种限制条件之间取得平衡，提出既切实可行又满足业务需求的设计方案。架构定义流程见表 1-10。

表 1-10 架构定义流程

架构定义过程	详 细 内 容
需求明确与利益相关者管理	描述问题空间的特征，与业务或任务分析相结合，识别并定义问题空间。确立架构目标和关键成功标准，全面理解系统在功能、性能和安全性方面的需求
目标定义与技术约束管理	在潜在解决方案集合中综合考量，明确系统设计和架构的目标。描述解决方案和权衡空间的特征，同时考虑技术约束，以确保系统设计的可行性
系统整体性能优化与风险管理	评估系统架构，确定评价目标和标准，并分析架构的概念和属性，确保系统性能满足需求。进行风险管理，识别并管理可能影响系统设计和实施的潜在风险
系统灵活性与可维护性设计	详细阐述系统架构，识别或开发架构视点，构建架构的模型和视图，确保系统具备灵活性和可维护性
团队协同与文档化	将架构与其他相关架构及相关受影响的实体建立联系，以确保详细系统架构的一致性。通过提供清晰、一致的架构文档促进整个团队的协同合作和共同理解

架构定义过程为整个软件项目的成功实施奠定了坚实的基础。通过精心规划系统的结构和组织方式，保证系统在满足业务需求的同时具备良好的性能、灵活性和可维护性。

架构定义过程通过明确系统需求，确保团队与利益相关者之间的紧密合作。这不仅有助于准确捕获功能、性能和安全性等方面的需求，也确保了整个团队对项目目标的共识。在明确需求的基础上，架构师可以更有针对性地进行系统设计，使其更好地契合业务目标。

架构定义过程着眼于设定系统设计和架构的目标，并有效管控技术约束。这一步骤确保了系统设计的具体目标，使得团队能够有序、高效地推进软件开发。同时，考虑技术约束，如硬件平台和开发工具，有助于规避项目实施中可能遇到的技术障碍。

系统整体性能的优化与风险管理是架构定义过程中的重要考虑因素。通过综合评估系统架构，确定评价目标和标准，全方位管理潜在风险，确保系统在实际运行中表现卓越，同时能够适应变化和风险。

架构定义过程强调了系统的灵活性与可维护性设计，使系统能够适应未来的变化和升级。通过详细阐述系统架构，包括架构视点、模型和视图，确保系统具备适应性和可维护性，减少由变化引起的大规模修改。

团队协同与文档化是关键的成功因素。清晰、一致的架构文档，促进了团队成员之间的沟通和协作，有助于整个团队在同一认知下协同努力。同时，它也是项目的关键参考资料。

总之，架构定义过程是软件工程中的一个关键环节，为软件项目提供了全面的设计和规划。其意义不仅在于满足业务需求和性能要求，还在于提高系统的灵活性、可维护性和适应性，确保软件项目能够顺利、成功交付。

2. 设计定义流程

软件设计定义过程是软件工程中不可或缺的阶段，它是将抽象的需求转化为具体设计方案的关键步骤。这一过程涉及多个阶段，从深入理解用户需求开始，逐步将抽象的概念转变为系统结构和设计模块，最终确保系统的安全性、性能及用户体验。设计定义过程包括模块设计、数据设计、接口设计、算法设计等环节。

模块设计将系统分解为独立、可维护的单元，使复杂系统变得清晰可管理。数据设计则关注数据在系统中的流动路径和存储方式，确保信息传递的高效性。接口设计和算法设计分别着眼于系统的模块之间如何协同工作和如何执行复杂计算逻辑。这些设计环节相互交织，共同构建了软件系统的庞大框架。

在安全性和性能设计方面，架构师不仅需要考虑系统的安全需求，还需要确保系统在各种负载下能够高效运行。用户界面设计则是为系统使用者打造便捷而直观的入口，以提升整体用户体验。系统测试设计和文档编制确保系统在交付使用前经过严格的验证，并记录下系统设计的所有关键信息，作为未来维护和升级的重要参考。

设计定义流程的目的在于规划和制定软件系统的整体结构和组织方式,确保系统在开发和维护阶段都能够满足业务需求,具有良好的可扩展性、可维护性和性能。该流程将架构和需求转化为系统设计,为目标系统提供详尽的数据和信息,并根据系统需求和体系结构实现解决方案。设计定义流程的目的见表1-11。

表1-11 设计定义流程的目的

目 的	详 细 内 容
系统整体规划	确定软件系统的整体结构,包括各个模块的组织方式、模块之间的关系,以及系统整体的架构样式
需求对齐	将业务需求和用户需求转化为系统的高层设计,确保设计方案能够满足实际需求
可扩展性	设计系统以支持未来的变化,使得新的功能或模块能够容易地集成到系统中,而不影响已有的功能
可维护性	保障代码易于理解、修改和维护,降低系统维护成本
性能优化	在设计阶段考虑系统的性能需求,确定关键性能指标,规划系统的性能优化策略
风险管理	识别和管理与系统架构相关的潜在风险,确保系统设计能够应对可能的挑战和问题
技术选型	选择适当的技术和工具,确保系统的实现符合业界最佳实践和标准
模块划分	将系统分解为模块,明确各个模块的职责,确保系统的模块结构清晰
模块接口设计	规划各个模块之间的接口,确保模块之间的通信高效而可靠
决策记录	记录架构决策,包括设计思路、选择的架构模式、技术栈等,以便后续团队成员理解和参考

通过实现上述这些目标,设计定义流程为后续的具体设计、开发和测试工作提供指引,在整个软件生命周期中起到了关键的作用。

设计定义流程的输出结果包括一系列详细的设计文档和规范,这些文档通常用于指导后续的开发、测试和维护工作。设计定义流程的输出结果见表1-12。

表1-12 设计定义流程的输出结果

输 出 结 果	详 细 内 容
设计文档	详细描述了系统的整体结构、模块划分、模块之间的关系、数据流、接口设计等方面,包含了所有系统和利益相关者的需求。系统中所有元素的特征也在设计文档中得到设计上的实现,此外,还包含所有的版本修改记录
系统设计元素之间的接口	对系统中各个模块的设计进行详细说明,包括模块的职责、功能、数据处理方式、接口定义等。除了包含本系统中所有的接口设计外,还包含对接系统的所有接口的详细定义
数据库设计文档	详细描述数据库的结构、表之间的关系、数据存储方式等
接口规范	定义系统内外各个模块之间的接口规范,包括输入/输出参数、通信方式、数据格式等
算法描述	对系统中采用的各种算法进行详细描述,包括算法的原理、输入/输出、时间复杂度等

(续)

输出结果	详细内容
用户界面设计	展示系统的外观和交互设计
性能优化策略	描述系统性能优化策略，包括优化目标、采用的方法、测试计划等
安全设计规范	包括安全措施、加密算法、权限管理等
决策记录	记录设计过程中的关键决策，包括选择的架构模式、技术栈、设计原则等

设计定义流程是软件工程中的关键步骤，涉及多个阶段的活动，旨在确保系统在开发和维护过程中能够满足用户需求，并具有良好的性能、可维护性和安全性。设计定义流程见表1-13。

表1-13 设计定义流程

步骤	详细内容
1）将系统需求分配给系统元素	满足所有系统要求和体系结构目标所需的分配
2）将架构实体和关系转化为设计元素	此步有助于确保每个架构实体和关系被映射到适当的系统设计元素中
3）将架构特征转化为设计特征	根据架构的性能、可扩展性、安全性等方面的要求，细化并转化为具体的设计特征，明确在设计层面如何实现
4）定义必要的设计推动因素	设计推动因素包括与分配的系统特性相关的产品标准和规范、模型、方程、算法、计算、形式表达式和参数值、模式等
5）检查设计方案	评估分配的系统特性的可行性，并在架构和需求之间进行权衡。除了新的设计方案外，通常还会确定候选的非开发方案。出于可靠性、成本和互操作性考虑，使用非开发方案通常更可取，除非现有制品无法实现设计特性
6）定义系统元素之间及与外部实体之间的接口	接口在系统架构定义流程中被识别和定义到架构意图和理解所需的级别或程度。根据系统元素与构成系统的其他系统元素及外部实体的设计特征、接口和交互进行细化
7）建立设计工件	包括数据表、数据库、文档和可导出的数据文件
8）评估每个系统设计方案满足利益相关者要求和系统要求的程度	评估包括与预期应用的适用性相关的任何风险。设计适用性包括集成的简易性、操作的可用性、维护的简易性和最终的系统操作性。将分析和评估结合起来进行总体评价，以选择最适合的系统设计方案

设计定义流程中存在一些约束，这些约束主要是用于保障设计的有效性、可行性和质量。设计定义流程的约束见表1-14。

表1-14 设计定义流程的约束

约束条件	详细内容
时间约束	设计过程需要在预定的时间内完成，以满足项目的进度计划
资源约束	设计过程通常在有限的资源下进行，包括人力、硬件、软件和预算等

(续)

约束条件	详细内容
技术约束	使用特定的技术栈和工具可能会受到技术约束。项目可能要求使用特定的编程语言、开发框架或硬件平台
安全约束	如果系统具有安全性要求,设计必须符合相关的安全标准和法规
性能约束	系统设计需要符合性能要求,包括响应时间、吞吐量、并发性等
可维护性约束	设计必须支持系统的易维护性,确保能够轻松进行修改、更新或系统升级
可扩展性约束	系统设计需要具有一定的可扩展性,以适应未来的变化
兼容性约束	如果系统需要与其他系统或平台进行集成,设计必须考虑到兼容性问题
法规约束	根据所在行业和地区的法规,设计必须符合相关法规和法律要求
用户体验约束	如果系统具有用户界面,设计必须关注用户体验,确保用户能够轻松使用系统而不感到困扰

这些约束相互作用,设计过程需要在各种限制下找到最佳的平衡点,以保证最终交付的系统满足各方面的要求。

3. 架构定义流程与设计定义流程的关系

尽管设计定义流程与架构定义流程存在区别,但二者之间仍然存在紧密的互动和反馈关系。一个良好的系统架构为后续的设计工作提供了指导,而设计的实施也可能反过来影响系统架构。在软件开发中,这两个流程通常是迭代进行的,以逐步完善系统。架构定义流程与设计定义流程见表1-15。

表1-15 架构定义流程与设计定义流程

流程	关注范围	时序关系	抽象层次	目标
架构定义流程	关注系统的高层结构和组织,定义系统的整体框架、结构和关键组件之间的关系,以确保系统的稳定性、可扩展性和整体一致性	在软件工程的早期阶段进行,旨在规划系统的整体架构,为后续设计提供指导	更抽象,关注于系统的整体结构,包括高层次的模块划分、组件关系和通信等	确保系统的整体结构能够满足业务需求,为系统的进一步开发提供良好的基础
设计定义流程	关注具体的系统实现和解决方案,包括模块设计、数据设计、接口设计、算法设计等,以满足系统需求并实现系统功能	在架构定义流程之后进行,建立在系统整体结构已经确定的基础上,关注细节的实现	更加具体和细化,关注于如何实现系统的具体功能,包括具体的编码和算法选择	将系统需求转化为可执行的、可维护的代码,实现系统的功能

1.1.6 架构师

架构师是技术团队的领导者,负责引导团队向规划的技术方向发展,需要时刻保持对最新技术趋势的了解,以确保技术栈的适用性。架构师也是整个系统的设计者,需要制定既能充分满足未来需求的功能属性,又具备良好质量属性的架构设计方案,同时还需要进行关键技术上的决策。关键技术上的决策直接影响着项目未来的走向。

架构师也是团队的技术导师,需要以多种形式或手段提升技术团队的技术水平,同时要凭借熟练的沟通技巧让需求方理解并认可软件架构中质量属性的重要性,并在实现质量属性预期效果方面给予一定的支持。此外,架构师还需要与不同的团队,例如开发团队和运维团队进行沟通,使他们理解相同的最终目标。

架构师是复杂技术和业务的挑战者,是软件项目出现问题的最后一道防线。架构师需要通过多种手段对问题进行分析、制定解决方案并加以解决,为软件项目的顺利推进提供技术、培训、沟通等方面的保障。

架构师是持续学习者,架构领域每十年的发展都是翻天覆地的,架构师需要进行持续的学习,以紧跟架构发展的步伐。架构师不仅要进行持续学习,也要根据自身情况不断调整学习方法,并在技术团队中推广各种有效的学习方法。

架构师的定位在整个软件开发生命周期中都是至关重要的。他们的决策和设计关乎项目的成功,并对组织的技术战略和创新能力产生深远影响。这种角色与定位要求具备卓越的技术能力、领导力和全局视野。架构师的职责和定位见表 1-16。

表 1-16 架构师的职责和定位

职责和定位	详细内容
制定架构决策	架构师需要具备制定关键技术和设计决策的能力。这包括根据项目需求和目标选择适当的架构风格、技术栈和设计模式
持续分析架构	架构是一个持续演化的过程,架构师需要不断地分析和评估系统的性能、可维护性及适应未来需求的能力
掌握最新趋势	技术领域不断演进,架构师应该保持对最新技术趋势的敏感性。这包括了解新的编程语言、框架和工具,以及了解行业中的最佳实践
确保决策被遵守	架构师制定的决策对整个项目至关重要,因此他们需要确保开发团队正确理解并遵守这些决策。通过建立有效的沟通渠道、提供培训和支持,并定期审查项目的实施情况,架构师可以确保设计和决策的一致性
丰富的经历和经验	架构师应该具备广泛的经验,涵盖不同领域和项目类型。这种经验有助于更好地理解各种挑战、解决方案和行业最佳实践。通过在不同项目中的实际历练,架构师可以更好地适应复杂的问题和不同的工作环境

（续）

职责和定位	详 细 内 容
具备业务领域知识	架构师应该了解业务领域的需求和挑战。这使他们能够将技术决策与业务目标紧密结合，确保系统设计符合实际业务需求，提供有价值的解决方案
具备人际交往能力	架构师需要与各种利益相关者进行有效的沟通，包括开发团队、项目经理、业务人员等。良好的人际交往能力有助于建立合作关系，理解各方需求，并确保所有利益相关者的期望得到满足

架构师在制定决策、分析架构、跟踪趋势、确保遵守、拥有经验和业务知识，以及具备人际交往能力等方面扮演着多重角色，这些特质共同促使他们在软件开发过程中发挥关键作用。

一名优秀的架构师，对自己的深入了解是至关重要的。这个过程不仅有助于更好地应对工作挑战，还能针对性地提升自我能力，而且能够在做决策时降低错误决策的概率。对自我的了解不仅局限于硬技能、软技能方面，还包括对自身性格及人性的了解。

架构师成长的一种有效方式是根据通用的能力地图及自己所需的特长技能制定补齐短板及提升特长的计划。

架构师构建自身能力地图是一项极具战略性和全局视角的活动，旨在形成一张清晰而全面的个人技能地图，为个体职业生涯和组织中扮演的角色提供指引。这一概念的抽象核心在于将个人技能、知识、经验及发展方向融合，创造性地描绘出一个人在复杂多变的技术和商业环境中的职业画像。

首先，能力地图提供了一种战略视角，让架构师从整体的角度审视个人的专业资产。这不仅包括技术领域的专业技能，还涵盖领导力、沟通能力、团队协作等软技能。通过这种综合地图，架构师可以更清晰地认知自身在整个组织中的定位，明晰自身能力与组织目标的契合度。

其次，能力地图作为一项动态工具，强调对快速变化的技术和业务环境的适应性。这不仅包括不断更新的技术知识，还涉及对新兴领域的敏感性和学习能力。通过在地图上灵活标注新技术、趋势和业务需求，架构师能够更加敏锐地把握发展机遇，在不断演变的行业中实现个人和组织的共赢。

能力地图作为个人的"指南针"，引领着职业生涯的方向。它不仅聚焦于个体当前的技能状态，更包含对未来发展的明晰规划。架构师通过对自身的深度思考和目标设定，能够更有针对性地进行技能强化，为自己的职业生涯打造更具竞争力的发展路径。

能力地图不仅是个体的一张图，也是组织人才战略的组成部分。组织可以通过对整个团队成员的能力地图进行综合分析，更好地梳理和规划团队的技能结构，确保团队整体能够胜任业务和项目的复杂需求。

能力地图的概念超越了传统的技术技能框架，成为一个综合性的个人和组织发展工具。架构师通过构建和不断更新这一地图，能够在动荡的科技领域中保持职业敏捷性，实现个人与组织的共同繁荣。

架构师的硬能力地图为其技术能力和知识领域提供了清晰的框架,帮助定义必要的技能集和专业知识。该地图不仅指导架构师的职业发展,还帮助团队和组织识别技术需求、优化招聘和培训策略。它确保架构师能够有效应对复杂的系统设计挑战,提高项目的成功率并推动技术创新。架构师的硬能力地图见表1-17。

表1-17 架构师的硬能力地图

硬能力地图	详 细 内 容
技术储备	具备扎实的技术背景,包括但不限于编程、系统设计、数据库管理等方面的知识。在软件开发领域拥有多年经验,熟悉不同的编程语言和开发框架
系统架构	深刻理解不同系统架构风格,并能根据项目需求选择和构建合适的系统架构
云计算	熟悉主流云服务提供商的服务,掌握云计算的优势、模型和最佳实践
容器化和编排	熟悉容器技术和容器编排工具,能够设计和管理容器化应用
API 设计	能够设计具有良好可用性和可扩展性的 API,熟悉 RESTful 和 GraphQL 等 API 设计原则
安全性	具备系统安全性的知识,包括身份验证、授权、数据加密和漏洞防护等
数据库技术	对不同类型的数据库有深刻理解,能够设计和优化数据库模型
开发工具和流程	熟悉持续集成、持续交付和自动化测试等开发工具和流程,推动团队采用最佳实践
前端技术	对前端开发技术有基本了解,以便更好地协调前后端集成
多语言编程	架构师需对多种编程语言有一定的熟悉度,这有助于他们更好地理解不同语言的优势和局限性
设计模式	理解并应用设计模式是架构师的重要技能
代码质量	架构师需要对高质量代码的标准和实践有深刻理解。这包括良好的注释、可读性、可维护性等方面
架构设计工具	架构师可能使用各种工具进行架构设计和建模,如 UML 工具、架构设计软件等
性能优化	了解并应用性能优化技术,确保系统在各种条件下都能提供高效的性能
经验	拥有曾经参与并主导过各种规模项目的经验,从小型应用到大型企业级系统
领域知识	了解业务领域的具体情况将有助于架构师选择最合适的方法来有效地解决问题

架构师的硬能力地图明确了其在技术领域中的核心能力和知识要求。该能力地图帮助架构师规划职业发展,识别所需技能的缺口,并提供培训方向。它还支持团队和组织在技术招聘和项目规划中做出明智决策,确保架构师具备解决复杂系统设计问题的能力。通过这一方式,架构师能够有效应对技术挑战,推动创新和项目成功。

架构师的软能力地图着重于技术之外的关键能力,如沟通、团队合作、问题解决和领导力。这些技能对于架构师在项目管理、团队协调和客户交流中至关重要。通过明确这些软技能要求,能力地图帮助架构师在提升技术能力的同时,也增强了与团队和客户的互动,提高了工作效率和项目成功率。它指导职业发展,帮助架构师在复杂的工作环境中有效地发挥影响力和领导力。架构师的软能力地图见表1-18。

表 1-18　架构师的软能力地图

软能力地图	详细内容
领导力	架构师通过指导技术团队，推动质量标准的落实及明确正确的产品愿景，从而赢得权威和尊重
沟通能力	架构师与利益相关者、业务分析师和工程师进行顺畅且有效的沟通，解释采用某些技术或应用特定模式的好处，并能够用简单的术语解释复杂的问题
解决问题	软件架构师通常要处理复杂的技术问题和挑战，应具备解决性能问题、扩展性问题、安全性问题等方面的能力
组织能力	一个成功的软件产品可以用最少的资源达成诸多目标。架构师应确定任务的优先级并组织团队以实现高效工作
时间管理	架构师参加与客户的会议，与团队协作，并与高层管理人员进行讨论。为了应对繁忙的日程，需要高效利用时间
创造性思维	架构师需要创造性地思考，提出替代方案并快速解决问题

架构师的软能力地图聚焦于关键的人际和管理能力，如沟通、协作、领导力和决策能力。这些技能在跨团队协调、需求分析和项目推动中发挥重要作用。软能力地图帮助架构师识别和发展这些关键软技能，提升其在复杂项目中的综合表现和团队影响力。通过明确软技能需求，架构师能够更有效地管理团队、优化工作流程并促进项目成功。

架构师通常对技能的广度有非常高的要求，无论是架构设计、技术选型、决策制定等方面都需要庞大的知识量。但是，一个人不可能精通所有的技能，架构师也需要有几种专精的技能，以应对大部分常见的架构设计难题。架构师技能广度与深度的关系见表 1-19。

表 1-19　架构师技能广度与深度的关系

技能广度的重要性				技能深度的重要性		
综合解决问题	横跨多个技术栈	与团队协作	预见技术趋势	解决特定领域问题	提高执行效率	技术领导
架构师熟悉多个领域的技术，可以综合不同领域的解决方案，提供更全面的系统设计。这对于解决跨领域的复杂问题至关重要	在现代软件开发中，很少有项目只涉及单一技术。技能广度使架构师要能够横跨多个技术栈，选择最适合项目需求的技术组合，提升系统的灵活性和可维护性	架构师在与多领域专业人员合作时，技能广度能促进更好的沟通和理解。能够理解多个领域的术语和概念，有助于团队协同解决问题	广泛了解多个技术领域，使架构师更容易捕捉到新兴技术趋势，能够提前预见并应对技术的演进，确保系统的长期可维护性	技能深度是指在特定领域获得专业知识和经验，能够深入解决该领域的复杂问题。这对于某些需要深度专业知识的系统设计至关重要	在某些情况下，技能深度可以提高执行效率，特别是在处理某一特定技术栈或特殊问题时，深度的理解可以加速解决方案的制定和实施	在某些项目中，需要架构师作为技术领导者来引领技术团队。深度的技术知识使其能够为团队提供指导和支持，确保项目达到高水平的技术标准

技能广度需要架构师时刻保持学习的态度，紧跟技术发展潮流，以确保在架构设计时能够做出更适合当前项目的决策。技能的深度需要架构师投入大量精力去理解这些技能及其框架、原理、难题等。对于架构师来说，在时间和精力有限的情况下，技能广度的重要性要大于技能深度的重要性。

架构师需要深入思考自己的思维方式、解决问题的风格、沟通方式及对复杂系统的理解。认识自己使架构师能更深刻地理解自己的领导风格、沟通偏好及人际交往方式。这有助于建立更有效的团队合作模式，提高沟通效率，增进团队协作效果。认识自己有助于架构师更好地管理自己的时间和情绪。了解自身的工作习惯、高效的学习方式，以及在压力下的反应模式，能够提高工作效率和抗压能力。认识自己的价值观和决策偏好，能使架构师在面对复杂的决策和问题时更有信心，决策过程也更具清晰度。这也有助于在团队中推动合理决策的制定。认识自己的优势和局限性，使架构师更容易接受反馈并进行自我调整。这促进了个人和团队的持续改进。认识自己的技能偏好和擅长领域，有助于架构师在技能广度和技能深度之间找到平衡点，更好地应对复杂的技术挑战。认识自己有助于架构师更好地理解团队成员，因为了解自身的个性特征和行为风格可以更好地与他人协调和合作。通过认识自己的职业愿景、目标和动机，架构师可以更清晰地制定个人和团队的发展计划，推动自身职业的长期成长。架构师的优势认识如图 1-12 所示。

情绪管理　　思维方式　　沟通方式　　领导风格　　时间管理

● 图 1-12　架构师的优势认识

架构师需要对自身缺点有明确认知，这种自我认知在架构设计中扮演着关键的角色。首先，架构师通过清晰认知个人缺点，培养了对团队的谦逊态度。这种谦逊不仅是对技术水平的真实客观评估，更是对团队协作和其他成员贡献的尊重。在架构设计中，这种态度促使架构师更愿意倾听和接受他人意见，营造充满创造性和包容性的设计氛围。

明确认知个人缺点使架构师更注重团队合作和协同效应。在架构设计过程中，不同成员的缺点和强项构成了团队的多样性。架构师认识到自己无法涵盖所有领域，因而更愿意与其他成员合作，形成综合而均衡的设计方案。这样的协同效应在复杂项目中显得尤为重要，有助于弥补个人局限性，提升整个团队的综合素质。

明确认知自身缺点还促使架构师在设计中更加注重风险管理。架构设计是一个充满挑战和不确定性的过程，而对个人缺点的清晰认知使得架构师更容易发现和理解潜在的风险。在设计中，他们能够有针对性地采取措施，通过合理规避和处理风险，提高设计方案的可行性和稳定性。

架构师通过认知自身缺点，能够培养持续学习的习惯。他们知晓技术日新月异，自身不足之处需要不断补充知识来完善。在架构设计中，这种持续学习的态度使架构师更容易接纳新技术和方法，保持创新性，确保设计方案始终具备前沿的技术实力。

架构师对自身缺点的明确认知，不仅对个人发展具有推动作用，更对架构设计过程产生深远而积极的影响。这种自我认知既推动了团队协作，又促进了风险管理和持续学习的实践，为设计出更加稳健、协同和创新的系统奠定了基础。

架构师对事物本质的深刻理解在架构设计中发挥着至关重要的作用。这种深刻理解使得架构师能够透彻把握系统的核心需求和业务本质。通过对事物深入的洞察，架构师能够更好地理解业务领域的本质特征，捕捉到真正关键的问题，从而在设计中更加准确地反映业务的核心目标。

深刻理解事物的本质使得架构师能够提炼出系统的关键抽象和核心概念。在架构设计中，对事物本质的深刻认知使架构师能够从复杂的业务场景中抽象出具有通用性和可重用性的设计元素，建立系统的基本框架和结构。这样的抽象不仅有助于设计的模块化和灵活性，也为系统未来的演进奠定了良好的基础。

深刻理解事物的本质使得架构师能够更好地预见系统的演化方向和未来变化。通过对事物演化规律的深入研究，架构师能够在设计中考虑到系统的可扩展性、适应性和演进性，从而降低系统面对未来需求变化时的维护成本和风险。深刻理解事物本质有助于架构师在设计中更好地平衡各种质量属性。通过理解事物的本质特征，架构师能够更全面地考虑到系统的性能、安全性、可维护性等方面的要求，制定出更加综合平衡的设计方案。架构师对事物本质的深刻理解在架构设计中产生了深远而积极的影响。这种理解不仅有助于更准确地把握业务需求，提炼出系统的关键抽象，还能够为系统的未来演化提供良好的预见性，从而为设计出稳健、灵活且具有长远价值的系统奠定基础，如图1-13所示。

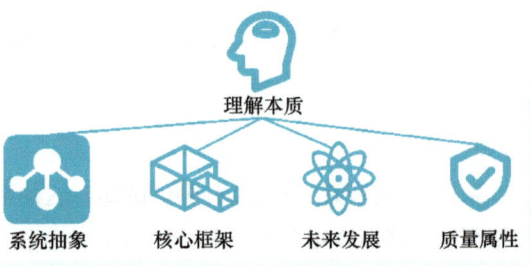

● 图1-13　架构师的深刻理解

架构师作为团队中的技术领导者，其知识储备量和深度对于项目的成功至关重要。首先，架构师需要具备广泛的技术知识，涵盖软件开发的各个环节，如编程语言、数据库管理、操作系统、网络通信等。广泛的知识储备使得架构师能够在项目中横跨多个领域，更好地权衡和制定全局的架构设计方案。架构师的学习深度也很重要。深入理解核心概念、最佳实践和前沿技术是保证架构设计质量的关键因素。通过深度学习，架构师能够更好地理解技术原理，应对复杂的技术挑战，并提供创新性的解决方案。深度学习还使得架构师能够更好地分析和预测技术发展趋势，及时引入新技术，保持系统的可持续性和竞争力。有效的学习方法对于架构师的知识获取至关重要。

学习方法是一个复杂而多层次的体系,涉及意识层面的知识获取与应用、潜意识层面的知识创造与深层次影响。在思考过程中,大脑的神经突触构建了思维网络,而通过维护和不断完善这一思维网络,个体能够更好地将学到的知识和思维方法融入其中,实现学习的深层次理解和应用。

弗洛伊德将意识划分为三个层次:意识、前意识和潜意识。

学习的意识层面主要涉及知识的获取与应用。这包括通过各种学习渠道,如阅读、听课、实践等,主动获取新知识。在这一层面,个体运用意识层面的认知能力对信息进行解析、理解和应用,这是学习的初始阶段。

潜意识层面在学习中发挥着更为深远的作用。弗洛伊德的理论指出,潜意识中存储着不通过大脑的逻辑思维计算的对于事物的态度和情感,以及难以言说的思维方式,也就是说,潜意识会影响人的思维方式,人思考问题的方法受到潜意识极大影响。所以,学习更重要的是方法而非知识本身。计算机领域的知识更新似乎也符合摩尔定律,每三年增加一倍。知识的保质期很短,而学习方法及其隐含的思维方式却可以长期使用。

认知分为理解性认知和陈述性认知。理解性认知是指个体对于"如何做某事"或执行特定任务的知识和技能的理解。这种知识通常是隐式的,难以明确地用语言描述,更侧重于行动和执行。例如骑自行车,学习者能够理解和执行却很难进行描述。理解性认知包含了个体在实践中习得的经验和技能,使其能够有效地执行某项任务而无须过多地进行意识思考。陈述性认知是指个体对于"知道什么"的理解,它是明确、可陈述、可传达的知识形式。这种知识更注重知识的描述和表达,包括事实、概念、规则等。陈述性认知的知识可以通过语言或其他形式进行明确的陈述和分享。

自底向上的学习方式通常是一个渐进而系统的过程,涉及从基础层面到深入理解的层层递进。这种学习路径始于对知识的了解,逐步发展成对知识的理解和简单应用。在这一阶段,学习者熟悉概念和基本原理,并能够在一些基础情境中进行应用。

随着学习的深入,学习者逐渐达到能够熟练应用的层次。这意味着他们能够在实际问题中灵活运用所学知识,不仅能熟练地解决现有问题,还能够应对变化的需求和挑战。

然而,要达到能够举一反三的水平,学习者需要超越简单的应用,深入思考知识的内在关系,发现知识之间的共性和相互影响。这需要学习者培养抽象思维能力,将学到的知识扩展到更广泛的领域,并在不同背景下进行灵活运用。

最终,实现对知识的全面准确定义和创造新的知识体系。这是学习者达到的高阶层次,要求对知识有深度理解和创新性思维。全面准确的定义需要学习者对知识进行系统梳理和整合,确保自己对知识的把握没有盲区。而创造新的知识体系则意味着学习者能够提出新的理论、方法或框架,为学科领域的发展做出贡献。

自底向上的学习过程通常要耗费大量的学习时间和精力,且投入与产出不成正比,但这也是学习的必经之路，如图 1-14 所示。学习者需要通过学习大量知识的过程不断完善适合自己的学习方法。

自顶向下的学习方法能够节省大量的无效学习时间，但会在短时间内消耗更多的精力。对于新知识理论的学习，使用自顶向下的学习方法，能够不断完善自我的思维方式，对于知识理论的理解也能够在短时间内通过消耗大量精力达到很高的认知水平，且能够做到陈述性的认知，如图 1-15 所示。

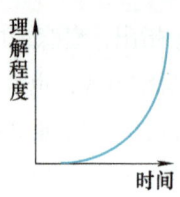

- 图 1-14 自底向上的学习方法理解程度与时间的关系

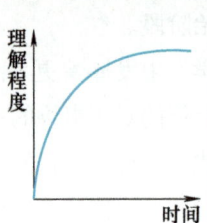

- 图 1-15 自顶向下的学习方法理解程度与时间的关系

在自顶向下的学习方法中，首先应该系统地提出一系列问题，以确保对知识理论的全面理解。这包括对知识理论中的先验知识进行审视，深入探讨这些先验知识可能面临的问题。进一步，需要明确待学习的知识理论能够解决哪些具体问题。在这个过程中，学习者需要思考如何通过先验知识和创造性思维来解决这些问题，将解决方式与待学习的知识理论进行对比。

对比过程应着重考察解决方式在全面性和优缺点方面的表现，通常建议在比对中保持批判性观点，以提升思考深度。根据比对结果，需不断修正所创造的解决问题的理论。由于这一理论是由个体创造的，个体在短时间内能够对其深入理解，同时因其与个体思维方式契合，更具创造性。

自顶向下的学习方法注重在学习前阶段对知识理论的系统性提问，旨在深入了解先验知识和待学习知识理论间的联系。通过批判性的对比分析，个体能够不断修正和完善所创造的解决问题的理论，使其更贴近实际问题的解决需求。这种方法既能迅速提升对知识理论的理解深度，又能够培养创造性思维，为学习者在知识领域的应用和创新奠定坚实基础。

架构师首先应明确自己的学习目标和学习需求，如学习新的技术、理解业界最佳实践、提升解决问题的能力等。这有助于明确学习的方向和重点，指导后续的学习过程。

根据学习目标和学习需求，架构师可以选择合适的学习策略和方法，包括阅读相关文献、参加培训课程、实践项目、分析案例、参与开源社区等。选择适合自己的学习方式，有助于提高学习的效率和成效。

架构师在学习过程中应持续监控学习进度、评估学习效果，以掌握自身的学习情况。通过制定学习计划、设定学习里程碑、记录学习笔记等方式，能及时发现学习中的问题和困难。

根据监控结果,架构师可以及时调节学习策略和方法,找出适合自己的学习方式,从而提高学习效率。还可以尝试不同的学习方法,找出最适合自己的学习路径。

架构师应进行反思和总结,回顾学习过程和收获,分析学习中的成功经验和失败教训,提炼出学习的关键点,为后续学习提供参考。

上述学习方法有助于架构师更高效地学习,通过设定学习目标、选择学习策略、监控学习过程、调节学习策略和总结反思等方法,提高学习效率,持续提升自己的学习能力和水平。

1.2 软件架构的发展历程

软件架构的历史反映了软件项目逐步发展的过程。软件架构是一个动态、自我塑造的实体,其演进过程、决策和实践不仅反映了技术的发展,更是软件系统本身的一部分。软件架构的形成受到历史、经验和持续学习的影响,而架构师在设计和改进架构时,应通过反思过去的决策来指导未来的发展,形成一种持续演进和自我修正的态势。

(1)初创时期(20世纪50年代):构思与实践

初期计算机系统的发展聚焦于硬件设计和底层编程。彼时,计算机体积庞大且价格昂贵,主要应用于科学和军事领域。概念相对较弱。

从计算机科学的发展历程来看,20世纪50年代是计算机发展的起步阶段,硬件层面的研发是核心。此时,软件开发处于初级阶段,软件工程和架构设计的理论框架尚未完全建立。软件开发更多是基于硬件需求进行简单的程序编写(见图1-16),对于软件的组织和设计缺乏系统性的思考。

● 图1-16 20世纪50年代软件架构的发展

总而言之,20世纪50年代是计算机科学领域的奠基时期,软件架构无论是概念还是实践都尚处于萌芽状态,人们大部分注意力还集中在硬件和低级编程语言上。

(2)模块化时代(20世纪六七十年代):组织复杂性

在20世纪六七十年代,计算机科学领域进入了一个重要的时期,这个时期见证了计算机硬件和软件的发展，也开始形成了一些软件工程和架构设计的基本概念，如图 1-17 所示。在硬件层面，处理器、内存等组件模块化，可单独研发维护，提升扩展性；但模块增多，布局与协同挑战加剧。在软件层面，复杂系统被拆分为功能独立的模块，便于开发调试；可模块依赖复杂，接口管理与集成难度大增。在此背景下，从模块划分到系统集成的科学方法开始探索，为后续发展筑牢根基。

● 图 1-17　20 世纪六七十年代软件架构的发展

（3）对象导向革命（20 世纪 80 年代）：抽象与重用

GradyBooch、Ivar Jacobson、James Rumbaugh 等人在 20 世纪 80 年代分别发表了 "Object-Oriented Modeling and Design" "Object Solutions：Managing the Object-Oriented Project" "The Unified Software Development Process" 等一系列论文，提出了面向对象分析与设计方法，为面向对象编程奠定了基础。20 世纪 80 年代软件架构的发展如图 1-18 所示。

● 图 1-18　20 世纪 80 年代软件架构的发展

（4）互联网架构崛起（20 世纪 90 年代至 21 世纪第一个十年）：广域网与分布式

20 世纪 90 年代，广域网蓬勃发展，软件架构迎来重大变革。软件架构以分布式架构为核心，通过广域网打破地域限制，实现了信息的广泛交互。网页应用随之兴起，软件从单机走向网络互联模式。通过对网络通信与数据交互进行抽象，软件架构的重用性得以提升，为全球信息流通奠定了基础。20 世纪 90 年代至 21 世纪第一个十年软件架构的发展如图 1-19 所示。

21 世纪初，面向服务架构（SOA）开始流行，其强调将软件系统划分为独立的服务。同时，REST 架构风格的提出，对现代 Web 服务架构产生了深远影响。

 90年代末，
三层架构流行

 90年代末至21世纪初
MVC、面向对象、微服务、NoSQL
面向切面、敏捷方法、RESTful
容器化、Web 2.0流行

1991年，
广域网快速发展

 1997年，
统一建模语言
UML提出

2000年后，
云计算兴起

- 图 1-19 20 世纪 90 年代至 21 世纪第一个十年软件架构的发展

（5）微服务/容器化/无服务时代（21 世纪第二个十年至今）：小即是美

21 世纪第二个十年开始，微服务架构崭露头角，它强调将大型系统拆分成小型、自治的服务。同时，云计算和容器技术的兴起也给软件架构带来了新的挑战和新的机遇。在这一时期，计算机科学和软件工程领域经历了多个引人注目的技术变革和新兴趋势。这一时期的软件架构发展如图 **1-20** 所示。

 2010年至今，
Serverless架构逐渐流行

 2010年至今，
大数据框架持续发展

 2010年至今，
人工智能领域有
重大发展

2014年，
容器编排工具
K8S开源发布
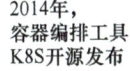

2010年至今，
DevOps逐渐占据市场

- 图 1-20 21 世纪第二个十年至今软件架构的发展

1.3 软件架构设计原则

架构设计原则是软件设计和系统开发中的基本准则或指导性规范，旨在指导架构师和开发团队在设计和实现软件系统时做出明智的决策，确保系统具备一致性、可维护性、可扩展性等高质量属性。

架构设计原则为开发者在面对各种设计决策时指明方向。这些原则抽象且普适，可以应用于各种场景，有助于形成一致的开发风格和最佳实践。

架构设计原则涵盖了从模块设计到系统整体结构的多个层面，涉及模块化、耦合性、内聚性、可扩展性、灵活性等方面。遵循这些原则，开发者能够构建出结构清晰、易于理解和维护的软件系统。

架构设计原则是制定软件系统架构所依赖的基础和指导思想，为架构师在设计过程中提供

决策依据。

例如，常见的"松耦合"原则支持系统组件独立，降低了系统的复杂性，架构师可以通过选择适当的通信机制、接口设计等来落实这一原则。

架构设计原则在软件架构设计中具有多方面重要作用。

- 评估设计决策：提供评估设计决策的标准。架构师将设计方案与架构设计原则进行对比，能判断设计的优劣，识别潜在问题，减少后期修改的成本。
- 统一团队方向：提供共享的价值观和设计理念，让团队成员在设计和实施中保持一致性，降低沟通和理解的成本，提高协作效率。
- 权衡设计中的各种因素：在性能、可维护性、安全性等多个方面提供指导，使架构师能够在不同需求之间取得平衡，确保设计全面、有效。
- 指导架构演进：在业务需求变化、系统架构调整时提供方向，保证系统能够适应新的需求，且不失整体一致性。

总之，架构设计原则在软件架构设计中是不可或缺的。它为架构师提供了一个有序框架，使设计过程更加明晰、高效，并最终打造出具有高质量、易维护和符合业务目标的软件系统，让软件系统能够更好地应对复杂性和变化，实现业务和技术的双重满足。

1.3.1 架构设计的基本原则

架构设计的基本原则代表了一种构建可持续、智能、自适应系统的整体理念，而非具体的技术规范。理解这些原则，可以为架构师提供更大的灵活性和创造性。架构设计的基本原则见表1-20。

表1-20 架构设计的基本原则

原则	详细内容	原则	详细内容
平衡	架构需要在多个维度上保持平衡，如灵活性和稳定性、复杂性和简单性、可维护性和性能等。这种平衡有助于创建全面、健康的系统	整体性	架构需要保持整体性，确保系统各部分之间协同工作，不同组件或模块的变更不会破坏整体结构
演化性	架构应具备演化性，能够适应不断变化的需求、技术和环境，包括系统的可扩展性、可更新性和适应性	自组织性	架构的组件或模块具备一定的自组织性，能够自动适应和调整，以应对系统的变化
普适性	架构原则具有普适性，不仅适用于特定项目或场景，还能在不同领域和环境中通用	反脆弱性	架构设计应具备反脆弱性，即在面对变化和挑战时，能够变得更强大而不是更脆弱
抽象性	架构设计基于适当的抽象层次，使系统的复杂性能够被有效管理和理解。抽象层次的选择决定了架构的可扩展性和灵活性	全局优化	架构决策需要以系统整体最优为目标，而不是仅进行局部优化，确保系统在全局范围内表现良好

1.3.2 演进式架构设计

演进式架构设计是一种注重系统在时间推进中逐步演化和优化的设计方法。相较于一开始就定义完善的架构,演进式设计更注重灵活性和适应性,允许系统在不同阶段根据需求和经验进行调整。

首先,演进式架构设计强调在系统生命周期内持续学习和改进。架构师在设计初期会制定一个基本框架,同时留有足够的灵活性,以便在项目推进过程中根据实际需求进行调整。这种方法允许系统从实际应用中汲取经验教训,逐步优化架构。

其次,演进式设计注重持续交付和快速迭代。通过采用敏捷开发和迭代式方法,系统能够更快地响应变化,及时整合用户反馈,并进行必要的调整。这有助于保持系统的敏捷性和时效性。

此外,演进式设计注重模块化和微服务架构。将系统拆分为独立的组件或服务,可以更容易地对单个部分进行修改和升级,而不会对整个系统造成过大的影响。这提高了系统的可维护性和可扩展性。

综上,演进式架构设计强调灵活性、适应性和持续改进。通过在设计初期保留调整空间,采用敏捷方法和模块化结构,系统能够更好地适应变化,不断提升性能和功能,从而满足不断发展的需求。演进式架构设计的适用场景见表1-21。

表1-21 演进式架构设计的适用场景

适用场景	详细内容
创新型项目	对于需要快速验证想法和进行试验的创新型项目,演进式架构设计有助于团队在不断尝试和迭代的过程中逐步完善系统架构。它允许系统在持续演进中适应变化的需求和技术,提高项目的灵活性和适应性
需求不明确或频繁变化的项目	在需求不明确或频繁变化的项目中,传统的一次性架构设计往往无法满足项目的需求。演进式架构设计可以帮助团队在不断学习和探索的过程中逐步明确需求,并根据需求变化不断调整和优化系统架构
技术风险较高的项目	在采用新技术或新框架构建系统时,由于技术的不确定性和风险,演进式架构设计可以协助团队逐步验证和评估技术选择,并在不断学习和实践的过程中不断优化系统架构
长期项目或大型项目	对于长期项目或大型项目,演进式架构设计有助于团队在项目的不同阶段逐步完善系统架构,降低整体风险和复杂性。通过分阶段的架构演进,可以有效管控项目的复杂度和可维护性
敏捷开发团队	对于采用敏捷开发方法的团队,演进式架构设计与敏捷开发的理念相契合,可以帮助团队快速响应变化,并在不断迭代和反馈的过程中逐步完善系统架构

综上,演进式架构设计适用于需要灵活应对变化、降低风险和持续学习的项目和团队。它强调系统架构的不断演进和迭代,允许系统在不断变化的需求和技术环境中保持敏捷和可靠。

1.3.3 架构设计的驱动内因

架构设计的驱动内因决定了系统的基础结构和行为,确保系统能满足功能需求、维持高效性能、适应未来变化,并优化开发和维护成本。深入理解这些内因,有助于设计师制定出应对实际挑战的架构,从而实现系统的最终目标。

（1）风险驱动的架构设计

风险驱动的软件架构是一种注重识别、评估和处理潜在风险的设计方法。在这种方法中,架构师主动将风险因素融入软件架构的决策和设计过程中,使系统在面对不确定性和变化时更具弹性和稳健性。

- 风险识别：在早期阶段系统地分析和评估潜在风险,以便有针对性地制定应对策略,减轻风险对项目成功的影响。
- 风险应对：设计中采取针对性措施处理风险,如采用特定的架构模式、引入冗余机制、选择合适的技术组件等,以降低潜在问题发生的概率,或者减轻问题发生时的影响。
- 风险监测和调整：在项目推进过程中,持续关注潜在风险的演变,及时采取相应措施。这种迭代过程使系统能够更好地适应变化和不确定性。

风险驱动的软件架构灵活且具有前瞻性,将风险视为设计的重要因素,并在整个开发周期中持续关注风险,有助于提高项目的成功概率,降低开发过程中的不确定性,打造更为可靠和稳定的软件系统。风险驱动的架构设计的适用场景见表1-22。

表 1-22 风险驱动的架构设计的适用场景

适用场景	详细内容
复杂系统设计	当软件系统业务逻辑和技术需求复杂时,通过风险分析和评估,提前发现潜在的问题,并采取适当的措施降低风险
新技术应用	在采用新技术或新框架构建软件系统时,由于技术本身的不确定性和风险,风险驱动的软件架构可以帮助团队识别和评估潜在的技术风险,并制定应对策略
项目周期短、交付周期紧迫	对于项目周期短、交付周期紧迫的项目,风险驱动的软件架构可以帮助团队快速定位并解决系统设计和实现过程中的关键风险,确保项目按时交付并达到预期的质量标准
需求变更频繁	在需求变更频繁的项目中,风险驱动的软件架构可以帮助团队及时应对需求变更带来的风险和影响,通过及时调整系统架构和设计,保证系统的灵活性和可维护性
关键业务系统	对于关键业务系统,如金融、医疗、电信等行业的核心业务系统,风险驱动的软件架构可以保证系统的稳定性、安全性和可靠性

综上,风险驱动的软件架构适用于需要识别、评估和管理系统设计和实现过程中各种风险的项目和场景,能够帮助团队及时发现并应对潜在的风险,保证系统的稳定性、可靠性和可维护性。

（2）数据驱动的架构设计

数据驱动的架构设计是一种以数据为核心，通过深入理解和利用数据来指导整个系统架构的设计方法。这种设计方法强调数据的重要性，将其视为决策和优化的主要依据。

- 数据理解和分析：设计系统时，详细分析业务数据、用户行为数据等，获取对系统运行情况和性能瓶颈的深刻洞察，建立基于实际数据的系统模型。
- 数据的实时性和准确性：实时收集和处理数据，使系统能够更迅速做出反应，适应变化并优化性能。
- 技术应用：采用数据湖、数据仓库和大数据处理技术，有效管理和利用海量数据，满足大规模数据需求，并从中提取有价值的信息。

数据驱动的架构设计基于实际数据，通过深入分析数据来指导系统的优化和决策，有助于提高系统的适应性和性能，使其更好地满足不断变化的业务需求。数据驱动的架构设计的适用场景见表 1-23。

表 1-23　数据驱动的架构设计的适用场景

适 用 场 景	详 细 内 容
大数据应用	对于需要处理大规模数据的应用场景，数据驱动的架构设计可以帮助团队有效管理和利用海量数据资源。通过对数据进行深度分析和挖掘，发现数据的潜在价值和业务规律，根据数据的特征和趋势调整系统架构和设计
个性化推荐系统	对于个性化推荐系统等需要根据用户行为和偏好生成个性化推荐的应用场景，数据驱动的架构设计可以帮助团队根据用户的历史数据和行为模式实时生成个性化推荐，并持续优化推荐算法和模型
实时数据分析和处理	对于需要实时监控和分析数据的应用场景，如实时监控系统、实时数据仓库等，数据驱动的架构设计可以帮助团队实现数据的快速采集、实时处理和分析，并根据分析结果实时调整系统行为和决策

总之，数据驱动的架构设计适用于需要根据数据分析和挖掘结果持续优化系统功能和性能的应用场景。它强调数据在系统设计和决策中的重要作用，采用数据驱动的方法和技术，帮助团队更好地理解和利用数据资源，实现系统的持续改进和创新。

（3）性能驱动的架构设计

性能驱动的架构设计是一种侧重于优化系统性能的设计方法。在这种设计方法中，架构师致力于通过各种手段确保系统在运行时能够快速、高效地响应用户请求，达到高性能的要求。

- 性能需求明确：深入了解业务需求和用户期望，确定系统在响应时间、吞吐量、可伸缩性等方面的具体性能指标。
- 组件和服务性能优化：通过选择合适的技术栈、采用高效的算法、优化数据库查询等手段，在设计阶段就考虑性能问题，避免后期出现性能瓶颈。

- 性能监测与维护：引入性能监测工具和指标，实时追踪系统运行时的性能表现，及时发现并解决潜在问题，从而保证系统长期持续保持高性能状态。

性能驱动的架构设计旨在深入考虑和优化系统性能因素，使系统在各个层面达到或超越业务和用户对性能的期望，有助于构建稳定、高效、可靠的软件系统，提升用户体验和系统整体的竞争力。性能驱动的架构设计的适用场景见表1-24。

表1-24 性能驱动的架构设计的适用场景

适用场景	详细内容
高并发应用	对于需要处理大量并发请求的应用场景，如社交网络、电商平台等，性能驱动的架构设计可以帮助团队优化系统架构和设计，提高系统的并发处理能力和响应速度，确保系统稳定、高效地运行
大规模数据处理	对于需要处理大规模数据的应用场景，如大数据分析、数据挖掘等，性能驱动的架构设计可以帮助团队设计和实现高效的数据处理和分析系统，提高数据处理的速度和效率
实时系统	对于需要实时处理和响应数据的应用场景，如实时监控系统、实时报警系统等，性能驱动的架构设计可以帮助团队设计和实现低延迟、高可用的实时处理系统，确保系统能够快速响应和处理数据
嵌入式系统	对于资源受限的嵌入式系统，如物联网设备、移动设备等，性能驱动的架构设计可以帮助团队优化系统的资源利用率和功耗，提高系统的性能和稳定性
高性能计算	对于需要进行大规模科学计算和模拟的应用场景，如科学研究、工程计算等，性能驱动的架构设计可以帮助团队设计和实现高性能计算系统，提高计算效率和准确性

总之，性能驱动的架构设计适用于需要高性能和高效率的应用场景，它强调通过优化系统架构和设计，提高系统的性能、吞吐量和响应速度，以满足用户对系统性能的要求。

（4）安全驱动的架构设计

安全驱动的架构设计聚焦于系统的安全性，旨在保护软件系统免受各种潜在威胁和攻击。其核心思想是将安全性集成到系统架构的各个层面，从而确保系统在设计和实施中能够达到高水平的安全标准。

- 早期安全考虑：在系统设计早期，架构师需深入了解潜在的威胁和漏洞，在系统边界、数据传输和存储等方面采取加密等安全措施，以防范信息泄露和篡改。
- 权限管理和访问控制：明确定义用户和组件的权限，采用最小权限原则，减少潜在的攻击面，提高整体的安全性。
- 漏洞管理和应急响应：建立有效的漏洞管理流程，及时修复已知的安全漏洞，制定应急响应计划，降低潜在攻击对系统的影响。

安全驱动的架构设计注重防范潜在风险和威胁，在系统架构中嵌入安全性并采用综合安全策略，有助于构建强壮、稳定、抵御潜在攻击的软件系统，保护用户数据和系统功能的完整性。安全驱动的架构设计的适用场景见表1-25。

表 1-25 安全驱动的架构设计的适用场景

适用场景	详细内容
隐私保护	对于涉及用户个人信息或敏感数据的系统,安全驱动的架构设计能够确保用户隐私得到充分保护,防止未经授权的访问和数据泄露
数据完整性	安全驱动的架构设计有助于保证数据的完整性,防止数据被篡改、损坏或意外丢失,确保系统处理数据的可靠性和一致性
身份认证与访问控制	安全驱动的架构设计可以实现有效的身份认证和访问控制机制,确保只有经过授权的用户或系统可以访问和使用受保护的资源和功能
防御性设计	安全驱动的架构设计通过采用防御性设计原则,尽量减少系统的攻击面,降低系统遭受安全攻击的风险,提供有效的安全防护措施
安全监控与响应	安全驱动的架构设计集成了安全监控和事件响应机制,可以及时发现和应对安全事件和异常行为,保障系统的安全性和稳定性

总之,在任何需要考虑系统安全性的场景中,安全驱动的架构设计都能够提供有效的方法和策略,确保系统能够抵御各种安全威胁和风险,保护系统和用户的利益不受损害。

(5) 成本驱动的架构设计

成本驱动的架构设计聚焦于在整个软件生命周期内最大程度地降低开发、维护和运营成本。这一设计方法强调在满足业务需求的同时,通过有效资源利用和经济效益最大化,实现成本效益的平衡。

- 资源优化:合理规划系统的组件和模块,避免不必要的复杂性和冗余,降低开发和维护成本;在技术选型时,考虑使用成本相对较低的技术和工具。
- 自动化和标准化:引入自动化流程和标准化开发实践,提高开发效率、减少错误,从而节约时间和人力成本;同时,标准化有助于简化系统的维护和升级。
- 全生命周期成本考量:在系统全生命周期中全面考虑开发、部署、运维和升级成本,权衡不同方案的成本效益,确保在整个系统运营期间保持合理的成本控制。

成本驱动的架构设计旨在在满足业务需求的前提下,通过精确的成本估算和综合的成本优化策略,最大化软件系统的经济效益。通过关注成本效益,这一设计方法有助于创造出具有商业竞争力的软件解决方案。成本驱动的架构设计的适用场景见表 1-26。

表 1-26 成本驱动的架构设计的适用场景

适用场景	详细内容
有限预算项目	对于预算有限的项目,成本驱动的架构设计可以帮助团队设计和实现经济、高效的系统架构,在有限的预算内完成项目,最大程度地降低开发和运维成本
资源受限环境	在资源受限的环境下,如嵌入式系统、物联网设备等,成本驱动的架构设计可以帮助团队设计和实现高性价比的系统架构,充分利用有限资源,提供满足用户需求的功能和性能

(续)

适用场景	详细内容
云计算环境	在云计算环境下,成本驱动的架构设计可以帮助团队优化资源利用率和成本结构,通过弹性伸缩和按需付费等机制,降低系统的运行成本,提高资源利用效率
大规模部署	对于需要大规模部署的项目,成本驱动的架构设计可以帮助团队设计和实现可扩展性高、成本低的系统架构,降低部署和运维的成本和复杂度
维护成本优化	对于已有系统的维护和升级,成本驱动的架构设计可以帮助团队优化系统的设计和实现,降低系统的维护成本和风险,提高系统的可维护性和可演进性

总之,成本驱动的架构设计适用于需要在有限资源和预算下实现系统功能和性能需求的项目。它强调通过优化系统的设计和实现,最大限度地降低系统的开发、部署、运维和维护成本,提高系统的经济性和可持续性。

(6)可靠性驱动的架构设计

可靠性驱动的架构设计注重在面对各种挑战和异常情况时,确保系统能够保持高可用性、高稳定性和高性能。一个可靠的架构能够应对硬件故障、网络问题、安全漏洞等各种可能影响系统可靠性的问题。

- 冗余和备份机制:在关键组件和服务中引入冗余,确保系统在部分组件失效时继续提供服务;制定备份策略,以便在数据丢失或损坏时能够迅速恢复。
- 实时监测和反馈:实施主动监测和异常检测机制,在问题出现之前发现并采取措施;及时反馈机制有助于降低故障影响,提高系统的整体可用性。
- 安全性和容错性:采用访问控制、加密和身份验证等安全措施,保障系统不受恶意攻击;设计具有自动适应和修复能力的系统架构,应对各种异常情况。

可靠性驱动的架构设计旨在建立一个弹性系统,能够在不确定性和风险面前保持高度可用性和稳定性。通过强调冗余、监测、安全和容错性,这一设计方法有助于确保系统能够提供可靠、稳定的服务,满足用户和业务的需求。可靠性驱动的架构设计的适用场景见表1-27。

表1-27 可靠性驱动的架构设计的适用场景

适用场景	详细内容
关键业务应用	对于关键业务应用,如金融交易系统、医疗保健系统等,可靠性驱动的架构设计可以帮助团队设计和实现高可用、高可靠的系统架构,确保系统能够持续稳定地运行
大流量应用	在大流量应用场景下,如社交网络、电商平台等,可靠性驱动的架构设计可以帮助团队设计和实现高性能、高可伸缩的系统架构,保证系统能够承受高并发和大规模访问的压力
实时数据处理	对于需要实时处理和分析数据的应用场景,如实时监控系统、实时报警系统等,可靠性驱动的架构设计可以帮助团队设计和实现低延迟、高可靠的实时处理系统,确保系统能够及时响应和处理数据

(续)

适用场景	详细内容
分布式系统	在分布式系统中,可靠性驱动的架构设计可以帮助团队设计和实现分布式一致性、容错性和高可用性的系统架构,确保系统在分布式环境中能够可靠地运行和提供服务

总之,可靠性驱动的架构设计适用于需要保证系统稳定性和可用性的关键业务场景。它强调通过优化系统的设计和实现,提高系统的可靠性、可用性和容错性,确保系统能够持续稳定地运行,满足用户的需求和期望。

▶ 1.3.4 架构权衡

架构权衡是软件架构设计中在不同因素之间寻找平衡点的过程。在设计复杂系统时,架构师面临多个相互冲突的目标、需求和约束,需要综合考虑这些因素,做出权衡决策,以实现整体系统的优化。这些权衡可能涉及性能与可维护性、安全性与灵活性、成本与质量等多个方面。

架构权衡的目标是在各种相互矛盾的设计需求之间找到最佳平衡,以达成系统整体的最佳性能、质量和效益。架构师需要深入了解项目的需求、约束和目标,并根据这些信息做出决策,确保所选的架构方案在各方面都能取得最优的整体效果,如图 1-21 所示。

● 图 1-21 架构权衡

1. 架构权衡的过程

架构权衡的过程包括对不同设计选择的分析、评估和比较。架构师需要权衡的因素包括但不限于系统的可扩展性、性能、安全性、可维护性、成本等,以及利益相关者的关注点等。通过综合考虑这些因素,架构师能够制定出一个全面、平衡的系统设计,以满足项目的多重要求。

架构权衡是一个复杂且关键的任务,因为每个项目都有其独特的背景和目标。在整个软件开发生命周期中,架构师需要不断进行权衡,确保系统能够适应变化、满足用户需求,并在面临新挑战时做出恰当的调整。

架构权衡是软件架构设计中一项至关重要的任务,它涉及在多种因素之间寻找平衡点,以制定出最佳的系统设计方案。这一过程在整个软件开发生命周期中都起着关键作用,要求架构师在设计系统时全面考虑各种因素,并做出明智的决策,以满足项目的多重需求。

2. 架构权衡中的客观性原则

在进行架构权衡时,首要原则是保持客观性。客观性意味着架构师在决策过程中应基于客观事实、数据和分析，而非受主观情感或个人偏见的影响。这对于制定合理、可靠的决策至关重要。

全面分析是关键的一方面。架构师需要全面考虑系统的各种因素，包括但不限于需求、约束、目标、技术选项等。只有通过全面的分析，才能确保充分理解所有潜在的影响。

客观性还涉及准确评估不同设计选择的优劣。这需要架构师基于实际数据和事实进行评估，以便更好地了解每个选择对系统性能、可维护性、成本等方面的影响。客观评估是做出明智决策的基础。

在架构权衡中，风险管理是一个不可或缺的环节。客观性使架构师能够更好地识别和管理潜在的风险。通过对可能发生问题的客观分析，可以制定有效的风险应对策略，从而降低项目失败的风险。

合理权衡是保持客观性的体现。在考虑不同因素时，架构师需要找到一个平衡点，确保系统在需求、性能、可维护性等方面取得合理的平衡。这种平衡是整体系统协调发展的保障。

客观性还使架构师更容易适应变化。在项目进展中，需求和约束可能发生变化，而客观性有助于迅速调整决策，确保系统能够满足新的要求。这种灵活性是项目成功的关键。

架构权衡是一项复杂而关键的任务，客观性在其中发挥着重要作用。通过全面分析、准确评估、风险管理、合理权衡和适应变化，架构师能够制定出合理的系统设计，最终实现项目的成功。保持客观性是在复杂软件开发环境中做出明智决策的基础，是确保系统能够应对各种挑战和变化的关键要素。

3. 架构权衡中的主观因素

在软件架构设计中，主观因素对整个设计过程和最终结果有着深远的影响。这些因素涵盖了架构师个体的经验、知识、偏好、目标解读等多个方面，从而在权衡和决策中发挥关键作用。

技术选择往往受个体架构师的经验和偏好的左右。某些技术可能更符合个体的熟悉程度，导致在设计中对这些技术的过度偏向。这对整体系统的性能、可维护性和可扩展性会产生直接的影响。

架构模式和风格的选择同样深受主观因素的影响。不同架构师可能对于不同模式和风格有着自己的偏好，这可能影响到整体系统结构的组织和设计。

在设计决策中，个体架构师对系统目标和约束的解读存在差异，可能导致不同的设计方案。这反映了主观因素在理解项目需求方面的重要性，需要通过团队协作和充分沟通来保证一致性。

架构师个体的文化、组织价值观及与团队成员的关系也会对设计产生影响。组织文化和价值观对系统的整体结构和特性具有指导性作用，而团队动态和协作方式则影响设计决策的协同效果。时间压力是设计中常见的主观因素之一，个体对项目时间表和资源约束的理解可能会影响到设计的优先级和决策。在有限的时间内做出决策时，个体主观看法可能左右权衡的方向。风险评估往往受个体主观因素的影响。对不同风险的敏感性和认知可能导致对风险的处理方式存在偏见，从而在设计决策中产生差异。

为了减轻主观因素对于架构设计的负面影响，团队需要借助充分的沟通，确保理解和管理团队成员的主观因素。有效的设计审查和持续的团队协作是确保主观因素能为设计决策做出积极贡献的关键步骤。通过共享经验、保持开放心态，团队可以更好地应对主观因素，实现系统架构设计的最佳实践。

《柏拉图对话录》体现了多种不恰当决策产生的原因，例如证实偏见、可得性偏见、框定偏见、损失厌恶、代表性启发、锚定效应等。不恰当决策产生的主观原因见表1-28。

表1-28 不恰当决策产生的主观原因

不恰当决策产生的主观原因	详细内容	不恰当决策产生的主观原因	详细内容
证实偏见	个体更倾向于寻找、解释和记忆那些与他们已有信仰或期望一致的信息，而忽略或低估与之相矛盾的信息。例如，架构师在评估新的技术方案时，可能更倾向于寻找支持自己先前看法的信息，而忽略那些与其相悖的证据。这可能导致对某个技术选择的过度自信，而忽视了其他潜在的解决方案	代表性启发	人们在进行判断和决策时，常依赖心理启发法，即根据某个事物在特定特征上与一般事物的相似性，来判断其在其他方面的相似性。这可能导致对风险和概率的错误估计。例如，在选择系统的数据存储方案时，架构师可能依据先前成功的案例，而未能全面评估新场景下的需求，导致选择了在其他情境中成功但在当前情境下并不合适的解决方案
可得性偏见	人们对于容易想起的信息更加倾向于给予过多的重视。这可能导致高估那些容易记忆的事件或信息的概率，而低估那些不容易回忆的事件或信息。例如，在做系统设计决策时，架构师可能更容易考虑到最近接触过或了解较多的技术或方法，而忽略了其他可能同样有效的选择。这种偏见可能导致对更广泛的解决方案空间的忽视	锚定效应	人们对于未知信息的判断常受到已知信息锚的影响。一旦获得了某个参考点，人们往往会在其附近做出判断，而不是基于更全面的信息。例如，架构师在估算项目完成时间时，如果最初的估算过于乐观，后续的估算可能会受到这个初始估算的影响，使得整体时间线过于乐观。这是因为初始的估算成为后续决策的"锚点"，影响了后续估算的调整
框定偏见	个体对信息的处理受到信息表达方式的影响。同一信息以不同的方式呈现可能引起不同的反应，从而产生不同的决策。例如，架构师在与利益相关者沟通架构决策时，选择用一种积极的框架来呈现信息，从而影响利益相关者对决策的看法。这可能导致对潜在风险或挑战的低估	框架偏见理论	人们在处理信息时，受到既定框架或思维模式的影响，从而产生系统性的判断偏差。例如，在设计微服务架构时，架构师可能面临是否采用容器化技术的决策。如果架构师以运维便捷性为框架，可能会强调容器提供的轻松部署、封装和伸缩性的优势。然而，如果将框架调整为安全性时，架构师可能更关注容器之间的安全隔离性，以及与主机环境的安全集成

(续)

不恰当决策产生的主观原因	详细内容	不恰当决策产生的主观原因	详细内容
损失厌恶	人们对于损失的敏感度大于对同等价值收益的敏感度。在决策中,对于可能的损失的回避往往比追求同等价值的收益更为强烈。例如,在权衡不同架构选项时,架构师可能因为对失败或损失的厌恶而更倾向于选择风险较小的方案,即使这可能限制系统的创新性或潜在性能		

4. 架构权衡的一般方法和流程

架构权衡是软件架构设计中的关键活动,其主要目标是在多个可能的设计决策之间进行权衡,以找到最合适的解决方案。这一过程不仅关注系统的功能和性能,还涵盖了与质量属性、成本、可维护性等相关的方面。架构权衡的一般方法和流程见表 1-29。

表 1-29　架构权衡的一般方法和流程

架构权衡的一般方法和流程	详细内容
1）明确权衡的目标	确定权衡的目标,明确要解决的问题,包括性能、可维护性、可扩展性等方面
2）识别关键因素	确定对于当前决策而言最关键的因素,包括客观因素及主观因素
3）主观和客观因素分析	对主观和客观因素进行详尽分析。客观因素可能需要量化,而主观因素则需要明确各利益相关者的观点和优先级
4）定义权衡标准	基于分析结果,定义权衡标准。这些标准可能包括性能指标、成本估算、团队满意度等
5）建立权衡模型	创建一个权衡模型,将各个因素和标准以某种形式组织起来。这可以是一个决策矩阵、优先级排序或其他适用的模型
6）权衡讨论	在团队或与利益相关者之间进行讨论,共同评估不同权衡的选择。确保各方有机会表达自己的观点,并且在决策中有所贡献
7）制定决策	根据讨论和分析,制定最终的架构决策。需要在不同的因素之间做出权衡
8）反馈机制	建立反馈机制,以监测和评估权衡的效果

通过这一流程,架构师可以综合考虑主观和客观因素,做出更全面、平衡的架构决策。这确保了决策不仅符合技术规范,还满足项目和团队的需求。

架构权衡强调在设计中的各种需求之间找到平衡点。这包括了诸如性能、可扩展性、安全性等多个质量属性,因为在实际的软件开发中,这些属性通常会相互影响。权衡的过程需要综合考虑各种需求，以满足系统的整体目标。架构权衡需要深入理解系统的上下文，考虑到利益相关者的期望和实际使用场景。通过全面了解系统的环境，架构师能够更好地权衡不同设计决策对于各方利益的影响，确保最终的设计方案符合整体业务目标。

5. 架构权衡的成本和技术选型

在架构权衡的过程中，成本是一个至关重要的方面。它不仅包括直接的开发成本，还包括系统的维护、升级和可能的未来扩展成本。架构师需要在不同设计方案之间找到经济合理的平衡，确保所选方案在整个生命周期内都是可持续的。

另外，架构权衡也要求在不同技术选型之间进行理性判断。考虑到不同技术的优势和限制，以及其在特定场景下的适用性，架构师需要做出明智的选择。这种技术层面的权衡直接关系到系统的性能、可维护性和未来的扩展性。

架构权衡的过程还需要与团队和利益相关者进行密切合作。通过有效的沟通和协作，确保设计方案不仅满足技术上的要求，还符合业务和利益相关者的期望。这有助于在权衡中获得共识，并确保设计的可行性和可接受性。

架构权衡是一项复杂而综合性的活动，要求架构师在不同需求和限制之间找到最佳平衡。通过全面考虑系统的各个方面，权衡不同设计决策，制定出既符合业务需求又兼顾系统质量属性的可持续性解决方案。

1.4 架构评价

架构评价是一项具有明确目的的系统分析活动，其核心在于深入审查和评估软件系统的架构，以保障系统的质量、性能和可维护性。此过程涉及对系统各方面的审查、分析和度量，旨在验证系统是否契合特定需求、标准和行业最佳实践。通过对质量属性、潜在风险、需求一致性、已做决策的评估，架构评价为系统提供全面的质量认证，为系统的未来演进提供有力支持，并确保系统遵循行业最佳实践。架构评价通常由专业架构师或评审团队负责执行，这一过程涉及对系统文档、设计文件和源代码的仔细审查，以降低潜在问题发生的风险，提出有针对性的改进建议，进而推动系统的持续发展。架构评价是确保系统长期稳定运行和可维护性的关键环节。它能够促进团队间的沟通与协作，为软件系统的持续优化奠定基础。

架构评价的目标是全面、系统地评估架构的质量、完整性和适应性，以确保其与预期的目标、需求和利益相关者的期望相契合。这包括对架构文档、设计决策、系统性能等多个方面的检查和分析。评价的目的在于确保架构满足预定标准，并提供基础信息来支持决策的制定和持续改进。

1.4.1 架构评价的目的

架构评价的目的是多方面的。首先，确保架构满足相关需求和期望。通过评价，能够验证架构设计在质量和性能方面是否符合业务和技术的双重要求。其次，评价有助于发现潜在的问题和风险，涵盖性能、可维护性和可扩展性等方面，旨在提前识别可能影响系统成功实施的障碍。这种提前发现潜在问题的能力使团队能够尽早采取纠正措施，降低风险发生的概率。

架构评价为决策提供支持。基于评价结果，决策者可以更清晰地了解不同设计选择所产生的影响，从而做出明智的决策。这可能涉及继续当前设计路径或进行调整。架构评价还为改进架构的质量奠定了基础，通过识别问题的根本原因，团队能够采取改进措施提高架构的可维护性、性能和其他关键特征。

满足利益相关者的期望也是架构评价的重要目的之一。架构评价通过考虑各方利益，确保架构在不同视角下都能获得认可和支持。这有助于构建共识，减少潜在的冲突和误解。此外，架构评价还能促进沟通，借助清晰的评价报告，各方能够更好地理解架构决策的依据，促进有效的团队协作。

架构评价旨在为项目和组织提供关键信息，以便更好地理解、改进和支持架构设计和实施过程。作为软件开发过程中关键的早期阶段，架构评价有助于提供设计反馈，识别潜在问题，并避免在后续开发阶段发生代价高昂的错误。通过多维度的评估，架构评价在保障系统质量、推动团队协作和决策制定等方面发挥着关键作用。

虽然架构本身的优劣难以直接进行测量或评价，但可以借助一组指标对架构的每个特征或表现形式进行量化评价。在评价过程中，核心在于使用精准定义的概念，这要求指标之间相互独立，且在核心视角上不存在显著偏差。

评价的基础在于创建和理解概念，通过概念对实际和抽象现象进行分类。概念包括名称、内涵和表现形式。其中，内涵是概念的定义或特征，表现形式是概念所有实现的集合。

在对概念进行测量时，实际的概念由于直观且易于理解，能够较轻松地进行测量。而对于抽象、不直观且无法直接测量的概念，则需要借助多个指标在可以观察到的层面进行测量。

形成性评价模型在一组指标构成或者定义了一个概念时产生，而反射评价模型则在概念的定义能够概括其评价指标时形成。这样的评价模型有助于系统地理解和量化架构的特征，为评估和改进提供科学依据。

1.4.2 架构评价的一般方法

架构评价通过审查、识别软件架构中的优劣并加以改进，来保障软件质量、管理潜在风险、优化系统性能、增强适应性、辅助决策制定、完善架构文档、有效控制成本等。架构评价的一般方法如图 1-22 所示。

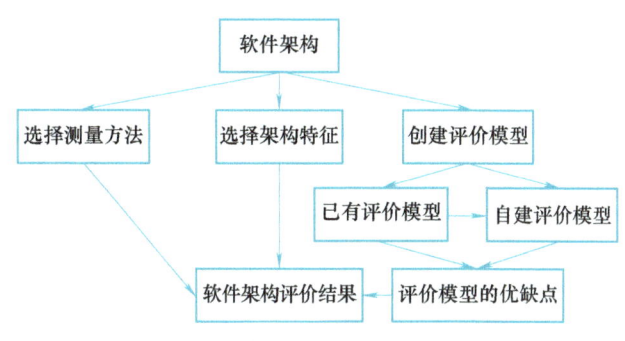

• 图 1-22 架构评价的一般方法

在制定评价计划时，应明确评价的范围、采用的方法和所需的相关资源。计划应充分考虑评价的时间、成本、参与者及所需的工具和技术。同时，要广泛收集架构文档、设计决策、系统性能数据及其他相关信息，以便评价团队能够全面了解软件架构。

由于软件架构无法直接进行评价，所以需要将其受关注的特征进行量化，转化为可量化的指标来进行评价。这些指标可以根据架构需求中所描述的内容进行选择，也可以根据实际需求组合其他类型的指标。在选择指标时，每个指标都应充分体现其代表的一类特征，并且指标之间的重叠部分越少，就越能精准地代表架构的属性。

为避免架构评价模型代表性不足，需要选择与概念模型相关的指标。当指标数量足够多且重叠性越小时，评价模型代表性不足的情况就会越少。为避免架构评价指标表达出现偏差，在选择评价指标时必须使用可量化的描述方式，而不能仅依赖一种主观评价的数据。架构中受关注的特征可作为架构属性，应根据这些属性选择合适的参考架构评价模型。

现阶段主流的架构评价方法有架构权衡分析方法（Architecture Trade-off Analysis Method，ATAM）、层次分析法（Analytic Hierarchy Process，AHP）、软件体系结构分析方法（Software Architecture Analysis Method，SAAM）、质量驱动的架构设计分析方法（Quality-Driven Architecture Design and Analysis Method，QDA）、成本收益分析方法（Cost Benefit Analysis Method，CBAM）、软件架构性能评估（Performance Assessment of Software Architectures，PASA）等。架构评价方法的对比见表 1-30。

表 1-30 架构评价方法的对比

分析方法	说明	流程	优势	劣势	使用场景
架构权衡分析方法（ATAM）	对多个质量属性进行权衡分析，提供关于不同设计决策的详细信息	场景定义、模型创建、评估、迭代，通过迭代寻找最优的权衡方案	全面考虑多个质量属性，强调权衡分析，有助于识别最佳设计方案	耗费较多的时间和资源，对于小规模项目可能过于烦琐	大型系统，强调质量属性的平衡和权衡

(续)

分析方法	说明	流程	优势	劣势	使用场景
层次分析法（AHP）	用于层次化结构的决策问题，通过对比不同因素的相对重要性进行综合评估	层次化构建因素结构，通过对比两两因素的相对重要性构建权重矩阵进行综合评估	直观，适用于多层次、多因素的决策问题	对于复杂的问题，计算和判断可能变得复杂	决策层次化、涉及多因素的场景
软件体系结构分析方法（SAAM）	评估软件体系结构中的性能、可维护性等方面，通过场景分析进行评估	确定关键场景，评估系统对场景的响应，得出质量属性的度量	通过场景评估，有助于深入理解系统性能	侧重于特定场景，对全局考量可能较为有限	重视性能和场景分析的场合
质量驱动的架构设计分析方法（QDA）	注重通过对质量属性的需求进行分析，指导架构设计，确保质量标准得到满足	首先明确质量属性需求，然后通过分析各种设计方案，选择满足需求的最佳方案	着眼于满足质量属性需求，有利于设计出高质量的架构	可能在过度关注质量属性的情况下，忽视其他因素	侧重于质量属性需求驱动的场景
成本收益分析方法（CBAM）	评估架构设计的成本和收益，以帮助决策的制定	通过对不同设计方案的成本和收益进行分析，选择最具经济效益的方案	注重成本效益，有助于在有限资源下做出明智的决策	可能忽视一些非经济效益的因素	侧重于成本效益分析的场合
软件架构性能评估（PASA）	评估软件架构的性能，关注系统的运行效率和资源利用	通过性能测试和分析，评估系统在不同负载和条件下的性能表现	着眼于性能，有助于优化架构以满足性能需求	可能忽视其他质量属性，如可维护性等	重视性能优化和评估的场合

当选择已有的软件架构特征时，需要根据适用度来进行筛选，也可以同时组合多种架构评价方法对软件架构特征进行综合评价。从已有的理论、框架、测试方法、标准中选择评价模型方法，能够有效地提高评价结果的质量及架构评价的效率。

在创建完软件评价模型后，需要对软件模型创建的概念、指标进行量化测量，主流的测量方法有基于标准化的测量方法、基于适应度函数的测量方法、基于场景的测量方法、基于经验的测量方法、基于仿真的测量方法、基于数学的测量方法、基于模型的测量方法、基于形式模型的测量方法、基于清单的测量方法、基于静态评估的测量方法、基于测试的测量方法、基于可视化的测量方法、基于目标、问题、指标的测量方法等，见表 1-31。

表 1-31　软件架构的主流测量方法

测量方法	说明	流程	优势	劣势	使用场景
基于标准化的测量方法	使用行业或国际标准作为测量的基准，确保测量具有普适性和可比性	定义要测量的标准，采集相关数据，应用标准进行测量	具有广泛适用性和标准性	无法满足所有特定情境的需求	适用于有明确标准的行业或领域

（续）

测量方法	说 明	流 程	优 势	劣 势	使用场景
基于适应度函数的测量方法	使用适应度函数衡量系统的性能,将问题映射到一个数值上	设计适应度函数,对系统进行度量,评估系统的适应性	可根据具体问题和需求设计灵活的适应度函数	取决于适应度函数的设计是否能全面反映系统性能	适用于需要灵活性和个性化度量的场合
基于场景的测量方法	根据系统运行的不同场景,进行多维度的测量,考虑多种使用情境	定义系统运行的场景,测量在每个场景下的性能和表现	能够全面考虑多样化的使用场景	测量范围和场景设计具有复杂性	适用于有多样化使用场景的系统
基于经验的测量方法	基于从实际经验中获取的知识和洞察进行测量	基于项目组成员或专业人员的经验进行度量	能够考虑实际应用中的复杂性和不确定性	结果可能受限于个人经验的主观性	适用于需要综合考虑实践经验的情境
基于仿真的测量方法	利用仿真工具模拟系统行为,进行性能和效果的度量	设计仿真模型,进行模拟实验,收集仿真结果	能够在封闭环境中测试系统性能,避免实际系统的风险	仿真模型的准确性和现实系统可能不一致	适用于实际测试存在较大风险或代价较高的场合
基于数学的测量方法	利用数学模型和方法进行测量,通过数学分析得出结论	建立数学模型,应用数学工具进行分析,得出测量结果	精确性高,具有较强的定量分析能力	对数学建模和分析的要求较高	适用于需要精确量化分析的场合
基于模型的测量方法	利用特定的模型对系统进行抽象和描述,通过模型进行测量	建立系统模型,根据模型进行测量分析	通过模型能够更好地理解和预测系统行为	模型的准确性和完备性可能成为挑战	适用于对系统进行深入理解和分析的场合
基于形式模型的测量方法	利用形式化的、数学化的模型进行测量,确保规约性和精确性	建立形式模型,通过数学形式进行测量	具有严格的规约性和精确性,有利于验证和证明	对形式模型的建立和使用要求较高	适用于对系统要求严格规约和证明的场合
基于清单的测量方法	制定清单或列表,将系统属性一一列举出来,通过检查清单对系统进行测量	制定系统属性清单,逐一进行度量和检查	直观、简便,适用于快速评估系统特征	缺乏全局性和系统性的考量	适用于对系统进行初步快速评估的场合
基于静态评估的测量方法	通过对系统静态结构、文档等进行检查和评估,得出测量结论	分析系统文档和静态结构,进行度量和评估	无须运行系统即可进行评估,适用于早期设计阶段	无法考虑系统动态行为和运行时情境	适用于系统设计的早期阶段和无法运行系统的情境
基于测试的测量方法	通过测试用例和实验对系统进行动态度量,得出性能和质量的评估	设计测试用例,执行测试,根据测试结果进行测量	能够考虑系统的动态性和运行时情境	依赖于充分的测试覆盖和真实场景的模拟	适用于对系统动态性能和质量的深入评估

(续)

测量方法	说明	流程	优势	劣势	使用场景
基于可视化的测量方法	利用图形化工具和可视化技术对系统进行测量和分析	使用可视化工具,对系统进行图形化展示和分析	直观、易理解,有助于发现潜在问题	依赖于可视化工具的支持,有时无法全面反映系统性能	适用于对系统结构和性能进行可视化分析的场合
基于目标、问题、指标的测量方法	根据测量的目标、解决的问题和关注的指标进行度量,有目的地开展测量活动	明确测量的目标、解决的问题,选择相应的指标进行度量	确保测量活动有针对性,更容易达到预期的效果	需要精确定义目标和问题,否则可能导致测量片面	适用于有具体目标和问题的测量场合

以上测量方法可以对创建或者选择的软件架构评价模型进行量化评价。

在创建完架构评价模型及测量方法后,需要对模型及测量方法的优缺点进行详细描述,如模型的偏差度如何、模型能够准确评价哪些架构评价的指标、未涵盖哪些指标、对于架构的关注点建立评价模型的完整性如何、测量方法的偏差度等。根据模型及测量方法的优缺点,预估后续评价结果的准确性。

根据上述步骤创建的模型和测量方法的集合对软件架构进行评价,并记录评价结果及对结果进行总结。识别架构中存在的问题,这些问题可能包括不符合标准、性能瓶颈、潜在的风险等。针对这些问题提出改进建议,以解决或改进已识别的问题。最后,撰写评价报告,详细记录评价的结果、发现的问题、改进建议及可能产生的影响。报告应做到清晰、全面,以便为利益相关者提供有价值的信息。

架构评价通过审查、识别和改进软件架构,以保障质量、管理风险、优化性能、提高适应性、支持决策、完善文档、控制成本。架构评估不仅为软件系统的成功奠定了基础,也为其持续演进和适应变化创造了条件。

1.5 架构生命周期

架构生命周期是软件系统从设计到维护的全过程,包括架构规划、需求分析、设计、实施、演化和退役等阶段。在规划阶段,架构师根据业务需求、技术要求和利益相关者需求,制定系统的整体结构和组件关系。设计阶段涉及具体的技术选型、模块划分、数据流程等;实施阶段则是将设计转化为实际的可执行代码;演化阶段着重考虑系统的变化和优化,保持架构的灵活性和适应性,防止架构的退化,减少技术债务;最终,由于业务需求变化或技术老化,系统可能会进入退役阶段并被替代。

架构生命周期与软件生命周期的协同是保障系统持续生命力的核心机制。规划阶段通过业务战略对齐确定技术路线，需求阶段将质量属性转化为架构约束，设计阶段完成架构选型与组件划分，演化阶段持续优化技术债务与扩展性，退役阶段实现资产归档与资源回收。通过量化评估与敏捷迭代，确保技术价值与业务需求的持续对齐，最终实现架构在业务快速变化中的持续生命力。根据 ISO/IEC/IEEE 12207：2017 及 ISO/IEC/IEEE 15288：2023 对于软件生命周期的定义，本书采用的软件生命周期如图 1-23 所示。

● 图 1-23　软件生命周期

1.5.1　架构生命周期与软件生命周期的关系

架构生命周期是软件生命周期的一部分。软件生命周期包括需求分析、设计、实现、测试、部署和运维等多个阶段，而架构生命周期则贯穿于整个软件生命周期的始终，它在需求分析和设计阶段确定系统的整体架构，同时在实现、测试、部署和运维阶段对架构进行持续演进和优化。

架构生命周期影响软件生命周期的各个阶段。架构设计的质量和决策直接作用于软件的实现、测试、部署和运维过程。一个合理的架构设计能够指导开发人员更高效地开展系统的实现和测试工作，确保系统能够满足用户需求并具备良好的性能和可维护性。软件生命周期中的各个阶段通常是迭代进行的，架构生命周期也随着软件的迭代而不断演进。随着需求的变化和技术的发展,架构需要不断进行调整和优化,以适应新的需求和挑战。

良好的架构设计能够提高软件的质量和可维护性,从而降低软件开发和运维的成本。通过在软件生命周期中不断优化和演进架构,可以保证软件系统具备良好的可扩展性、可靠性和安全性,满足用户的需求和期望。

1.5.2 软件生命周期的定义

软件生命周期包括需求分析、设计、实现、测试、部署、运维等阶段。软件生命周期的元素和元素属性及其相互关系见表1-32。

表1-32 软件生命周期的定义

元 素	元素属性	相互关系
需求分析	定义系统的功能和性能需求,确定软件的功能范围和用户需求	需求分析是软件开发的起点,影响着后续阶段的设计和实现
设计	制定软件的体系结构和模块划分,定义系统的结构和组成	设计阶段依赖于需求分析,其结果影响着软件的实现和测试
实现	根据设计规范编写代码,实现系统的功能和业务逻辑	实现阶段依赖于设计阶段的结果,需要根据设计文档进行开发
测试	验证软件的功能和性能是否符合需求,发现和修复软件中的缺陷	测试阶段依赖于实现阶段的成果,需要针对性地进行测试
部署	将软件部署到生产环境中,使其能够被用户访问和使用	部署阶段依赖于测试通过的软件版本,需要确保部署过程顺利进行
运维	监控和管理软件在生产环境中的运行状态,保证系统的稳定性和可用性	运维阶段与部署阶段和测试阶段有密切相关,需要确保部署的软件能够稳定运行并满足用户需求

需求分析指导着设计的方向和范围,设计的结果影响着实现和测试的内容,测试的结果反馈给设计和实现阶段进行修正和优化,部署依赖于测试的通过,运维需要监控和管理整个软件系统的运行状态。需求分析需要准确把握用户需求和系统功能,设计需要合理划分系统结构和模块,实现需要编写高质量的代码,测试需要设计有效的测试用例,部署需要确保系统能够在生产环境中正常运行,运维需要保证系统的稳定性和可用性。每个阶段都可以细分为多种类别,如测试阶段可以分为功能测试,集成测试,性能测试等。

1.5.3 架构生命周期的定义

架构的生命周期是软件系统从设计到维护的全过程,包括需求分析、架构设计、实现、测试、评审和验证等阶段。架构生命周期的元素、元素之间的相互关系,以及二者各自的属性见表1-33。

表 1-33 架构生命周期的定义

元素	元素属性	相互关系
需求分析	识别和理解系统的业务需求、功能需求和质量属性需求	需求分析为架构设计提供了指导，决定了系统的功能范围和技术要求
架构设计	确定系统的整体结构和组件间的关系，包括高层次的软件架构和设计模式的选择	架构设计依赖于需求分析的结果，为实现和测试提供了指导
实现	根据架构设计规范编写和构建系统的组件和模块	实现阶段依赖于架构设计的结果，需要根据设计规范进行开发
测试	验证系统的功能和质量属性是否符合需求，发现和修复系统中的缺陷	测试阶段依赖于实现阶段的成果，需要针对性地进行测试，验证架构设计的有效性和系统的稳定性
评审和验证	审查和评估架构设计的质量和可行性，确保系统满足用户需求和技术要求	评审和验证是架构生命周期中的重要环节，为架构设计和实现提供了反馈和改进的机会

架构需求分析为架构设计提供了指导，架构设计影响着实现和测试的内容和方法，评审和验证为架构设计和实现提供了反馈和改进的机会。架构需求分析需要准确把握利益相关者的需求和系统功能，架构设计需要合理划分系统结构并选择适合的设计模式，实现需要编写高质量的代码，测试需要设计有效的测试用例，评审和验证需要对架构设计和实现进行全面的审查和评估。

生命周期的过程是迭代的，因为不断的变化和学习需要持续对架构进行调整和改进。在每个阶段，架构师需要平衡业务需求、性能要求、安全性等多方面，以确保系统能够满足长期发展的要求。同时，架构的生命周期也与软件开发的敏捷方法紧密相连，强调持续集成、快速响应变化和不断优化，以适应不断变化的市场和技术环境。

1.5.4 不同开发模式下架构设计的侧重点

在软件开发中，不同的开发模型对架构设计有着不同的侧重点，见表 1-34。传统线性模型（如瀑布模型、V 模型）强调分层架构的稳定性与接口标准化，注重前期文档的完整性，适用于需求明确的项目；迭代与增量模型（如螺旋模型、原型模型）侧重架构的弹性与可扩展性，支持动态调整以应对开发过程中的变化；敏捷方法（如 Scrum、极限编程）关注架构的轻量化与持续交付能力，通过微服务架构和自动化测试集成，适配快速变化的需求；DevOps 是在架构灵活性与规范性之间取得平衡，尤其注重容器化架构与 CI/CD 流水线的集成。

表 1-34　不同开发模型下架构设计的侧重点

开 发 模 型	架构设计的侧重点
瀑布模型	分层架构稳定性、接口标准化、前期文档完整性
V 模型	测试可访问性、验证策略与架构层对应关系
螺旋模型	风险驱动的模块化设计、架构弹性
原型模型	用户界面快速迭代架构、轻量化底层支持
Scrum	微服务架构支持持续交付、自动化测试框架集成
极限编程	代码模块化与可测试性、简单设计原则
DevOps	容器化架构、CI/CD 流水线集成、运维自动化

在迭代开发或敏捷开发模式下的架构生命周期见表 1-35。

表 1-35　迭代或敏捷开发模式下的架构生命周期

架构生命周期	详 细 内 容
规划阶段	确定业务需求和用户期望，定义项目范围和目标，初步规划系统的整体架构和技术选型
设计阶段	制定初始架构设计方案，包括系统的模块划分、组件设计和接口定义。在迭代计划中安排架构设计工作的时间，并与业务和开发团队进行沟通和协作。根据迭代周期的需要，逐步完善和调整架构设计，确保满足当前迭代的需求
实施阶段	根据迭代计划，开始实施架构设计方案。与开发团队紧密合作，确保架构设计的实施符合预期，并能够支持当前迭代的功能开发和交付。不断优化和调整架构设计，以适应迭代开发的需求变化和挑战
演进阶段	在每个迭代周期结束后，对当前阶段的架构设计进行评估和总结，收集反馈意见，并准备下一个迭代的架构设计工作。根据实际情况和业务需求，调整和优化架构设计，确保系统能够持续地满足用户的需求和期望。不断学习和改进，将经验教训应用到未来的架构设计和开发工作中

在迭代开发或敏捷开发中，架构生命周期是一个持续的过程，与迭代周期相互交织，以支持系统的快速迭代和持续交付。通过灵活的规划、设计、实施和演进，架构设计能够与业务需求和技术变化保持同步，为项目的成功和持续发展提供支持。各开发模式下的架构设计侧重点不同，但共同目标是提高系统的效率、灵活性和稳定性，以满足不断变化的业务需求。

1.6　架构治理

架构治理是指对软件系统架构进行管理、监督和指导的过程。它包括定义架构原则、标准和最佳实践，确保系统的演进符合预期的方向，并且在架构决策上进行适当的权衡和管理。架构治理通常由架构委员会或类似的组织负责。

1.6.1 架构的演进与退化

架构的演进与退化是软件系统在不同阶段经历的过程,反映了系统如何适应变化和处理挑战。架构演进指的是系统架构在不断变化和发展的过程中,通过引入新技术、优化设计、增强功能等方式,使系统不断适应业务需求和技术发展,如图 1-24 所示。架构演进是为了保持系统的竞争力、可维护性和可扩展性而进行的持续改进过程。架构退化指的是系统架构在发展过程中出现的负面变化,导致系统性能下降、可维护性降低、安全性问题增加等现象如图 1-25 所示。架构退化可能是由于技术债务的积累、开发过程中的不当决策、需求变更等原因导致的。退化是系统架构失去竞争力和适应性的表现。

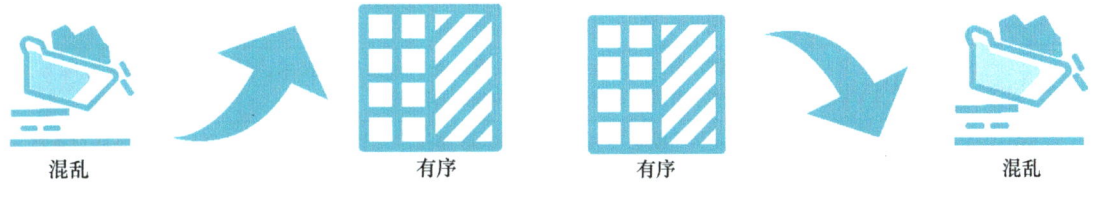

● 图 1-24 架构演进　　　　　　● 图 1-25 架构退化

1. 架构演进

架构演进是指在软件系统生命周期中,系统架构逐步发展和改变以适应不断变化的需求、技术和业务环境的过程。这一过程旨在确保系统能够持续满足用户和业务的要求,同时保持良好的性能、可维护性和安全性。

架构演进是一个循序渐进、动态发展的过程,无法一蹴而就。随着时间推移与系统的持续发展,架构需要依据新需求和实际情境,持续地进行调整与优化。

从业务角度来看,业务需求不断演变,这就要求系统架构具备高度灵活性,以便及时适应功能性和非功能性的新需求。比如业务流程的变更、业务规模的扩张,都需要架构能够快速调整系统功能和流程,保障系统持续契合业务发展。从技术层面来说,技术的飞速进步带来了新的工具和理念,像微服务、容器化、云计算等技术的兴起,为系统性能、可维护性和可扩展性的提升提供了有力支持。架构演进必须综合考量业务与技术因素,确保两者协同发展。

在架构演进进程中,可维护性至关重要。这意味着在优化和调整架构时,要尽可能降低系统维护与修改的成本,保证对系统的修改可预测、能控制。同时,还需做好长期规划,准确把握未来需求走向、新兴技术趋势以及行业发展动态,为系统的可持续发展筑牢根基。

架构演进具有多方面的重要意义。当系统规模扩大、用户量增多,面临性能瓶颈和扩展难题时,通过架构演进,采用更高效算法、优化缓存策略、引入分布式处理等手段,能有效提升系统性能、稳定性与可伸缩性；项目推进过程中积累的技术债务，如重复代码、过度复杂的设计、对过时技术的依赖等，也能借助架构演进及时清理和管理，维持系统的健康与可维护性；面对日益复杂的网络环境和层出不穷的安全威胁，架构演进能够强化系统的安全设计，运用新的安全措施和技术，抵御各类安全攻击。此外，架构演进还能推动团队成员间的紧密合作，促进知识更新，激发团队的创造力和创新能力，进而提升团队整体素质与竞争力，使软件系统在不断变化的环境中始终保持敏捷、可靠与高效，持续满足业务发展需求，稳固系统的竞争力与业务价值。

保持架构演进的方法见表1-36。

表1-36 保持架构演进的方法

方　　法	详　细　内　容
持续关注技术发展趋势	定期跟踪和分析行业内新技术的发展动态，包括新兴技术、开源项目、行业标准等，及时了解新技术对现有系统架构的影响和应用场景
不断学习和积累经验	鼓励团队成员不断学习和积累经验，参加技术培训、研讨会和社区活动，保持对新技术和新理念的敏感度和掌握能力
建立良好的开发实践	建立和遵循良好的开发实践和流程，包括代码审查、单元测试、持续集成、持续交付等
定期进行架构评审和优化	定期组织架构评审会议，对现有系统架构进行全面评估和优化，发现并解决潜在的架构问题和技术债务
采用敏捷开发方法	采用敏捷开发方法和迭代式开发模式，将架构演进作为项目的一部分，把演进需求分解为小步骤，逐步实现系统架构的改进和优化
持续改进和迭代	将架构演进视为持续改进的过程，不断收集用户反馈和需求，及时调整架构方案，适应业务和技术的变化
建立良好的沟通机制	建立良好的团队沟通机制和知识共享平台，促进团队成员之间的交流和合作，共同推动系统架构的演进和优化
投入足够的资源和支持	为架构演进提供足够的资源和支持，包括人力、财力和时间等方面的投入，确保演进工作得到充分的支持和保障

要保持架构演进，需要团队成员持续关注技术发展趋势，不断学习和积累经验，建立良好的开发实践和流程，定期进行架构评审和优化，采用敏捷开发方法，持续改进和迭代，并为架构演进提供足够的资源和支持。

2. 架构退化

架构退化是指软件系统原本优良的架构因为各种原因逐渐变得不稳定、复杂、难以维护或难以扩展的过程。架构退化会导致系统的性能下降、开发效率降低、增加故障和错误的风险，从而对系统的整体健康和可维护性产生负面影响。

在系统设计与实现过程中，技术债务的积累往往容易引发架构退化。技术债务通常源于不恰当的决策，比如在应对紧急问题时，采用快速但并非最优的解决方案，这会导致架构的临时性退化。同时，团队成员变动引发的知识流失，新成员对系统架构的陌生，也可能造成设计与实现的不一致，进而影响架构的稳定性。长期缺乏对系统的维护更新，会导致对新技术和最佳实践的忽视，随着系统规模不断扩大，性能下降、复杂性增加等问题接踵而至，这些都可能引发架构的退化。

频繁的需求变更使得系统架构难以迅速适应新的业务需求，从而出现架构设计不合理或不完善的情况。在项目快速迭代开发过程中，为了满足紧急需求或快速上线，采取的简化或折中方案，会导致技术债务不断积累。长期缺乏对代码质量的重视和维护，使得代码逐渐变得难以理解、维护和扩展，从而严重影响系统整体的可维护性和可扩展性。缺乏对系统整体架构和设计的规划和管理，会使系统结构逐渐混乱、松散，难以维护和管理。长期使用过时的技术栈或技术框架，会让系统无法跟上技术发展的步伐，出现性能瓶颈、安全隐患等问题。此外，团队成员的变动和知识流失会影响系统架构的稳定性和连续性，新成员因缺乏对系统的全面理解和把握，难以有效维护和改进系统。同时，缺乏适合的开发工具和流程，无法及时发现和解决系统架构的问题，也会导致系统架构逐渐退化。随着系统规模的不断扩大，性能、可扩展性、安全性等方面不断出现问题，如果不及时进行架构优化和演进，架构退化现象便极易发生。

架构退化是由需求变更、技术债务、代码质量、系统设计、技术栈、团队变动、工具流程和规模扩大等多方面问题共同导致的。因此，为避免架构退化，必须及时发现并解决这些问题，采取有效的措施保持系统的健康和稳定。防止架构退化的主要原因见表 1-37。

表 1-37 防止架构退化的主要原因

原　　因	详　细　内　容
系统性能下降	架构退化可能导致系统的性能下降，包括响应时间延长、吞吐量减少等问题，影响用户体验和系统的可用性
代码质量下降	架构退化可能导致代码质量下降，包括代码重复、耦合度增加、可读性降低等问题，增加系统维护和修改的难度
系统可维护性下降	架构退化可能会导致系统的可维护性下降，包括修改困难、bug 修复困难等问题，增加系统的维护成本和风险
安全性问题增加	架构退化可能会导致系统的安全性问题增加，包括漏洞、攻击面增加等问题，增加系统被攻击和被破坏的风险
系统扩展困难	架构退化可能导致系统扩展困难，包括功能扩展困难、业务变更困难等问题，影响系统的灵活性和可扩展性
技术债务积累	架构退化可能导致技术债务的积累，包括技术过时、旧版本依赖等问题，影响系统的技术栈更新和演进
影响业务发展	架构退化可能会影响业务的持续发展，包括业务创新困难、竞争力下降等问题，影响企业的长期发展和竞争力

防止架构退化对系统的健康和稳定至关重要，可以避免诸多潜在问题的发生，保障系统能够持续为业务提供支持和服务。因此，开发团队应该重视架构的健康和演进，采取有效措施来防止架构的退化。

有效的架构治理是促进系统演进的关键。它确保新变化符合整体目标，防止技术债务不受控制地堆积。采用敏捷开发和迭代改进的方法，可以在系统中持续推动演进，逐步优化架构。定期监控系统的性能、稳定性和安全性，收集关键指标，有助于尽早发现潜在的架构问题并及时进行演进。维护良好的文档，促进团队成员之间的知识分享，尤其是在团队成员变动时，有助于避免架构退化。防止架构退化的方法见表1-38。

表1-38　防止架构退化的方法

方　　法	详　细　内　容
定期进行架构审查	定期对系统架构进行审查和评估，发现和解决潜在的架构问题和技术债务，确保系统的健康和稳定
遵循设计原则和最佳实践	遵循单一职责原则、开闭原则、依赖倒置原则等，确保系统设计和结构良好
持续重构和优化	定期对系统进行优化和改进，包括代码重构、性能优化、架构优化等，保持系统的灵活性和可维护性
建立自动化测试和部署流程	构建单元测试、集成测试、持续集成、持续交付等，确保代码质量和系统的稳定性
技术选型和更新	定期评估和更新技术栈，采用新技术和工具优化系统架构，提高系统的性能、安全性和可维护性
建立文档和知识分享机制	建立系统文档和知识库，记录系统架构和设计的相关信息，促进团队成员之间的知识分享和交流，确保系统的连续性和稳定性
持续学习和培训	鼓励团队成员参加培训课程、技术会议和行业研讨会，了解最新的技术发展动态和最佳实践
建立良好的团队文化和氛围	营造开放、合作和创新的团队文化氛围，鼓励团队成员提出建设性的意见和建议，共同推动系统架构的持续改进和演进

3. 架构演进和退化的关系

架构演进和退化是相互影响的。架构的退化可能导致系统无法满足业务需求和技术要求，这时就需要进行演进来解决问题。反之，架构演进也可能带来一些意想不到的问题，导致系统出现退化。

在系统开发和维护过程中，架构演进和退化之间需要保持动态平衡。要根据实际情况和需求变化，及时调整架构方案，防止系统出现严重的退化问题，保持系统的可持续发展。架构的演进与退化犹如逆水行舟，随着软件系统架构的不断变化，如果能进行良好的架构设计并有效实施，就能推动架构不断演进；若架构设计无法时刻保持应对未来变化的能力，架构就可能不断退化。

为了避免架构退化，需要持续地进行架构优化和改进，及时发现和修复架构问题，保持系统的健康和稳定。同时，在架构演进的过程中，要避免过度设计和过度优化，保持适度的灵活性和可扩展性。

架构演进和退化是系统发展过程中不可避免的现象，关键在于如何在两者之间保持动态平衡，持续优化系统架构，以确保系统能够适应业务需求和技术变化的挑战。

架构的演进和退化是一个动态过程。在整个软件生命周期中，及时的架构管理、技术更新和团队培训都是确保系统保持健康和灵活的重要因素。

1.6.2 重构

重构是对现有软件系统中的代码、结构或设计进行调整和改进的过程，目的是提升系统的质量、可维护性和性能。重构是架构演进的一部分，也是架构治理的一种手段，用于使系统适应需求变化或修复系统中的技术债务。

架构演进通常涉及对系统整体架构的调整和优化，而重构是实现这种演进的手段之一。当系统架构发生变化或者需要适应新的需求时，往往需要通过重构来改善系统的设计和实现。

架构治理负责指导和管理系统的架构演进。它确保架构的演进符合组织战略目标，并且在演进过程中保持一致性和合规性。架构治理明确何时以及如何进行架构演进，以确保系统的健康发展。架构治理推动重构的实施，并确保重构活动与组织的架构目标一致。架构治理可以制定重构策略、标准和指南，帮助团队在重构过程中做出正确的决策，并确保重构活动对整体系统架构的演进是有益的。

重构分为代码重构与架构重构两种。代码重构专注于代码层面，在不改变代码外部行为的前提下，改进现有代码的设计和结构，以提高代码质量、可读性、可维护性和可扩展性，使其更易于理解和修改。例如，重构方法、重命名方法、重构代码块等，旨在提高单个代码单元（如函数、类、模块）的质量，进而提高整个系统的质量。而架构重构涉及更广泛的系统范围，专注于系统的整体结构和组织，包括组件之间的交互、接口定义、模块划分等方面，可能带来更大范围和更深入的变化，旨在提高系统的整体质量、性能和可维护性。

在软件系统的演化和迭代过程中，代码易出现冗余、复杂问题，导致代码质量下降和可维护性降低。代码重构可以优化代码的结构和设计，提高代码的清晰度、灵活性和可读性，降低修改和维护的成本。架构重构则可以优化系统的整体结构和组织，改善组件之间的耦合度和模块化程度，提高系统的灵活性、可扩展性和可维护性，使系统更易于理解、修改和扩展，降低演化的成本和风险。

软件系统需要不断地适应变化的需求和环境，具备足够的灵活性和可扩展性。代码重构和架构重构可以使系统更易于修改和扩展，更好地支持系统的演化和需求变更。随着系统规模的增长和功能的增加，系统的维护成本和风险也会相应上升。通过代码重构和架构重构，可以降低系统的复杂度和耦合度，简化系统的结构和设计，从而降低维护成本和风险。持续改进和优化系统的质量和设计，还能减少系统出现错误和故障的可能性，提高系统的稳定性和可靠性，降低维护的难度和风险。

代码重构和架构重构是保证软件系统持续发展和维护的重要手段，有助于提高代码质量和可维护性，支持系统的演化和需求变更，降低维护成本和风险，确保系统长期健康和可持续发展。

代码重构是一个持续改进的过程，随着系统的演化和需求的变化，需要不断地进行重构以保持代码的质量和可维护性，避免引入新的问题和风险。代码重构流程如图 1-26 所示。

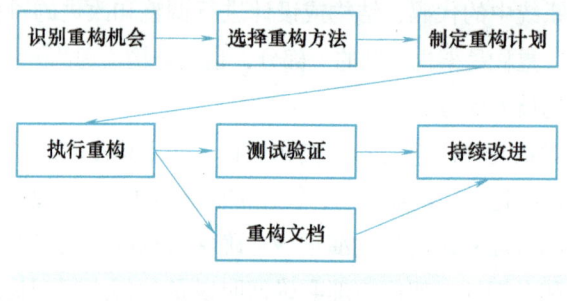

● 图 1-26　代码重构流程

架构重构也是一个持续改进的过程，需要不断地进行评估和优化。随着系统的演化和需求的变化，可能需要进一步调整和改进系统的架构。架构重构流程如图 1-27 所示。

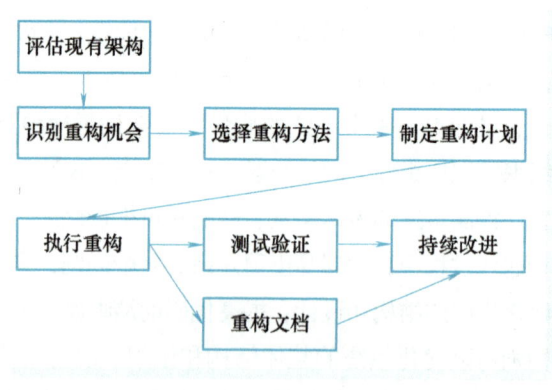

● 图 1-27　架构重构流程

总之，定期进行重构，可以保持系统的健康和稳定，提升系统的竞争力和持续发展能力，使其更易于适应变化的需求和环境。

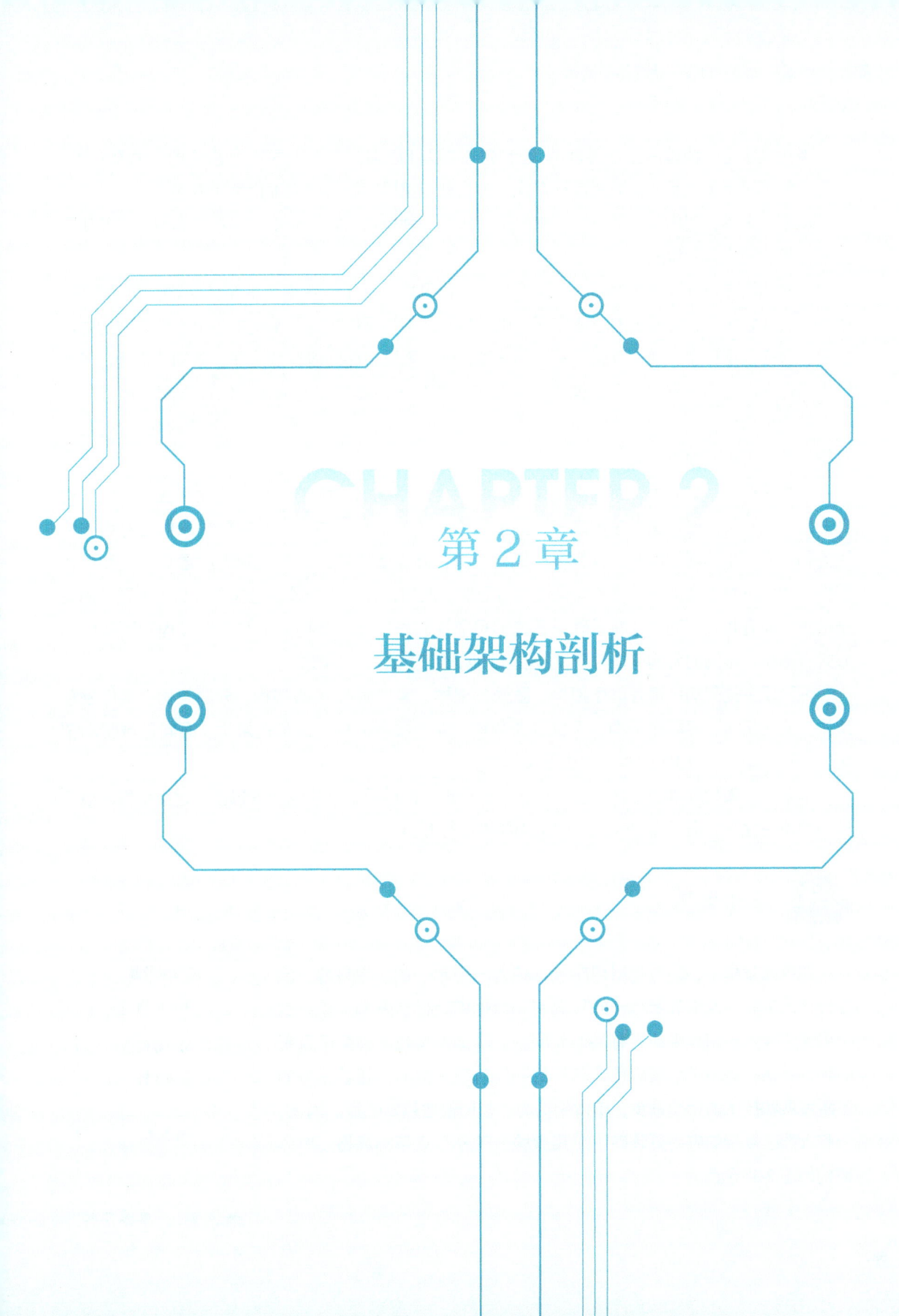

第 2 章

基础架构剖析

架构风格是一种通用且全局性的设计模式与设计原则，用于指导整个系统的结构和行为。它是一种可用于多个系统的通用设计范式，为在特定情景下解决问题提供常用方法。

从定义来讲，架构风格是一组约束声明；作为一种模式，它由元素和关系的类型，以及使用这些元素的规则共同组成。

架构风格在系统设计中发挥着关键作用。架构风格定义了软件系统的整体结构，包括组件、模块、层次结构等，为系统的总体布局提供了指导。架构风格规定了系统中各个组件之间的协同方式，包括数据传递、通信协议、模块划分等，确保系统组件间能有效协作。架构风格确定了系统中组件之间的通信方式和交互模式，涉及客户端与服务器之间的通信、组件之间的消息传递等。架构风格包含一系列设计原则，指导系统设计的方向。这些原则通常涉及模块化、松耦合、可维护性、可扩展性等方面。

架构风格对系统有多方面的重要影响，特别是对系统的可维护性和演化性有直接影响。适当的架构风格可以使系统更易于维护，并适应未来的变化和发展。不同的架构风格会对系统的性能和效率产生不同的影响。有些架构风格更适合高性能场景，而有些则更注重灵活性和可扩展性。架构风格也会影响系统的安全性和可靠性。例如，有些架构风格可能更容易实现强大的安全措施，而有些则可能更有助于确保系统的可靠性和稳定性。架构风格对开发过程和团队协作方式有影响。不同的架构风格对开发技能和团队组织方式有不同要求。

现阶段主流架构风格有单体架构、微服务架构、客户端-服务器架构、分层架构、事件驱动架构、流式架构、容器化架构、无服务器架构、面向服务架构、分布式架构、面向领域驱动架构、无状态架构、CQRS 架构、六边形架构等。

本章将从架构风格的定义、优劣势、设计思想、适用场景及其设计思想在自定义架构风格设计中的适用性等方面对当前较流行的架构风格进行介绍。

2.1 单体架构

在单体架构中，整个应用程序被构建为一个单一的、完整的、独立运行的单元，通常基于单一的代码库和数据库进行开发和部署。这个单元包含了应用程序的所有功能和服务。单体架构是一种简单直观的架构风格，适用于小型应用或项目的初期阶段。然而，随着业务的不断发展和技术的持续进步，单体架构的一些局限性越发凸显。因此，一些大型、复杂的应用更倾向于采用微服务等分布式架构风格。单体架构如图 2-1 所示。

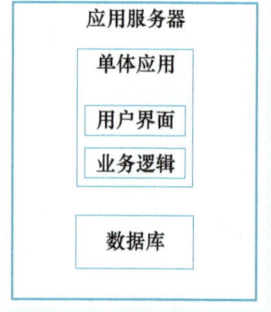

● 图 2-1 单体架构

2.1.1 单体架构的软件架构定义

单体架构通常采用有限的技术栈,这一特点有助于降低开发人员的学习曲线和维护成本。有限的技术栈使得开发团队更易于掌握所需技能,从而提高了整体开发效率。单体架构的设计思想注重整体性、简化性和效率。单体架构的元素和元素属性及其相互关系见表2-1。

表 2-1 单体架构的元素和元素属性及其相互关系

元素	元素属性	相互关系
单体应用	一个统一部署的软件系统,包含所有的功能和服务	应用内各个模块之间通过函数调用、库引用等方式直接相互调用
数据库	单一数据库,存储所有数据	应用通过数据库进行数据的读写操作
用户界面	集中式用户界面,用户通过这个界面与整个系统进行交互	用户通过界面发起请求,应用响应并进行相应的处理
业务逻辑	所有业务逻辑都包含在单体应用中,涵盖系统的所有功能	用户请求经用户界面传递到业务逻辑层,触发相应的处理
应用服务器	承载和执行整个单体应用	应用服务器负责处理用户请求,调用相应的业务逻辑和访问数据库

单体架构具有显著特征。它倡导紧耦合,各个模块紧密相连,直接调用彼此的函数或方法。这样的设计极大地简化了内部通信流程。整个架构一般采用共享数据库,所有模块共用相同的数据存储,大大提升了数据管理的简便性。整个应用作为一个单一部署单元,打包、部署和升级操作都集中处理,极大地简化了部署和维护流程,提高了整体管理效率。同时,通常由一个中心化管理系统进行控制和监控,实现集中式的日志记录、监控和故障排查,提高了系统的整体可管理性。此外,单体架构通过将应用划分为相对简单的组件,降低了开发和维护的复杂性,对于小型团队或资源有限的项目而言,能够有效提高团队工作效率,这无疑是其一大优势。

2.1.2 紧耦合的经济性与敏捷性

单体架构具有诸多显著优势。

在开发便利性方面,它通过整体性和模块化设计,极大地简化了开发过程,有效降低了项目的复杂性,让开发工作变得更加直观和容易上手。对于小型项目或团队来说,这一特性能够显著提高工作效率,成为关键的优势所在。

在代码管理和维护方面,高度集成设计提高了代码的可读性和可维护性,开发人员能够更轻松地理解和修改代码,为项目的长期维护提供了极大的便利。同时,单体架构强调模块化设计,将应用合理划分为各个专注于特定功能的模块或组件,使代码结构更具组织性,不仅易于理解，而且在功能扩展时也更为便捷。

在系统管理和运维方面，采用中心化的管理和监控模式，能够集中处理日志记录、系统监控以及故障排查等工作，大大简化了运维任务，提高了整个系统的管理效率，减少了潜在的操作失误。

在数据管理方面，单体架构通过共享相同的数据库和资源，有效实现了数据的一致性管理，有助于减少数据不一致问题，确保系统中的数据始终保持同步状态。

在技术成本方面，采用有限的技术栈是单体架构的一大优势。这降低了团队学习和使用新技术的成本，使开发人员能够将更多精力集中在核心业务逻辑的开发上。

在项目迭代方面，由于整个应用作为一个单元进行部署，单体架构具备快速迭代和发布的能力。尤其是对于小型项目或需要频繁进行小规模更新的情况，这种特性提供了更高的灵活性和敏捷性，能够快速响应业务需求的变化。

在项目适用性方面，单体架构特别适用于小规模项目。它避免了引入分布式系统所带来的复杂性，在资源有限的情境下，不仅经济实惠，而且易于管理，能够更好地平衡开发和维护成本。

综上所述，单体架构在简化开发流程、提升代码可读性与维护性、实现集中化管理、保障数据一致性、降低技术成本、支持快速迭代发布及适应小规模项目和资源有限场景等多个方面展现出明显优势。

2.1.3 快交付与难维护的权衡

尽管单体架构在交付快、成本低、开发流程简化等方面有一定的优势，但也存在可扩展性受限、版本管理困难、团队协作难度大等缺点。在选择架构风格时，需要根据项目实际情况做出适合的架构决策。

单体架构面临可扩展性的限制。由于单体架构难以实现水平扩展，即难以将应用的不同部分分布到多台服务器上，因此在对可伸缩性要求较高的场景中，单体架构的表现可能不佳。随着应用规模的不断扩大，单体架构中的代码会变得庞大且复杂，维护难度急剧增加。哪怕更新一个小模块，可能都需要重新部署整个应用，这使得维护和更新变得更困难。

技术栈的局限性也是单体架构要面对的一项挑战。通常，单体架构采用有限的技术栈，这可能导致在面对新技术需求时，遇到困难或需要付出很高的成本。对于分布式开发团队而言，单体架构可能使得团队协作更为复杂，特别是在不同模块之间存在紧密耦合的情况下，协作更加具有挑战性。

单体架构的整体性和集中式管理可能导致在实现持续交付和持续集成方面遇到一些难题。这使得敏捷开发和快速迭代的目标变得更难达成。所有组件通常共享相同的代码库和数据库，这容易引发不同组件间的版本冲突问题。在更新某个组件时，很可能会引入潜在的兼容性问题，从而影响其他组件的正常运行。单体架构可能限制了采用新技术的灵活性，因为一旦引入新技术，整个应用的架构和技术栈都需要同步改变。这在面对技术创新和行业变革时无疑是一种挑战。

此外，单体架构中一个组件的故障可能会影响整个应用，而在分布式系统中，故障往往影响范围较为有限。因此，在单体架构中降低单一组件故障的影响，确保系统可用性，存在较大难度。

2.1.4 中小型项目的优选

单体架构比较合适一些中小型、业务简单或具有特定类型需求的应用。

对于小规模项目而言，单体架构通常更为简单、易于管理。它减少了系统的复杂性，有利于实现快速开发和部署。在小型项目中，无须引入分布式系统的复杂架构，单体架构提供了一种高效的解决方案。

当应用的业务逻辑相对简单，不需要复杂的分布式架构时，选择单体架构能避免不必要的复杂性和开销，使开发和维护过程更加直观。

团队经验也是选择单体架构的重要考虑因素。如果开发团队对单体架构更为熟悉，且缺乏分布式系统开发经验，那么选择单体架构可能更易于实现。这有助于提高开发效率、降低技术难度。

在有快速迭代和发布需求的情况下，单体架构具有明显的优势。对于频繁的小规模更新，单体架构更为便捷，简化了整个发布流程，能更好地保持灵活性。

在资源有限且对可伸缩性和可用性要求不高时，选择单体架构是一个经济且合理的决策。其相对简单的架构设计和管理方式，使项目在资源受限的情境下更容易应对各种挑战。

对于部署要求相对简单的项目，单体应用相较于分布式系统而言，部署过程更加直观、简便。这对那些不需要复杂部署流程的项目来说是一大优势。

不过，单体架构并不适用于所有场景。对于大规模、高度复杂且需要高度可伸缩性和容错性的应用来说，分布式架构可能更为合适。在选择架构时，需要全面考虑项目的规模、性质、团队经验和未来发展方向等因素，确保选择最契合项目需求的架构模式。

2.1.5 单体架构在自定义架构风格中的设计方法

整体性是单体架构设计的核心理念。将系统视为一个整体，强调各个组件之间的整体性，这有助于确保系统的一致性和协同工作。这一理念在其他类型的架构设计中，尤其是那么需要协同操作的系统，同样具有重要意义。

模块化和组件化是单体架构设计追求的目标，也是架构设计领域通用的概念。将系统划分为相对独立的模块或组件，有助于提高系统的可维护性、可扩展性和理解性。这一原则普遍适用于各种规模和类型的系统。

单体架构设计强调简化和直观，致力于降低系统的复杂性，使系统易于理解和操作。追求简化的设计思想在架构设计中具有通用性，无论系统规模如何，保持直观的开发和维护流程，都有助于提高效率。

集成和协同是单体架构设计的显著特点，也是架构设计的通用原则。在架构设计过程中，通过设计良好的接口实现模块之间的集成，强调组件之间的协同工作。这有助于构建高效、协调的系统。

适度中心化管理是单体架构设计的优势之一，同样适用于其他架构设计。借助一些中心化的管理和监控手段，有助于集中处理系统的运行和维护事务，提高系统的可管理性。这一理念在各种系统中都有实际应用价值。

模块独立性是单体架构设计强调的概念，也是架构设计普遍追求的目标。每个模块在功能上保持相对独立，降低了模块之间的依赖性，使得系统更具弹性和灵活性。这对各种规模和性质的系统都大有益处。

一致性和稳定性是单体架构设计关注的重点，同样适用于其他架构设计。强调数据和逻辑的一致性，以及系统的稳定性，是任何规模系统都应追求的目标。

综上所述单体架构的设计理念充分体现了对整体性、模块化、简化、一致性的追求，这些理念在自定义架构风格设计中具有借鉴和应用价值。

▶ 2.1.6 单体架构风格实践

以一个社交网络应用为例，该应用需要用户管理、内容发布、社交互动、数据存储和检索等功能。

（1）需求分析

社交网络应用有以下需求。用户注册和登录、个人信息和好友管理与维护；用户发布、编辑和分享文本、图片和视频等内容；用户间的即时消息传递、评论和点赞等互动，以及消息通知。用户数据存储与检索、用户数据和内容的高效管理和快速访问。此外，由于资源紧缺，系统设计必须关注性能优化和资源监控，避免出现性能瓶颈，确保应用的稳定性和可扩展性。社交网络应用的具体需求见表2-2。

表 2-2　社交网络应用的具体需求

需　　求	详　细　描　述
用户管理	用户注册和登录、管理个人信息、好友的添加和删除等
内容发布	用户发布文本、图片、视频等内容，并能对这些内容进行评论和点赞
社交互动	实现用户之间即时消息的传递、评论、点赞等互动功能，同时支持消息通知

(续)

需 求	详 细 描 述
数据存储和检索	存储用户数据、帖子、评论等，并支持高效的数据检索
资源监控和性能优化	开发要求时间紧迫，而且需要在有限的资源情况下实现所有功能

（2）单体架构风格的选择

由于存在资源紧缺的情况，要求系统设计重点关注性能优化和资源监控，以避免出现性能瓶颈，确保应用具备稳定性和可扩展性。

单体架构将用户管理、内容发布、社交互动等模块集成于单一进程，避免分布式系统的进程间通信开销，降低服务器资源消耗。垂直扩展比水平扩展更适合资源紧缺环境，通过硬件升级即可提升整的吞吐量。集中式日志监控与 APM 工具可直接定位性能瓶颈。单体架构代码库单一，模块间通过本地方法调用对比微服务的 REST API 调用可减少 50% 以上的响应延迟，有效提升了开发效率。灰度发布与回滚操作只需更新单个镜像，降低部署风险。消除分布式系统常见的网络延迟、服务发现等问题，系统可用性较高。集中式会话管理避免分布式 Session 同步开销，保障用户状态一致性。在架构风格选择时，单体架构与微服务架构在资源利用率、开发效率和稳定性方面的对比见表 2-3。

表 2-3 单体架构与微服务架构在资源利用率、开发效率和稳定性方面的对比

评估维度	单体架构的特点	微服务的特点
资源利用率	集中式部署节省服务器资源	需两倍以上节点数量
开发效率	代码修改无须协调多个团队	服务间接口定义耗时占比高
稳定性	单节点重启时间短	故障定位耗时长

（3）单体架构核心元素的定义

在单体架构中，核心元素都在一个统一的代码库中运行，模块之间通过内部调用和共享资源进行通信。尽管这种方式可以简化开发和部署，但随着应用复杂度的增加，维护和扩展的难度也会相应增加，因此在设计时必须充分考虑到系统未来的扩展性和可维护性。单体架构在社交网络中的核心元素定义见表 2-4。

表 2-4 单体架构在社交网络中的核心元素定义

元 素	组 件	功 能
用户管理系统	用户数据库	存储用户信息，如用户名、密码、电子邮件等
	认证模块	负责用户登录、注册及会话管理，确保用户身份的安全性
	授权模块	管理用户权限和角色，控制用户能够访问的功能和数据

(续)

元素	组件	功能
社交互动模块	社交图数据库	存储用户的社交关系，如好友列表、关注列表、粉丝列表等
	消息系统	实现私信、通知和实时聊天功能
	动态流管理	处理用户发布的内容、动态更新和评论，确保动态地显示和存储
内容管理系统	内容存储	支持媒体文件的上传、存储和管理，可能包括文件系统或云存储服务的集成
	内容数据库	存储内容元数据，如帖子内容、上传时间、标签等
	内容审核模块	负责内容的审核、过滤和处理，确保符合社区规范和政策
前端用户界面	用户界面	界面友好，确保用户能够方便地进行各种操作，如查看动态、发布内容、发送消息等
	前端框架	选择适合的前端技术栈来构建和管理用户界面
后端服务	应用逻辑层	处理核心业务逻辑，如用户管理、社交互动、内容处理等
	数据访问层	与数据库交互，执行数据的存取操作
	API 层	提供前端和其他系统与应用后端的接口，处理请求和响应

2.2 面向服务架构

面向服务架构（Service-Oriented Architecture，SOA）通过将应用程序划分为独立的、可重用的服务单元，有效提升了系统的灵活性和可维护性。在面向服务架构中，服务是一组执行特定功能、独立自治的模块，它们能够通过网络进行通信，并按照一组标准化的接口进行交互。

面向服务架构的核心思想是将系统划分为松散耦合的服务集合，这些服务可以独立开发、部署和维护。每个服务都执行明确定义的功能，并通过标准化协议进行通信，例如 Web 服务通常使用 SOAP 或 REST。这种模块化的设计使得系统更容易扩展、更新和替换，同时显著提高了服务的可重用性。

面向服务架构支持跨平台、多语言和异构系统之间的集成，使得企业能够更好地适应不断变化的业务需求。它以松散耦合的方式组织和管理企业的信息系统，使企业能更灵活地响应市场变化。面向服务架构特别适用于传统企业和大型系统。面向服务架构如图 2-2 所示。

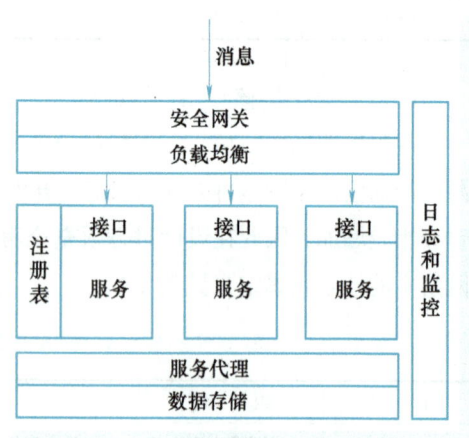

● 图 2-2 面向服务架构

2.2.1 面向服务架构的软件架构定义

面向服务架构将系统功能划分为独立的服务单元，每个服务负责特定的业务功能，提高了系统的可维护性和可扩展性，每个服务能够独立开发、部署和更新。不同的服务可以组合成更高层次的业务流程，以满足复杂的业务需求，实现更灵活、可定制和可复用的业务功能，促进业务流程的快速调整和变化。通过定义清晰的服务接口和契约，明确规定服务的输入、输出和通信协议，确保服务提供者和服务消费者之间达成一致理解，支持松耦合的服务通信。

面向服务架构的元素、元素属性及其相互关系见表 2-5。

表 2-5 面向服务架构的元素、元素属性及其相互关系

元素	元素属性	相互关系
服务	包含特定功能或业务逻辑的独立单元，可通过网络进行访问	服务之间通过定义的接口进行通信，可以同步或异步调用其他服务，具有松散耦合特性
接口	定义服务提供者和服务消费者之间通信的契约，包括输入、输出和行为	服务通过接口与外部系统或其他服务进行交互，确保通信方式和数据格式一致
消息	用于在服务之间传递信息的数据单元，可以是同步请求、异步通知或事件	服务之间通过消息进行通信，实现解耦和异步通信的机制
注册表	存储服务的元数据，包括位置、接口和状态等信息	服务通过注册表注册和发现其他服务，确保服务可被动态发现和调用
负载均衡器	分发请求到多个服务实例，以提高性能和可用性	与服务关联，确保请求被平均分配到可用的服务实例，防止单点故障
安全网关	提供安全性能的服务网关，具有处理身份验证、授权和加密等安全功能	与服务关联，确保服务之间的通信是安全的，防止未经授权的访问
数据存储	存储服务所需的数据，可以是关系数据库、NoSQL 等	与服务关联，提供数据的持久化存储和读写操作
服务代理	提供服务之间的请求转发、路由和协议转换等功能	与服务关联，处理服务之间的通信细节，提供灵活的通信方式
日志和监控	收集和记录服务的运行日志，监控服务的性能和健康状态	与服务关联，提供对服务执行的可观察性，支持故障排查和性能优化

面向服务架构借助服务目录或注册表，使服务提供者能够注册其服务，服务消费者能够发现所需的服务，提高了系统的灵活性，使新的服务能够被轻松集成，支持服务的动态发现；将服务设计为可独立重用的组件，使其能够在不同的上下文中被多次利用；减少了开发成本，提高了开发效率，促进了系统功能的共享和复用；每个服务能独立运行和管理，不依赖其他服务的内部实现；提高了系统的稳定性和可靠性，降低了服务之间的依赖性，支持分布式系统的部署。

▶ 2.2.2 服务可组合性的复用和复杂性管理

面向服务架构通过将系统分解为可重用、独立自治的服务，降低了整个系统的复杂性。这有助于更好地管理、维护和理解系统。面向服务架构提供了一种灵活的方式，将不同系统和应用程序集成在一起。通过服务之间的标准化接口，系统可以更容易地互相通信和共享数据。面向服务架构使得业务流程可以通过组合和编排现有服务来实现，无须重复构建新的应用程序。这造就了更具灵活性、可配置性和可调整性的业务流程。

面向服务架构支持服务的设计和实现，这些服务可以在多个业务场景中重复使用，显著提高了开发效率，减少了代码冗余。面向服务架构通过定义清晰的服务接口和契约，实现了松散耦合。这意味着一个服务的变化不会对其他服务造成负面影响，进一步提高了系统的灵活性和可维护性。面向服务架构允许不同技术栈和平台上的服务相互通信，有利于组织在不同部门、项目或合作伙伴之间更好地共享和集成服务。其模块化和可重用性使新服务的开发更为迅速，通过组合已有服务，可以更快速地交付新的业务功能。同时，松散耦合和可重用性还有助于提高系统的可伸缩性。通过水平和垂直扩展服务，系统可以更好地满足不断增长的业务需求。

总的来说，面向服务架构通过促进服务重用、提高开发效率和简化系统集成，有助于降低整体的开发和维护成本。

▶ 2.2.3 开发周期缩短与管理周期增长的权衡

尽管面向服务架构旨在降低系统复杂性，但在实施和维护大规模面向服务架构系统时，服务的多样性和自治性使管理大量的服务和服务之间的关系变得复杂，反而可能导致系统的整体复杂性增加。因此，在选择架构风格时，需要权衡开发周期缩短与管理周期增长之间的关系，从而做出适合的决策。

在面向服务架构中需要定义标准的服务接口和契约，以确保不同服务之间的互操作性。然而，在实践中，特别是涉及多个团队、部门或组织时，要确保标准化和一致性是一项挑战。同时，由于面向服务架构系统涉及多个服务之间的通信，安全性和隐私也至关重要，确保服务间的安全通信、身份验证和授权，以及敏感数据的保护都需要予以特别关注。

面向服务架构依赖服务发现机制来动态查找和调用服务。然而，有效的服务发现和注册系统常面临性能、可用性和一致性方面的挑战。跨多个服务的业务流程可能涉及分布式事务。在避免性能瓶颈的同时，确保事务的一致性和隔离性是一个复杂的问题。

服务的自治性也给监控和调试系统带来更大的困难。追踪问题、定位故障及优化性能都需要更强大的工具和技术。此外，跨多个服务的系统可能涉及远程调用，这会引发性能和响应时间的问题。优化服务之间的通信，确保系统的高性能是也一大挑战。

尽管面向服务架构具有可复用、开发周期缩短的优势，但在选择架构风格时，仍然需要考虑管理复杂度高、性能易出问题等缺点，从而做出符合项目需求的架构决策。

2.2.4 不断变化的复杂系统的适用性

在面向服务架构中，系统被拆分为一个个独立的服务，每个服务负责特定的功能。这种解耦设计使得服务能够独立部署和更新，从而快速响应业务需求的变化。服务间通过明确的 API 进行通信，降低了耦合度，使系统能够灵活地适应变化。

尽管面向服务架构能显著提高开发和维护效率，但也引发了服务治理、数据管理和安全性等挑战。为了有效管理复杂系统，面向服务架构可以使用服务发现工具、负载均衡、集中化监控和日志系统来简化服务管理和故障排查。面向服务架构通过增强系统的模块化和灵活性，为应对复杂环境中的不断变化提供了有力支持。

2.2.5 面向服务架构在自定义架构风格中的设计方法

面向服务架构通过将系统功能模块化为独立的服务来提升系统的灵活性和可扩展性。面向服务架构将业务逻辑和应用功能分解为相互独立的服务，每个服务提供特定的功能，并通过标准化接口进行通信。这种设计方式使得服务可以被多个应用程序共享，简化了系统的维护和扩展过程，增强了系统的适应能力和复用性。服务的独立性和标准化接口使得系统能够快速响应业务变化，实现快速部署和灵活调整。

在自定义架构风格时，首先，以业务能力为核心，将系统拆解为原子化服务，每个服务遵循单一职责原则。通过领域驱动设计识别核心域与通用域，确保服务边界清晰。其次，采用契约优先模式，通过 WSDL/SOAP 或 OpenAPI 规范定义服务接口，确保服务的消费者与提供者解耦。接口设计需包含版本控制、输入/输出验证及错误码标准化。最后，建立服务治理框架，包含服务注册中心、API 网关及监控系统。设计服务认证与授权，实施限流熔断保障高可用性。定期评审服务性能，对于长期未使用的服务，遵循退役流程逐步下线，确保系统持续演进。

2.2.6 面向服务架构风格实践

（1）需求分析

社交网络应用功能需求见 2.1.6 小节中所描述，其架构需求需要高可维护性和灵活性，以应对不断变化的需求、功能扩展和系统优化。

（2）面向服务架构风格的选择

对系统的核心要求是具备高可维护性与灵活性，需要从容应对持续变化的需求、实现功能的便捷扩展，以及系统的有效优化。因此，需要能够快速响应业务规则的调整、新功能模块的接入,同时在优化过程中不会对整体系统造成过多的扰动,保障系统持续稳定运行。

面向服务架构风格能有效实现高内聚、低耦合。各服务独立运行,降低了模块间的相互影响,便于对单个服务进行修改、升级与扩展,契合高可维护性与灵活性需求。而单体架构所有功能集成在一个项目中,牵一发而动全身,修改一处功能可能导致整个系统不稳定,维护成本高且灵活性差。两种架构风格的对比见表2-6。

表 2-6 面向服务架构与单体架构的对比

架构风格	可维护性	灵活性	功能扩展难度	系统优化复杂度
面向服务架构	高	高	低	低
单体架构	低	低	高	高

(3)面向服务架构核心元素的定义

通过将社交网络应用划分为多个服务,并定义每个服务的核心功能和接口,能够实现一个模块化、可扩展的系统。这种面向服务的架构可以更好地满足用户需求,并为未来的扩展和维护提供灵活性和高效性。其核心元素定义见表2-7。

表 2-7 面向服务架构在社交网络中的核心元素定义

元素	功能	接口	数据存储
用户服务	处理用户的注册、登录、个人信息管理等功能	提供用户信息查询、修改、删除等 API	使用用户数据库存储用户信息,支持用户数据的快速查询和管理
内容服务	处理用户发布的内容(如帖子、图片、视频等),并支持内容的检索和管理	提供内容发布、获取、删除等 API	使用分布式存储系统保存内容,确保高效的读取和存储能力
社交互动服务	处理用户之间的互动,如评论、点赞、消息传递等	提供评论、点赞、消息发送和接收等 API	使用消息队列或实时数据库来处理互动数据,确保数据的实时性和一致性
消息队列	用于异步处理任务和解耦服务之间的依赖	处理例如内容推荐、消息推送等任务,避免系统的直接依赖	
API 网关	提供统一的入口来管理所有的服务请求,进行请求路由、负载均衡和安全控制	将用户请求分发到相应的服务,并进行身份验证和权限控制	
缓存系统	加速数据读取,减少数据库的负担	缓存用户信息、热门帖子等,减少对数据库的直接访问	

在社交网络中,面向服务架构的自定义核心元素带来了显著优势。通过服务的模块化,系统功能可以灵活扩展和重用,提升了系统的可维护性。接口和消息协议确保了服务间的兼容性和

标准化通信，简化了集成过程。服务注册中心支持服务的动态发现和管理，使得系统能够迅速适应需求变化。这些优点共同增强了社交网络的扩展性、灵活性和运行效率。

2.3 客户端-服务器架构

客户端-服务器架构将一个应用程序或系统划分为两个主要部分：客户端和服务器。这两部分分别负责处理不同的任务，通过网络进行通信，协同完成用户请求和应用程序的各项功能。客户端-服务器架构适用于众多应用程序。它的分离设计赋予了系统可伸缩性和可维护性，但也面临一些挑战，如性能瓶颈和安全性问题。在决定是否采用客户端-服务器架构时，需要根据具体应用的需求和特点进行权衡。客户端-服务器架构如图 2-3 所示。

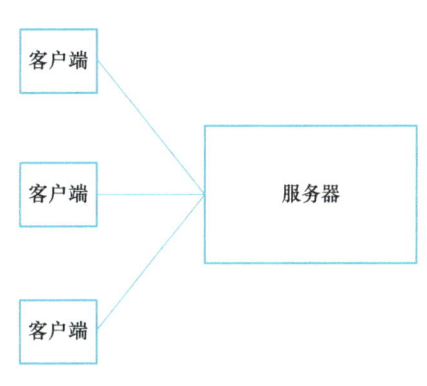

● 图 2-3 客户端-服务器架构

2.3.1 客户端-服务器架构的软件架构定义

客户端-服务器架构通常采用分层结构，将应用划分为客户端和服务器两个独立的层次。客户端负责用户界面和用户交互，通常包含用户接口和一些处理逻辑；服务器负责处理业务逻辑、数据管理和与数据库的交互。客户端和服务器之间通过网络通信，客户端发起请求，服务器响应并处理请求。客户端-服务器架构允许客户端和服务器在不同的物理位置上运行，形成分布式系统。客户端-服务器架构的元素、元素属性及其相互关系见表 2-8。

表 2-8 客户端-服务器架构的元素、元素属性及其相互关系

元　　素	元　素　属　性	相　互　关　系
客户端	用户界面：包括用户与系统交互的图形和文本界面	通过网络连接向服务器发送请求，获取所需的数据或服务。接收来自服务器的响应，将相应数据展示给用户
	用户逻辑：客户端上执行的逻辑，处理用户输入和展示相关信息	
	本地存储：在客户端保存必要的数据，提高响应速度	
服务器	业务逻辑：包括系统的业务规则和核心逻辑，负责处理客户端请求并执行相应的业务操作	通过网络接收来自客户端的请求，解析请求并执行相应的业务逻辑。将处理结果发送给客户端，包括所需的数据或执行状态
	数据存储：负责存储和管理系统的数据，以供客户端访问	

在客户端-服务器架构中，客户端向服务器请求服务或数据，而服务器则集中处理请求、存储数据并执行计算任务。这样的分离使得客户端可以专注于用户交互，服务器可以优化性能和安全性，整体系统能够更好地处理大量用户请求并适应不断变化的需求。这种设计思想提高了系统的可管理性、可维护性和扩展性。客户端-服务器架构的设计思想见表 2-9。

表 2-9　客户端-服务器架构的设计思想

设 计 思 想	详 细 内 容
分离与连接	通过将系统分为客户端和服务器，客户端-服务器架构在分离用户界面和业务逻辑的同时，通过网络连接两者
模块化与集成	将系统划分为独立的模块，强调模块化设计，但通过网络通信实现模块间的集成，体现了模块化与集成的平衡
解耦与协同	通过分离客户端和服务器，客户端-服务器架构实现了解耦，但通过网络通信实现了协同工作，体现了解耦与协同的设计理念
独立性与依赖性	强调客户端和服务器的独立性，但通过网络通信建立依赖关系，体现了独立性与依赖性的权衡
分布式与集中化	客户端-服务器架构允许分布式计算，但通过服务器的集中化管理实现系统的协调，体现了分布式与集中化的设计取舍
抽象与具体	通过抽象的客户端和具体的服务器，客户端-服务器架构体现了抽象与具体的层次化设计，促使系统在不同层次上保持清晰的抽象
自主性与协调性	客户端和服务器的自主性通过独立演化得以实现，而通过协同工作则体现了系统整体的协调性
用户体验与系统性能	客户端关注用户体验，服务器关注系统性能，客户端-服务器架构通过这两者的分工体现了用户体验与系统性能的权衡

2.3.2　分离与连接的跨平台兼容性

客户端-服务器架构通过清晰地分离客户端和服务器的职责，并采用标准化的接口和数据格式，实现了系统的灵活性和可维护性。客户端-服务器架构将客户端和服务器分离，使得客户端和服务器可以独立开发、维护和扩展，有助于清晰地定义各自的职责和关注点。

在服务器端，集中管理和控制应用逻辑、数据和安全性。这不仅确保了数据的一致性、逻辑的正确性，还能实施集中的安全措施，如身份验证和授权。此外，服务器端的资源可以被多个客户端共享和重用，减少了冗余代码，提高了系统的效率和可维护性。由于服务器集中管理核心功能，也更容易实现系统的横向扩展，以满足增加的用户量和负载。

客户端可以运行在不同的平台上，如桌面、移动设备等，只要它们能够与服务器进行通信即可。这提高了系统的跨平台兼容性。为了确保跨平台兼容性，需要遵循行业标准，并对不同平台的兼容性进行测试，以保证系统在多种环境下稳定运行。此外，客户端-服务器架构还支持在不

2.3.3 关注点分离与版本控制的权衡

关注点分离将系统中的不同功能或责任模块化，以提高系统的可维护性、可扩展性和灵活性。但客户端-服务器架构仍然存在一定的劣势。

客户端和服务器之间的通信需要通过网络，网络延迟可能导致用户体验下降，特别是在低带宽或高延迟的网络环境中。随着用户数量的增加，服务器可能面临负载过高的问题，这可能需要额外的硬件投资或优化服务器端的性能。客户端与服务器之间的通信可能受到网络攻击的威胁，需要采取安全措施，如加密和身份验证，以确保数据的机密性和完整性。

客户端和服务器的更新的时间和速度可能各不相同，因此需要制定有效的版本控制和升级策略，以确保向后和向前的兼容性。不同的客户端可能在不同的平台和设备上运行，这就需要考虑客户端的兼容性，以确保一致的用户体验。随着系统不断发展壮大，客户端-服务器架构可能变得更加复杂。管理和维护客户端和服务器之间的通信、数据同步和一致性，可能导致系统的理解和调试难度增加。

客户端-服务器架构具有解耦、关注点分离等特性，但也存在版本管理复杂、易受到攻击、受网络状态影响等缺点，在选择架构风格时，需要综合考虑上述因素。

2.3.4 数据-程序分离场景的适用性

当系统需要在不同设备或位置上分发和执行任务时，客户端-服务器架构可以提供一种有效的分布式解决方案，这对实现跨多个终端的应用程序和服务非常有用。

在需要集中管理和维护数据的情况下，客户端-服务器架构可以提供中心化服务器，用于存储、处理和保护数据。这对于大规模数据中心和服务器管理是一种有效的方式。

对于需要通过网络提供服务、数据或功能的应用程序，如 Web 应用、在线商城和社交媒体平台等典型的网络应用，客户端-服务器架构是常见的选择。

当需要支持实时交互和动态更新的系统时，客户端-服务器架构可以通过有效的网络通信实现。

对于大型企业应用，客户端-服务器架构提供了一种有效的方式来管理和协调不同业务流程、模块和用户角色。

对于需要在不同平台上提供一致性体验的应用，客户端-服务器架构允许使用多个客户端类型来访问相同的服务。

总之，客户端-服务器架构适用于需要中心化管理、分布式计算、实时交互和多平台支持的应用场景。其灵活性和可维护性使其成为构建各种规模和类型应用程序的有力选择。

2.3.5 客户端-服务器架构在自定义架构风格中的设计方法

客户端-服务器架构强调将客户端和服务器分离，使它们专注于各自的职责。这种思想在自定义架构中也可以应用，通过合理的模块化和分层设计，实现系统各部分的独立演化和管理。

在客户端-服务器架构中，每个组件具有一定的自治性，可独立运行而不依赖于其他组件。自定义架构设计可以借鉴这一点，通过定义清晰的接口和规范，使每个组件都能够自主地演进和执行任务。

清晰的接口定义是客户端-服务器架构成功的关键，它能减少组件之间的依赖关系。自定义架构设计也可以通过良好的接口设计来降低组件之间的耦合度，提高系统的可维护性和灵活性。

客户端-服务器架构注重系统的灵活性和演化能力，以应对不断变化的需求。在自定义架构中应用这一设计思想意味着系统需要具备一定的适应性，能够灵活调整、不断演进、敏感感知未来变化。

客户端-服务器架构强调组件之间的有效通信，倡导动态服务发现机制。在自定义架构设计中，良好的通信机制和服务发现策略同样是确保组件协同工作的重要因素。

采用客户端-服务器架构的系统具备弹性和容错性，以确保在面对异常情况时系统仍能保持可用性和稳定性。在自定义架构中采用类似的弹性设计，也能提高系统的可靠性，应对各种异常和压力情况。

2.3.6 客户端-服务器架构风格实践

（1）需求分析

社交网络应用功能需求见 2.1.6 小节中所描述，其架构需求要求所有数据通过网络在客户端和服务器之间传输，需保障传输的安全性和效率。设计时需注重数据的实时同步和用户体验的流畅性。

（2）客户端-服务器架构风格的选择

系统要能确保所有数据在客户端与服务器之间通过网络安全、高效地传输。在数据传输过程中，安全性至关重要，需防止数据泄露、篡改等风险。同时，要保证数据实时同步，让用户在客户端能及时获取最新信息，且整个操作过程中用户体验流畅，无明显卡顿或延迟，以满足社交网络应用对即时性和交互性的高要求。

选择客户端-服务器架构风格，主要是因其能有效分离业务逻辑和用户界面展示，便于集中管理数据和资源，利于实现高效的数据传输与安全保障机制，而对等网络架构在数据安全性方面相对较弱。两种架构风格的对比见表 2-10。

表 2-10　客户端-服务器与对等网络架构的对比

架构风格	数据传输安全性	传输效率	实时性	用户体验流畅性
客户端-服务器架构	高	高	高	高
对等网络架构	较高	中	中	低

（3）客户端-服务器架构核心元素的定义

通过定义清晰的架构层次和核心元素，可以采用客户端-服务器架构设计出符合特定需求的解决方案。社交网络应用的架构层次见表 2-11。

表 2-11　社交网络应用的架构层次

架构层次		说　明
客户端	Web 客户端	基于前端框架，用于用户交互
	移动客户端	基于跨平台框架
服务器端	API 网关	统一入口，处理请求路由、负载均衡和认证
	服务层	用户服务：负责用户注册、登录和信息管理
		内容服务：负责帖子、评论和图片管理
		消息服务：负责实时消息和通知
		分析服务：负责数据分析和报告生成
	数据层	数据库：使用关系数据库存储用户信息和内容数据
		缓存：使用 Redis 缓存热点数据，提高性能

自定义客户端-服务器架构的核心元素赋予了系统灵活性和优化能力。通过定制化设计，系统能够根据特定需求调整客户端和服务器的功能和性能，提升整体效率。具体表现为优化数据处理、提高响应速度，以及满足特定安全要求。同时，系统在负载增加时能够进行有针对性的扩展，确保资源的高效利用和可维护性，使其更加适应不断变化的业务需求和技术环境。自定义客户端-服务器架构在社交网络中的核心元素定义见表 2-12。

表 2-12　自定义客户端-服务器架构在社交网络中的核心元素定义

元　素	功　能	实　现
API 网关	路由请求到不同服务，处理请求的认证和授权	使用 API 网关，支持请求转发、负载均衡和限流
用户服务	管理用户数据，包括注册、登录和个人信息更新	提供 RESTful API，支持权限管理框架进行认证和授权
内容服务	管理用户发布的内容，包括文本、图片、视频	提供 RESTful API，处理内容的创建、更新和删除，利用文件存储服务存储图片

(续)

元素	功能	实现
消息服务	实现实时消息推送和通知	使用 WebSocket 或推送通知服务实现实时通信
分析服务	进行数据分析并生成报告	使用数据仓库存储和分析数据,通过 API 提供分析结果
数据库和缓存	使用关系数据库存储结构化数据,支持 ACID 事务。使用 Redis 缓存热点数据,如用户信息和热门帖子,提高访问速度	
安全性	认证	使用 OAuth 2.0 进行用户认证
	加密	确保数据传输使用 HTTPS,敏感数据进行加密存储
扩展性	负载均衡	API 网关和负载均衡器分发请求,确保系统的稳定性
	服务化	通过微服务架构拆分服务,实现高可用和可扩展

上述核心元素的共同作用,确保了系统的灵活性与扩展性。系统可以根据特定需求优化性能和安全性,提升用户体验。同时,开发者可以更好地管理数据流和通信方式,实现更加精准的功能模块划分与维护。

2.4 分层架构

分层架构是一种将系统划分为多个水平层次的设计模式,每一层都执行特定的功能,并且与相邻层之间有清晰的接口。每一层都只与相邻的两层进行通信,从而形成了清晰的层次结构。

在分层架构系统中,多个水平层承担不同的功能,层次之间通过明确的接口进行通信,并遵循一定的交互规范。各层次是相对独立的,变更或修改某一层应不影响其他层次。这种分层结构使得系统更易于维护。

分层架构通过清晰的层次划分提高了系统的可维护性、可扩展性和可重用性。不过,在设计时需要权衡性能和复杂性。在决定是否采用分层架构时,需要根据具体应用的需求和特点进行合理设计。分层架构如图 2-4 所示。

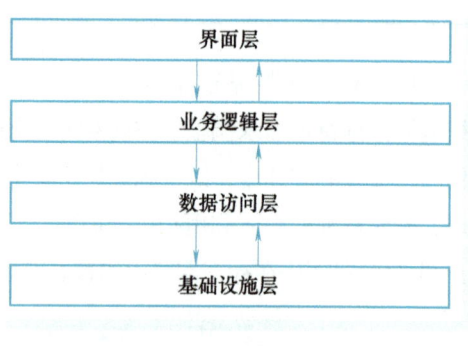

● 图 2-4 分层架构

2.4.1 分层架构的软件架构定义

分层架构将系统划分为不同的层次,每个层次负责特定的关注点。通常包括用户界面层、业务逻辑层、数据访问层及基础设施层。这种层次分离的方式有助于提高系统的模块化程度,使得各层可以独立开发和演化。

模块化设计是将系统拆分为独立的模块或组件，每个模块负责特定的功能。这不仅有助于降低系统的复杂性、提高可维护性，还支持代码的重用。而分层架构则将系统分为若干层，每一层对外提供清晰的接口，同时内部实现层次化的功能，把系统的复杂性分解为更小、更易于管理的部分。

各层次间应明晰接口定义，明确规定通信方式和数据传输规范，以降低层次之间的耦合度，提高系统的灵活性和可维护性。

分层架构的元素、元素属性及其相互关系见表 2-13。

表 2-13　分层架构的元素、元素属性及其相互关系

元　　素	元 素 属 性	相 互 关 系
用户界面层	负责用户交互的显示逻辑，包括用户界面（UI）设计和用户输入响应	与业务逻辑层进行交互，将用户的请求传递给业务逻辑层进行处理
业务逻辑层	包含系统的业务规则和核心逻辑，负责处理用户请求并执行相应的业务操作	调用数据访问层来读取或更新系统的数据。为用户界面层和数据访问层提供服务接口，定义系统对外的业务服务
数据访问层	负责与数据库或其他数据存储交互，执行数据的读取和持久化操作。包含访问数据库的逻辑，处理数据的检索、更新和删除等操作	接收来自业务逻辑层的请求，执行相应的数据操作。与数据库建立连接，执行 SQL 查询或更新，将结果返回给业务逻辑层
基础设施层	提供系统的安全性措施，包括身份验证、授权和数据加密等	为用户界面层、业务逻辑层和数据访问层提供底层的支持服务

每个层次应该具有单一的职责，即完成一个特定的功能或任务，这有助于代码的清晰度和可理解性。系统的架构设计应具备开放性，便于扩展新功能，同时保持对已有功能修改的封闭性，以减少对现有功能的影响。此外，分层架构应支持易于测试的设计，每个层次都能独立进行单元测试，以保证系统的稳定性和质量。各个层次之间应尽量降低相互依赖关系，从而降低系统的耦合度，提高系统的灵活性和可维护性。

这些设计原则共同构成了分层架构的基础，使系统更易于理解、扩展和维护。开发人员遵循这些原则，可以更好地应对不断变化的需求和业务的增长。

2.4.2　层次化结构的复杂性管理

分层架构通过将系统划分为不同的层次，每个层次负责特定的功能，显著提升了系统的模块化程度和可维护性。每一层都有清晰的职责，易于理解和维护。软件系统通常包含大量的代码和多样的功能，分层架构将其拆分为多个层次，各层专注于特定功能，简化了整个系统的复杂性，提高了代码的可读性和可理解性。

不同的团队成员可以专注于不同层次的开发，彼此互不干扰。例如，UI 设计师可以专注于用户界面层的开发，而后端开发人员则可以专注于业务逻辑层和数据访问层的开发，这极大地提高了团队的协作效率。分层架构提供了一种可扩展的设计方式，系统能够更容易地进行功能扩展。通过添加新的层或调整现有层的功能，系统可以灵活地应对不断变化的需求。

每个层次的功能相对独立，有助于代码复用。例如，业务逻辑层的功能可以在不同的用户界面或接口中重复使用，提高了代码的可维护性和一致性。分层架构还使得系统的不同层次可以独立地进行单元测试和调试，有助于快速发现和修复问题，提升软件质量。

每个层次可以相对独立地被替代或升级，而不影响整个系统的正常运行。例如，可以更换用户界面层所采用的技术，却不会影响业务逻辑和数据访问层。此外，分层架构在实现安全性方面也发挥重要作用，将关键的业务逻辑和数据访问层放置在服务器端，能够有效控制对敏感信息的访问，保护系统的安全性。

2.4.3 复用与沟通成本的权衡

分层架构通过将系统功能划分为不同的层次，提高了系统的可复用性。然而，这种架构的设计也带来了沟通成本的问题。在选择架构风格时，需要权衡各方面因素，从而做出最适合的决策。

不同层次之间的信息交互往往会导致沟通成本的增加。例如，数据传递和参数传递可能需要更多的开销和时间。在某些情况下，为了实现分层，可能会出现过度分层的情况。如果层次划分得过于细致，会导致系统复杂性的增加，理解和维护的难度也会大幅提高。此外，分层架构可能还会引入一些性能开销，尤其是在多层之间的数据传递和转换的过程中，这对于对性能要求极高的应用程序是一个挑战。

分层架构可能对快速变化的需求反应较慢。当需要对多个层次进行修改时，可能需要投入更多的时间和精力。如果层与层之间的接口定义不够清晰或者存在紧耦合，就会削弱各层的独立性，这可能会使系统的某一部分难以替换或升级。

过多的层次和抽象可能使得代码变得复杂，不容易理解。在一些小型项目或简单应用中，引入分层架构可能会视为过度设计。在调试过程中，由于问题可能涉及多个层，跨越多个层次排查问题增加了调试的难度。

2.4.4 多人协作场景的实用性

分层架构适用于需要模块化开发和维护的项目。通过将系统划分为不同的层次，可以更容易地实现模块的独立开发、测试和维护，降低系统的复杂性。在大型项目或需多人协作的情况下，分层架构提供了清晰的结构和责任划分，使不同团队或开发者能够独立工作在各自负责的层次上，提高协作效率。当项目需要具备良好的可扩展性，以便于后续功能的添加和修改时，分层架构能够赋予系统灵活性，新功能可以在相应的层次上进行扩展，而不影响其他部分。

对于需要在不同平台开发的应用，例如前端和后端分离的 Web 应用，分层架构为不同平台的独立开发提供了可能，同时确保各层之间的交互符合预定的接口规范。分层架构使得每个层次的功能相对独立，这有助于编写更容易测试的单元测试和集成测试。测试团队可以更加集中地针对每个层次的功能进行测试。

当需要明确分离业务逻辑和数据访问逻辑时，分层架构提供了清晰的界限，业务逻辑可以独立于底层数据访问细节进行开发和修改。对于需要支持不同终端访问的应用，如移动端和 Web 端，分层架构可以使得前端和后端分别处理不同的用户交互和业务逻辑，提高系统的灵活性。

▶▶ 2.4.5 分层架构在自定义架构风格中的设计方法

分层架构通过将系统划分为不同的层次，每个层次负责特定的功能，实现了模块化和清晰分工。在自定义架构中，这种模块化设计有助于组件化，每个模块功能定义明确，简化了系统的设计与维护。

在可维护性方面，分层架构的设计思想发挥了关键作用。系统按层次划分后，每个层次职责明确，系统的修改和维护变得更加容易。在自定义架构中，无论是修复漏洞还是引入新功能，都能灵活应对变化。

自定义架构需要不断演进和扩展，而分层架构提供了良好的可扩展性。新功能或模块可以添加到相应的层次，而不会对其他层次产生过多影响。这种层次化的设计使得自定义架构能更好地适应业务需求的变化，提高了系统的灵活性和可持续发展能力。

分层架构通过定义清晰的接口和服务调用，降低了模块之间的耦合度。在自定义架构中，这种松耦合的设计有助于实现模块之间的独立性，即使其中一个模块发生变化，也不会对其他模块造成过多影响。这种低耦合度使得系统更加灵活，易于维护和升级。

团队协作在自定义架构设计中至关重要。分层架构的设计思想使得不同层次的功能清晰划分，便于多个团队并行开发，每个团队可以专注于某一层次的实现，而无须过多关注其他部分。这提高了团队协作效率，让各团队能够更加专注于各自领域的深度开发。

自定义架构可能需要结合不同的技术栈，而分层架构的设计思想允许每个层次使用相对独立的技术。在实际应用中，这使得各个层次的技术栈更易于维护和升级。不同层次可以选择最适合自身需求的技术，实现技术栈的独立性，从而更好地适应不同的技术发展趋势。

在自定义架构中，系统的测试是保障质量的关键环节。分层架构通过清晰的层次划分，有助于进行单元测试和集成测试。模块之间的独立性使得测试更为简便，更易于定位和解决问题。易于测试的架构有助于提高系统的稳定性和可靠性。

▶▶ 2.4.6 分层架构风格实践

（1）需求分析

社交网络应用功能需求见 2.1.6 小节中所描述，其架构需求涉及多个团队协作，需清晰分工，确保模块独立性和接口一致性，促进协作和系统的可维护性。整体架构应支持灵活扩展和功能迭代，以适应不断变化的需求。

（2）分层架构风格的选择

用户的架构需求重点在于满足多个团队协作的场景，要求架构能够提供清晰的分工模式，保证各模块具有高度独立性，同时确保接口的一致性，以此促进团队间高效协作，并提升系统的可维护性。此外，整体架构需具备强大的灵活性，能够支持便捷的扩展及功能的快速迭代，从而从容应对不断变化的业务需求，适应社交网络应用持续发展的特性。

选择分层架构风格，关键在于其按功能划分层次，使各层职责清晰明了，极大地增强了模块的独立性，为团队分工协作创造了有利条件。同时，分层架构在系统的可维护性与灵活扩展性方面优势显著。分层架构与多种常见架构风格的对比见表 2-14。

表 2-14　分层架构与多种常见架构风格的对比

架构风格	团队分工清晰度	模块独立性	接口一致性	可维护性	灵活扩展性	服务治理复杂度
分层架构	高	高	高	高	高	低
单体架构	低	低	低	低	低	低
面向服务架构	中	高	高	高	高	中
微服务架构	高	高	高	高	高	高
事件驱动架构	中	较高	中	较高	高	中

通过对比可见，分层架构在团队分工清晰度、模块独立性、接口一致性、可维护性及灵活扩展性等方面表现出色，且服务治理复杂度较低，能很好地满足用户对于社交网络应用架构的需求。

（3）分层架构核心元素的定义

通过设计自定义的分层架构，可以满足社交网络应用的特定需求，同时确保系统的灵活性和扩展性。各层的职责分离和模块化设计能够提高系统的可维护性和复用性，而合理的接口设计和安全措施则确保了系统的稳定性和安全性。分层架构在社交网络中的核心元素定义见表 2-15。

表 2-15　分层架构在社交网络中的核心元素定义

元素	功能	实现
表示层	负责与用户进行交互，将业务逻辑层处理后的数据以友好的界面形式展示给用户，同时接收用户的输入和操作指令，包括注册、登录、发布内容、点赞与评论等操作	使用前端框架 Vue.js 构建 Web 界面，使用 React.js 开发移动应用客户端

（续）

元　素	功　能	实　现
API 网关层	作为系统的统一入口，对客户端的请求进行路由、过滤、认证等操作，将请求分发到相应的业务逻辑层服务，同时聚合业务逻辑层返回的数据，返回给表示层	使用 API 网关框架实现请求的转发和管理。实现处理全局的认证、API 限流和日志记录等功能
业务逻辑层	处理社交网络应用的核心业务逻辑，包括用户管理、内容发布、社交互动等。根据表示层传来的请求，调用数据访问层获取或修改数据，并进行相应的业务处理	使用 Spring Boot 后端开发框架实现业务逻辑。设计为微服务框架，每个服务处理特定的业务功能
数据访问层	负责与数据库进行交互，执行数据的增删改查操作，为业务逻辑层提供数据支持。根据业务逻辑层的请求，从数据库中获取数据或将数据存储到数据库中	关系数据库使用 MySQL，实现数据缓存机制，使用 Redis 缓存经常访问的数据，提高数据访问效率
集成层	负责与外部系统进行集成，包括第三方登录服务、支付服务、外部 API。将业务逻辑层的请求转换为外部系统可以理解的格式，并将外部系统的响应返回给业务逻辑层	使用 RESTful API 或 SOAP 协议与外部系统进行通信。实现数据转换和映射，确保内部系统和外部系统的数据格式兼容

分层架构兼具优化性和灵活性。通过明确划分用户界面层、业务逻辑层和数据访问层，可以针对每一层进行独立优化，提高系统性能、改善用户体验。这种架构特性使得业务需求可以迅速适应变化，例如调整用户界面或改进数据处理逻辑。此外，分层架构增强了系统的可维护性和扩展性，无论是故障修复还是功能扩展，都能更高效地完成，有力支持系统快速响应市场和技术的变化。

2.5 事件驱动架构

事件驱动架构是一种基于事件和消息传递的架构风格。它通过事件触发和异步消息传递，将系统的各个组件连接起来，实现组件之间的松耦合通信。在事件驱动架构中，系统中的各个部分都是事件的产生者或消费者，事件发生会触发相应的响应和处理。

这种架构风格使得系统更加灵活、可扩展，能够有效地满足异步和分布式环境下的需求，同时提高了系统的响应性和可维护性。事件驱动架构广泛应用于实时数据处理、分布式系统和微服务架构等领域，为构建高度可伸缩、强响应性的应用提供了有效的解决方案。事件驱动架构如图 2-5 所示。

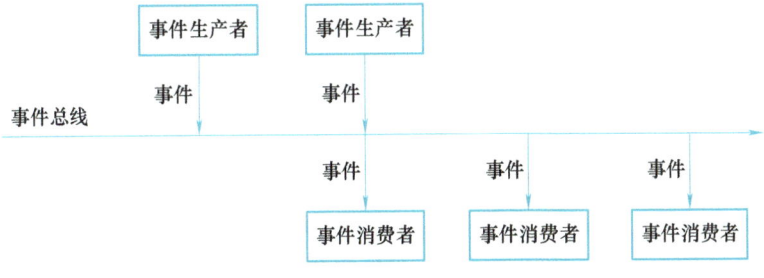

• 图 2-5　事件驱动架构

▶ 2.5.1 事件驱动架构的软件架构定义

事件驱动架构注重解耦组件之间的依赖关系,使系统的各个部分能够独立演化。组件通过事件进行通信,而不直接依赖于其他组件的内部实现,实现了松散耦合。事件驱动架构的核心采用发布-订阅模型,事件生产者将事件发布到事件总线,事件消费者订阅并处理感兴趣的事件。这种模型使得系统能够更动态地响应变化,同时弱化了组件之间的直接关联。事件驱动架构的元素、元素属性及其相互关系见表2-16。

表 2-16 事件驱动架构的元素、元素属性及其相互关系

元 素	元 素 属 性	相 互 关 系
事件	事件类型	事件生产者将事件发布到事件总线,事件消费者订阅并处理感兴趣的事件。事件通过事件总线流动,从事件生产者传递到事件消费者
事件	事件数据	事件生产者将事件发布到事件总线,事件消费者订阅并处理感兴趣的事件。事件通过事件总线流动,从事件生产者传递到事件消费者
事件	事件时间戳	事件生产者将事件发布到事件总线,事件消费者订阅并处理感兴趣的事件。事件通过事件总线流动,从事件生产者传递到事件消费者
事件生产者	生产事件频率	事件生产者发布事件到事件总线
事件生产者	异步性	事件生产者发布事件到事件总线
事件消费者	处理逻辑	订阅特定类型的事件,从事件总线接收相关事件并执行相应的处理逻辑
事件消费者	处理性能	订阅特定类型的事件,从事件总线接收相关事件并执行相应的处理逻辑
事件总线	发布/订阅机制	接收来自事件生产者发布的事件,并将其传递给订阅了相关事件的事件消费者
事件总线	事件传递保证	接收来自事件生产者发布的事件,并将其传递给订阅了相关事件的事件消费者
事件总线	事件过滤	接收来自事件生产者发布的事件,并将其传递给订阅了相关事件的事件消费者

事件在系统中是异步传递的,不同组件能够独立地处理事件而无须等待响应,这有助于提高系统的响应性,允许并发和并行处理。

事件驱动架构通过事件来驱动系统的行为。当系统中的状态发生变化时,产生相应的事件,触发相关的响应。这使得系统能够更好地适应实时变化。由于组件通过事件进行通信,新的组件能够相对容易地集成到系统中,而无须修改其他组件的代码,提高了系统的可插拔性和可扩展性。事件驱动架构通常支持事件溯源,记录系统中发生的所有事件,为系统的监控、审计和分析提供了有力工具,便于追溯系统的历史状态。

事件驱动架构通过事件实现系统组件之间的松散耦合、异步通信和灵活性,使系统更能适应动态环境和不断变化的业务需求。

▶ 2.5.2 异步通信的灵活性与性能

事件驱动架构适用于构建灵活性高、可维护性强且能实时响应的系统,尤其适用于那些需要应对变化和复杂性的应用。

事件驱动架构借助发布-订阅模型，解决了组件之间的耦合问题。组件不再直接依赖彼此的内部实现，而是通过事件进行通信，实现了组件间的解耦和松散耦合，这使得系统更易于维护和扩展。事件驱动架构使系统更具灵活性，因为可以更轻松地添加、修改或删除事件生产者和消费者，而不会影响整个系统。这提高了系统的可维护性，使其应对变化和新需求更为容易。

通过异步事件的传递，事件驱动架构能够实现较高的实时性和响应性。系统能够即时地响应事件，处理实时变化，适用于需要及时处理和反馈的应用场景，如监控系统、通知系统等。此外，事件驱动架构支持动态添加新的事件生产者和消费者，系统扩展更容易。新组件可以通过订阅现有事件或发布新事件参与到系统中，而无须修改其他组件的代码。

在分布式系统中，事件驱动架构有助于组件之间的协调和通信。通过事件总线，分布式组件可以进行异步通信，避免了直接点对点的通信方式，简化了分布式系统的设计和管理。通过异步事件处理，事件驱动架构支持并发和并行处理，多个事件可以同时进行处理，提高了系统的吞吐量和性能。

2.5.3 高性能与容错性、复杂性的权衡

尽管事件驱动架构的性能相较于传统架构有了巨大的提升，在选择架构风格时仍然需要考虑其容错性低、复杂性高的问题，从而做出最适合项目需求的架构决策。

事件驱动架构引入的事件和订阅机制可能增加系统的复杂性，需要细致管理大量的组件和事件。异步事件的处理可能对系统的一致性和事务性构成挑战，因此需要额外的机制来确保数据的一致性。由于事件的异步性，调试和追踪问题可能更复杂，需要借助高级技术来追溯事件的流向和处理过程。

异步处理可能导致消息处理的顺序不确定，需要额外工作来确保正确的处理顺序。异步处理虽然提高了系统的响应性，但可能会引入一定延迟，这就需要仔细权衡和优化。事件的安全传输和处理至关重要，需要确保事件总线具备完善的保护和验证机制。

在异步系统中，容错性变得更为重要，需要充分考虑消息丢失、重复和系统故障的处理。引入事件驱动架构可能需要团队花费一定的时间来适应新的设计和处理模式。

在选择架构风格时，应着重考虑事件驱动架构带来的复杂性，避免因复杂性的提升导致开发周期延长进而对整体项目产生不利影响。

2.5.4 异步通信场景的适用性

事件驱动架构与微服务架构高度契合，通过事件的发布和订阅，微服务之间能够实现解耦和异步通信，使得每个微服务都能独立演化，提高了整个微服务系统的灵活性和可扩展性。

事件驱动架构能够支持实时数据处理，如实时分析、实时监控和实时报警系统。事件的异步传递和处理使系统能够迅速响应数据的变化，适用于对实时性要求较高的应用场景。

在分布式环境中，事件总线作为中介，促进了组件之间的异步通信，有助于分布式系统的协调，适用于处理分布式数据、任务调度等场景。

对于处理连续流数据的场景，事件驱动架构提供了一种有效的架构方式。通过事件驱动的方式，可以实现对实时数据流的处理和分析，适用于大数据流、日志处理等应用。

▶▶ 2.5.5　事件驱动架构在自定义架构风格中的设计方法

事件驱动架构强调事件和消息的传递，使系统能够实时响应发生的事件。其事件驱动特性使各组件之间可以通过异步通信进行交互。这种设计增强了系统的弹性，提高了组件之间的解耦程度。

事件驱动架构的松耦合特性降低了各个组件之间的关联性，从而提高了系统的灵活性，也更便于进行组件的替换和升级。通过事件的发布和订阅机制，系统能够更容易地进行水平扩展。新增功能或服务可以通过引入新的事件实现扩展，而不会对系统的其他部分产生负面影响。

事件驱动架构促使系统中的各个组件可以以多样的方式协作。这有利于系统适应不同的业务需求，因为不同的事件可以引发不同的处理逻辑。

事件驱动架构支持组件之间通过事件传递进行通信，提高了组件的可重用性。一个组件的输出事件可以被其他组件捕获和处理，从而促进了组件的独立性和可重用性。事件驱动机制能够支持复杂的业务流程。通过定义不同类型的事件和相应的处理逻辑，系统可以更好地适应多样化和复杂的业务需求。

▶▶ 2.5.6　事件驱动架构风格实践

（1）需求分析

社交网络应用功能需求见 2.1.6 小节中所描述，其架构需求需支持高吞吐量，快速处理大量并发请求。整体架构强调实时性，确保用户操作和内容更新即时同步，以提供流畅的社交体验。

（2）事件驱动架构风格的选择

用户期望构建的系统能够支持高吞吐量，具备快速处理大量并发请求的能力。整体架构着重强调实时性，务必确保用户操作及内容更新能够即时同步，从而为用户提供流畅、无延迟的社交体验，满足社交网络应用中对信息及时性和高效交互的严格要求。

选择事件驱动架构风格，主要因其能有效应对高并发场景，通过异步处理事件提升吞吐量，并且事件驱动机制天然契合实时性要求。事件驱动架构与多种常见架构风格的对比见表 2-17。

表 2-17 事件驱动架构与多种常见架构风格的对比

架构风格	高吞吐量支持	实时性	大量并发请求处理	系统复杂度	扩展性
事件驱动架构	高	高	优	中	高
分层架构	中	中	中	中	中
面向服务架构	中	中	中	中	高
微服务架构	高	高	优	高	高
单体架构	低	低	差	低	低

通过对比可知,事件驱动架构在高吞吐量支持、实时性以及大量并发请求处理方面表现优异,能很好地满足用户对于社交网络应用架构的需求,尽管系统复杂度处于中等水平,但在可扩展性上具备较高优势。

(3)事件驱动架构核心元素的定义

在社交网络应用中,事件驱动架构通过定义明确的事件模型、选择合适的事件传输机制、设计高效的事件处理流程和存储策略,能够支持高并发的用户交互、实时更新和灵活的系统扩展。实施实时通知和监控机制,进一步增强系统的响应能力和稳定性。采用此架构,社交网络平台可以实现流畅的用户体验和高效的服务运作。事件驱动架构在社交网络中的核心元素定义见表 2-18。

表 2-18 事件驱动架构在社交网络中的核心元素定义

元素	二级元素	三级元素	详细内容
事件模型	事件类型	用户事件	用户注册事件
			用户资料更新事件
		社交互动事件	用户创建帖子事件
			用户评论帖子事件
			用户点赞事件
		通知事件	用户收到新消息事件
			好友请求事件
		系统事件	系统错误事件
事件传输机制	消息队列	Apache Kafka	高吞吐量的分布式消息系统,适合处理大量事件流和实时数据处理
	事件总线	事件处理流式框架	使用如 Apache Kafka Streams 来处理实时事件流和事件分析
事件处理	事件消费者	用户服务	异步处理用户事件
		帖子服务	异步处理帖子事件
		通知服务	异步处理通知事件
		消息服务	异步处理消息事件

(续)

元素	二级元素	三级元素	详细内容
事件处理	异步处理	后台任务处理	使用异步处理框架处理耗时的事件
		事件驱动微服务	每个微服务根据需要订阅和处理特定类型的事件
事件存储	持久化存储	数据库	存储用户信息、帖子、评论、点赞记录等结构化数据，如PostgreSQL
		事件日志	将事件持久化到日志系统中，用于审计和故障恢复
	缓存系统	Redis	存储热点数据和用户会话信息，提高数据的访问速度

通过定义事件源、事件处理器和事件总线，系统构建起灵活和高效的响应机制。自定义这些核心元素使得系统能够实时处理用户行为和系统事件，实现动态响应和即时更新。事件驱动架构提高了系统的可扩展性和解耦性，使功能模块可以独立开发和维护，降低了系统的复杂性。此外，该架构还支持高并发的用户交互，实现高效的资源利用，优化了用户体验和系统性能。

2.6 无状态架构

无状态架构强调系统中的组件或服务在处理请求时，不应保存客户端的状态信息，而是要确保每个请求自身包含足够完成处理的全部信息。这种架构风格的核心思想是服务或组件不应该在会话之间保留状态，仅通过请求的上下文进行通信。

在无状态架构中，每个请求都包含了所有必要信息，使得服务可以独立、无关联地处理请求，而无须依赖之前的请求状态。这种特性有助于系统的水平扩展，因为每个请求都是相互独立的，不需要特定的服务器来处理特定用户或会话的状态。无状态架构如图2-6所示。

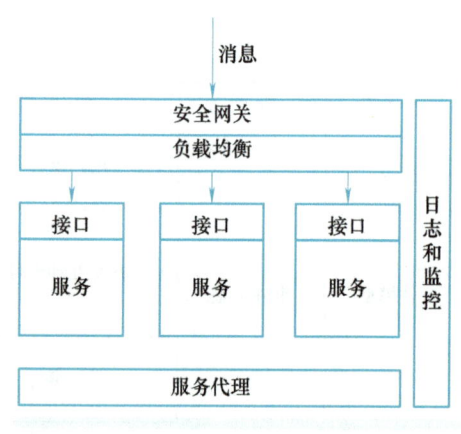

• 图2-6 无状态架构

2.6.1 无状态架构的软件架构定义

在无状态架构中，每个请求都被视为独立的，既不依赖前一个请求也与后续请求无关。这意味着服务器不会维护客户端的状态，而是在每次请求中包含所有必要的信息。无状态架构的独立请求特性使系统更易于实现容错性和弹性。也就是说，在某些服务器实例发生故障时，流量可以无缝地转移到其他可用的实例上。无状态架构的元素、元素属性及其相互关系见表2-19。

表 2-19 无状态架构的元素、元素属性及其相互关系

元素	元素属性	相互关系
服务	无状态，不保存客户端请求的状态信息	独立运行，每个请求都包含足够的信息以供处理。服务之间松散耦合，可水平扩展
接口	定义服务提供者和服务消费者之间通信的契约，包括输入、输出和行为	服务通过接口进行通信，确保一致的通信方式和数据格式，但不保存请求的历史状态
消息	用于在服务之间传递信息的数据单元，可以是同步请求、异步通知或事件	服务之间通过消息进行通信，实现解耦和异步通信机制，每个消息独立且无状态
服务代理	用于服务之间的请求转发、路由和协议转换等功能	与服务关联，处理服务之间的通信细节，提供更灵活的通信方式，保持无状态特性

无状态架构强调避免在服务器端维护共享状态。每个请求都包含了请求所需的所有信息，而不依赖在服务器上保存客户端的状态，这有助于简化服务器的管理和维护。

无状态架构非常适用于需要高度可伸缩性的场景。由于每个请求都是独立的，所以可以轻松地增加或减少服务器实例，以适应变化的负载。无状态架构强调组件的替代性，即每个请求可以由任何服务器实例处理，而不需要特定的服务器来处理特定用户的请求。

无状态设计倾向于将状态外部化，例如使用数据库、缓存或分布式存储来管理状态。这既能减轻服务器的内存负担，又能使整个系统更易于水平扩展。由于无状态设计不依赖服务器上的状态，部署新版本或进行系统升级变得更为简便，不需要考虑现有状态的兼容性。

RESTful 架构是无状态设计的一种具体实现方式，其原则包括使用无状态通信、统一接口、资源标识和自描述消息等，这些原则让系统更为简单且具备良好的可伸缩性。

综上所述，这些设计思想使得无状态架构更适用于那些对高度可伸缩、简化管理、容错性和弹性有需求的应用场景。

2.6.2 状态外部化的水平扩展与容错性

无状态架构使应用程序更易于水平扩展。由于每个请求都是独立的，无须共享状态，因此可以通过增加服务器实例来处理更多的请求。在无状态架构中，实例之间没有共享状态，这使得系统中某部分发生故障时，不会对其他部分产生直接影响，提高了整个系统的可用性。

无状态架构使得系统更具容错性。如果一个服务器实例失败，可以直接将流量路由到其他实例，无须考虑状态同步或迁移。此外，无状态架构通常更易于维护，因为没有共享的状态需要同步或管理，诊断和修复问题更为简单。

由于无状态应用不依赖特定服务器上的状态信息，部署新版本或更新时更为简单。新版本代码可以被无缝地部署到服务器上，而不受现有状态的干扰。

无状态架构使得系统更容易进行横向拆分，即将不同功能或模块部署到独立的服务器实例

上，提高了系统的灵活性和可伸缩性。无状态特性使得负载均衡更为直观和有效，每个请求可以独立地被路由到任何可用的服务器实例上，无须考虑状态同步。

总之，无状态架构有助于提高系统的可伸缩性、容错性和可维护性，使应用程序能更好地适应变化和需求的增长。

2.6.3 可用性与复杂性的权衡

尽管无状态架构极大地提升了系统的可用性，但在选择架构风格时，需要慎重考虑随之而来的一些问题，在可用性及复杂性等之间做出权衡，从而做出最适合的决策。

无状态架构在处理某些业务场景时，可能需要频繁地传递和检查状态信息，从而增加了代码的复杂性。对于需要维护用户会话状态的应用，无状态架构需要采用其他手段来管理会话，例如使用分布式缓存或数据库。

无状态架构在要求强一致性的业务场景中可能面临挑战。在某些情况下，应用程序可能需要实现额外的逻辑来保持数据的一致性。此外，由于无状态架构通常需要将请求所需的所有信息传递给每个请求，会增加网络开销，尤其是在大规模系统中。

对于某些需要维护全局状态或上下文的业务场景，无状态架构可能引入额外的复杂性，因为状态不再直接关联单个请求。在某些情况下，无状态架构可能需要频繁地存储和检索数据，因为每个请求都需要带有足够的信息来执行任务。

2.6.4 大规模水平扩展场景的适用性

无状态架构适用于需要大规模水平扩展的场景。每个请求都是独立的，使得应用可以轻松地增加或减少服务器实例以应对不断增长的负载。无状态架构与云原生应用理念相契合，更易于实现自动化部署、弹性伸缩和容器化等特性，使应用更适应云环境的动态性。

无状态设计与微服务模式相得益彰，每个微服务都可以独立运行且无须共享状态。这有助于提高系统的灵活性和可维护性。

无状态架构是 RESTful API 设计的基础，每个请求都包含足够的信息，服务器不需要维护客户端的状态。这样的设计有助于提高 API 的可伸缩性和可缓存性。

无状态架构适用于无须维护持久连接的应用场景，例如 HTTP/HTTPS（超文本传输协议/超文本传输安全协议）的请求-响应模型。

无状态架构适用于那些通过每个请求携带足够信息就能完成任务的场景，强调简化状态管理、提高可伸缩性和灵活性的应用。

2.6.5 无状态架构在自定义架构风格中的设计方法

无状态架构使系统的每个组件都是独立且无状态的，这使得系统更容易实现水平扩展，适应不断增长的用户请求。在需要应对高并发和大规模用户的情况下，无状态架构是一个合适的选择。

在自定义架构风格时，首先，分离业务逻辑和数据存储，将业务逻辑处理与数据存储分离开来，业务逻辑组件不保存任何关于用户会话或请求处理的中间状态。这样的设计可以使业务逻辑组件能够被多个请求无差别地调用，提高组件的复用性和可扩展性。其次，使用无状态的服务组件。构建无状态的服务组件，这些组件在处理请求时不依赖于自身的内部状态。无状态的服务组件可以方便地进行水平扩展，通过增加服务器实例来应对高并发请求，而不会因为状态的不一致导致问题。然后，基于请求和响应的交互模式。每个请求都包含了处理该请求所需的所有信息。这种交互模式使得系统的交互更加清晰，易于理解和维护，同时也符合无状态架构的要求，每个请求都可以独立地被处理，不受其他请求的影响。最后，利用缓存和分布式存储。为了提高系统性能和响应速度，可以利用缓存和分布式存储来存储临时数据和共享数据。缓存和分布式存储可以看作是无状态架构中的外部数据存储，它们提供了快速的数据访问能力，同时也不会影响业务逻辑组件的无状态特性。

2.6.6 无状态架构风格实践

（1）需求分析

社交网络应用功能需求见 2.1.6 小节中所描述，其架构需求支持灵活的负载扩展以应对流量波动，确保系统的稳定性和性能。

（2）无状态架构风格的选择

系统要求能够灵活地进行负载扩展，以此有效应对社交网络中随时可能出现的流量大幅波动情况。同时，架构必须确保系统在各种流量条件下都能维持稳定运行，并保持良好的性能表现，为用户提供持续可靠的社交网络服务体验。

选择无状态架构风格，主要因为它能轻松实现灵活的负载扩展，各个实例相互独立，便于动态调整资源分配，保障系统稳定性和性能。无状态架构与多种常见架构风格的对比见表 2-20。

表 2-20　无状态架构与多种常见架构风格的对比

架构风格	负载扩展灵活性	系统稳定性	性能
无状态架构	高	高	优
有状态架构	低	中	中
分层架构	中	中	中
单体架构	低	低	低

（3）无状态架构核心元素的定义

在无状态架构中，每个服务的请求和响应都是独立的，不依赖服务器的任何先前状态。这种设计增强了系统的可扩展性、容错能力,并简化了负载均衡流程,但需要确保所有服务能够处理独立的请求和响应,同时需要借助其他机制来维持必要的数据状态。无状态架构在社交网络应用中的核心元素定义见表 2-21。

表 2-21 无状态架构在社交网络应用中的核心元素定义

元 素	功 能	详 细 描 述
用户管理服务	用户数据库	存储用户数据,包括注册信息、用户设置和权限
	认证服务	使用 OAuth 机制进行用户认证,确保每个请求都携带有效的认证信息
社交互动服务	社交关系数据库	存储用户的好友关系、关注列表等信息
	消息服务	使用消息队列处理异步消息传递,确保消息的可靠性和顺序
	动态处理服务	管理用户发布的内容和评论,利用无状态服务进行内容存储和展示
内容管理服务	内容存储	使用分布式存储系统存储媒体文件,确保内容的可扩展性和高可用性
	内容服务	提供 API 处理内容的上传、检索和管理,确保每个请求都是无状态的
通知服务	通知管理	管理通知的生成和推送,使用无状态的 API 和消息队列处理实时通知
API 网关	管理和路由 API 请求	处理所有客户端请求,执行请求路由、负载均衡和速率限制,确保无状态服务的高效调用
前端用户界面	用户交互	提供用户与系统交互的界面,确保请求无状态

无状态架构的社交网络应用设计简化了服务器设计,因为每次请求都是独立的,无须保持用户状态。该架构提高了可伸缩性和可靠性,因为服务器之间无须共享状态,负载均衡变得更有效。同时,应用更新和维护也变得更加灵活,因为无须处理复杂的状态同步问题。总之,无状态架构提高了系统的性能和可维护性,适用于高并发和大规模用户的场景。

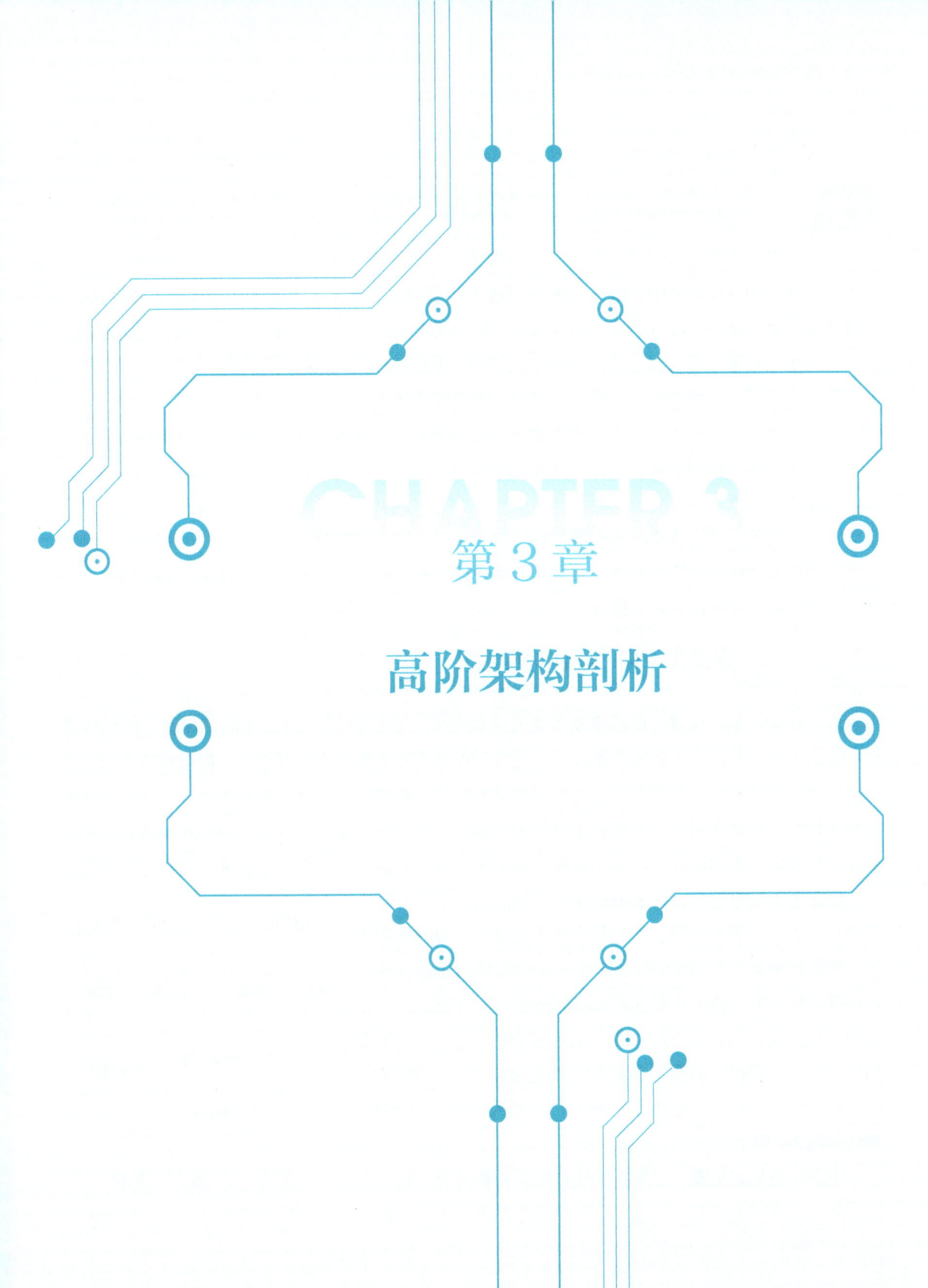

第 3 章

高阶架构剖析

3.1 无状态架构的演进——容器化架构

在互联网的发展进程中,软件系统日益庞大且复杂,无状态架构起初在应对高并发与可扩展性难题上有所建树,其各组件不保存状态,能灵活应对请求。但随着业务的拓展,问题逐渐凸显。不同组件在服务器上部署时,资源竞争与相互干扰时有发生,且手动配置管理大量服务器与软件环境,部署和运维效率极为低下,弹性扩展也颇为棘手。

此时,容器化架构应运而生,成为解决上述问题的有效方式。容器化架构借由容器实现了精细的资源管理与严格的隔离,各容器可按需分配 CPU、内存等资源,避免服务间相互影响。同时,将应用及其依赖环境打包成容器,达成一次构建,到处运行的目标,大幅简化了部署流程,提升了运维效率。结合 Kubernetes 等容器编排工具,还能自动扩缩容器实例,完美契合业务流量波动,能够有效解决环境一致性、应用间依赖管理及故障隔离恢复等难题,让系统的可靠性、可用性与资源利用率都得到显著提升。

3.1.1 容器化架构的软件架构定义

容器化架构是一种将应用程序及其所有依赖关系、运行时环境封装在独立容器中的软件设计和部署方法。其核心是利用容器技术,把应用程序及其依赖打包成可移植、自包含的单元,以确保在不同环境下的一致性运行。这种架构具有轻量、可扩展和可移植的显著优势,开发人员能在开发环境中构建应用程序,随后无缝部署到测试、生产等不同环境,无须担心环境差异带来的问题。容器可在不同的云平台、物理机或虚拟机上运行,提高了应用程序的灵活性和可维护性。

通过容器编排工具,如 Kubernetes,容器化架构可以实现自动化部署、伸缩和管理,为构建和维护分布式应用提供便利。容器化架构已经成为现代应用开发和部署的主流范式,为构建云原生应用提供了强大的基础设施。它不仅提高了应用的可移植性、可扩展性和可维护性,还简化了开发、测试和部署流程。同时支持微服务架构,使复杂应用可以被拆分成更小、独立的服务,提高了系统的灵活性和效率。容器化架构如图 3-1 所示。

容器化架构的元素、元素属性及其相互关系见表 3-1。

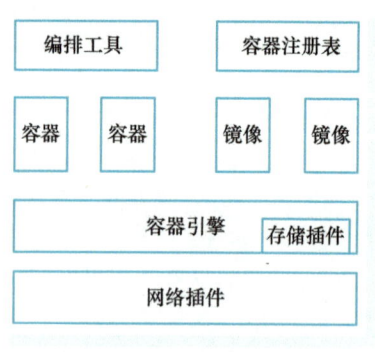

● 图 3-1 容器化架构

表 3-1 容器化架构的元素、元素属性及其相互关系

元　素	元素属性	相互关系
容器引擎	提供容器的运行环境和管理功能	与容器、编排工具等协同工作，负责容器的创建、运行和停止
容器	封装应用程序和其依赖关系，提供独立、可重复、可移植的运行环境	由容器引擎管理，通过镜像创建和运行
镜像	包含应用程序、运行时和依赖关系的只读模板	由开发者或运维团队创建，并用于生成容器实例
编排工具	管理和协调多个容器的部署、伸缩、调度和运维	与容器引擎及其他基础设施组件集成，实现自动化管理
容器注册表	存储和管理容器镜像，提供镜像的存储和分发服务	由开发者或运维团队使用，用于存储和分享容器镜像
网络插件	提供容器之间和与外部网络之间的通信和连接	与容器引擎协同工作，确保容器间能够互相通信并能访问外部服务
存储插件	管理容器的持久化数据存储	与容器引擎集成，使容器可以使用持久化存储

3.1.2 Docker 架构

Docker 作为一种强大且灵活的容器化解决方案，将计算抽象为独立、可移植、模块化单元，为开放且灵活的计算环境奠定了基础。它将应用与其运行环境分离，使计算变得更为灵活、可移植，也更易于管理和部署。Docker 的组成如图 3-2 所示。

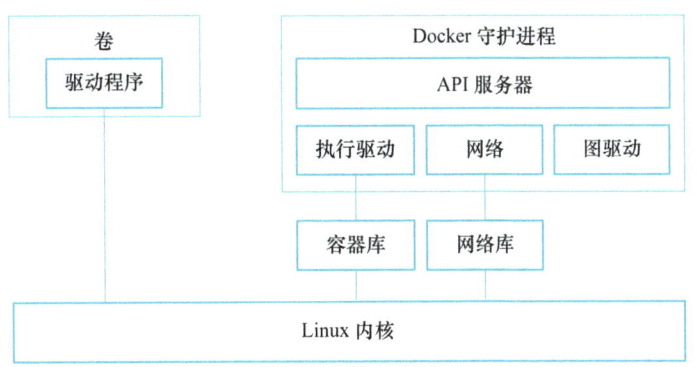

● 图 3-2 Docker 的组成

Docker 将计算抽象为容器，这是一个独立、封装的运行时环境，内部包含应用及其依赖，形成一个标准化的、可在任何地方运行的计算单元。Docker 强调计算的模块化，通过容器的方式，将大型应用拆分成小的、独立的模块，每个模块可以独立构建、测试和部署，提高了系统的可维

护性和可扩展性。

Docker 提供了多个抽象层次，从容器到服务、服务到集群，形成了一种逐级递进的抽象关系。这种层次化的抽象有助于应对不同规模和复杂度的应用场景。Docker 的抽象思想也体现了计算即服务的理念，即将计算资源看作服务，以服务的方式进行调用和管理。这种服务化的思想是云计算和微服务架构等发展的基础。同时，Docker 构建了一个开放的计算环境，不同的计算单元可以在同一平台上运行。这种开放性有助于构建统一的、跨领域的计算生态。Docker 的目标是提供一致的运行环境，通过将应用程序及其依赖关系打包到容器中，确保在不同环境中运行时有相同的执行环境，减少了由于环境差异导致的问题。

在技术实现上，Docker 使用操作系统级的虚拟化，以容器的形式打包应用程序及其依赖关系。与传统的虚拟机相比，容器更轻量，因为它们共享宿主操作系统的内核，避免了启动多个完整的操作系统实例的开销。Docker 容器可以在任何支持 Docker 的环境中运行，无论是开发者的笔记本、测试服务器还是生产环境的云服务器。这种可移植性使得应用程序可以在不同的部署目标之间轻松迁移。Docker 镜像采用分层存储的方式，每一层都是只读的且可以被共享。这样的设计使得镜像更加轻量，同时支持镜像的复用和定制。

Docker 提供了丰富的命令行工具和 API，方便开发者在本地构建、测试和推送容器镜像。同时，Docker 还支持插件系统，允许用户扩展 Docker 的功能。此外，Docker 容器天然支持微服务架构，每个容器可包含一个独立的服务，能够独立部署和扩展，降低了服务之间的耦合性。Docker 将基础设施的管理抽象成代码，实现了基础设施即代码的理念，使得基础设施可以像应用一样进行版本控制、自动化和管理。

当然，Docker 也存在一些局限性。对于一些团队来说，容器的概念可能比较陌生，需要学习和适应新的工具和流程，这在一定程度上增加了复杂性。虽然 Docker 容器通常比虚拟机轻量，但仍存在一些性能开销，在高性能、低延迟的场景中可能是个问题，并且可能消耗比传统部署方式更多的系统资源。另外，Docker 容器的网络配置在跨主机部署或需要复杂网络拓扑的场景中可能相对复杂。传统部署方式中依赖本地存储的一些应用若采用 Docker 可能需要重新设计以支持持久性存储解决方案。不过，这些缺点并不是绝对的，在大多数情况下，合理的配置和最佳实践能够解决这些问题。

在自定义架构风格实践中引入 Docker 架构思想时，可以取其环境一致性、提高交付效率、可伸缩性等优势。通过将应用程序及其依赖关系打包到一个独立的容器中，确保在开发、测试和生产环境之间实现一致性，避免因环境差异导致的问题，提高了开发和测试的可靠性。

将 Docker 容器集成到持续集成和持续部署流程中，在构建过程中创建 Docker 镜像，并将其推送到容器注册表，实现快速交付和部署，减少人为错误，提高整体交付效率。

Docker 容器可以轻松地实现水平扩展使其在负载变化时能灵活调整。当负载增加时，可以通过启动额外的容器来处理更多请求；而当负载减少时，则可以缩减容器数量以减少资源占用。这种弹性伸缩能力使得系统更具弹性和可伸缩性。

▶ 3.1.3 Kubernetes 架构

Kubernetes 是一个开源的容器编排平台，用于自动化部署、扩展和管理容器化应用。Kubernetes 的目标是简化并自动化容器化应用的部署、扩展和运维。通过使用容器，开发人员可以将应用及其所有依赖关系打包成一个可移植的容器，而 Kubernetes 则提供了一种有效部署和管理这些容器的方式。

Kubernetes 旨在提供高可用性和容错性。它能够在集群中分配工作负载，确保应用副本在集群的不同节点上运行，即使单个节点故障，也能保持应用的可用性。同时，Kubernetes 支持自动水平扩展，可根据工作负载的变化自动调整运行应用的副本数量，从而更好地适应流量的波动，提高资源利用率。

Kubernetes 提供了服务发现和负载均衡机制，使得应用组件能够相互发现并通信，还能确保流量能够均匀地分布到不同的副本中。Kubernetes 支持滚动更新，能够将应用的新版本无缝部署到生产环境中，同时确保应用的稳定性。它还提供了版本管理功能，便于管理和切换不同版本的应用。

在环境适应性方面，Kubernetes 可跨多个云供应商和数据中心使用，满足了企业在不同环境中运行应用的需求，助力实现混合云和多云战略。

Kubernetes 的设计理念极具优势。它追求系统自主管理和自动化操作，减少人工干预，降低组件间的耦合度，使开发者和操作者能够更专注于应用的状态和业务需求。它提供插件和扩展机制，使系统能适应不同规模和类型的应用，保持高度灵活性，且无论应用在何种环境运行，都能使用相同的 API 和工具进行管理和操作。Kubernetes 还支持应用的持续交付和滚动更新，以适应业务和技术的发展。

Kubernetes 的架构如图 3-3 所示。Kubernetes 的架构体现了分布式系统设计的诸多最佳实践。比如，组件之间松耦合，通过 APIServer 进行交互；不形成技术闭环，Kubernetes 只专注于编排调度等工作，在存储网络等方面留下插件接口，保证了整体的可扩展性和自由度。

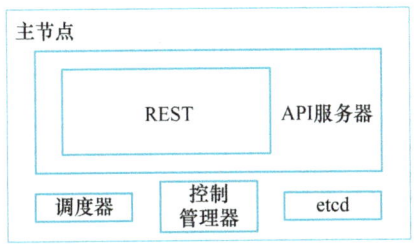
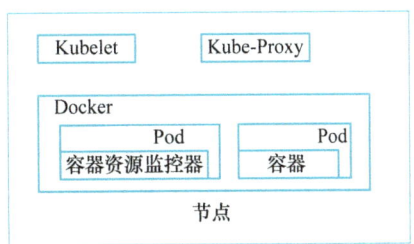

● 图 3-3 Kubernetes 的架构

Kubernetes秉持"一切皆资源"的设计理念，对应用程序、服务、存储、网络等各种资源进行抽象和统一管理。

在自定义架构风格设计中采用Kubernetes架构思想，可以为系统带来诸多优势，如可维护性、自我修复能力、松耦合、可迁移性、可扩展性等。

Kubernetes引入声明式配置思想，使软件架构更易于管理。通过定义应用的期望状态，而非详细的操作步骤，降低配置错误的可能性，提高系统的可维护性。Kubernetes强调自动化运维和自适应性，这个思想在构建自我管理和自我修复系统时极具价值。Kubernetes的容器编排思想可以有助于推动微服务架构的实现，将应用拆分为小的、自治的服务单元，并在集群中进行动态调度，有助于提高系统的弹性和可伸缩性。通过引入服务抽象的概念，可以在软件架构中构建更松耦合、可扩展的服务体系结构，使组件间通信更为灵活，而不依赖于底层的网络拓扑。Kubernetes的可在多种环境中运行的思想，便于应用在不同的部署环境中迁移和运行。Kubernetes的可扩展性思想允许引入插件和扩展机制，灵活地扩展系统功能，以适应不同的需求。Kubernetes通过提供一致的抽象层，实现更一致的管理和操作接口，使得开发者和操作者能够更容易地协作和理解整个系统。

通过借鉴Kubernetes的这些设计思想，软件架构可以更好地适应现代化的开发和运维需求，提高系统的灵活性、可维护性和可扩展性。

3.2 面向服务架构的演进——微服务架构

面向服务架构把业务功能封装为服务，达成服务共享复用，一定程度缓解了单体架构的难题。但伴随业务的迅速变化，面向服务架构暴露出服务粒度粗、灵活性欠佳等短板。服务往往涵盖多个业务功能，改动与性能扩展牵一发而动全身，难以敏捷响应需求变更。

与此同时，云计算、容器技术蓬勃兴起，为微服务架构提供了基础资源，微服务将服务粒度细化至单一业务功能，各微服务能独立开展开发、测试和部署，极大地提升了开发运维效率。不同团队可分别关注特定微服务，降低协作耦合。它成功降低了系统复杂性，把大型系统拆解为简单易维护的微服务；实现精准可扩展性，依业务负载单独扩缩对应服务；还增强了可靠性，个别微服务故障不影响全局，借助自动化机制迅速恢复，全方位提升系统稳定性。

3.2.1 微服务架构的软件架构定义

微服务架构将应用程序设计为由一组小型、可独立部署的服务构成的集合，这些服务通过网络实现通信。每个服务都专注于执行特定的业务功能，并可以独立进行开发、部署、扩展和维护。微服务架构将原本大型复杂的单体应用程序拆分为一系列更小、更易管理的服务单元，提高了系统的灵活性、可维护性和可伸缩性。然而，采用微服务架构也需要克服分布式系统带来的一系列挑战，如复杂性、治理和数据一致性等方面的问题。所以，在决定是否采用微服务架构时，需要全面权衡其优势和面临的挑战，并紧密结合具体的业务需求做出合适的决策。微服务架构如图3-4所示。

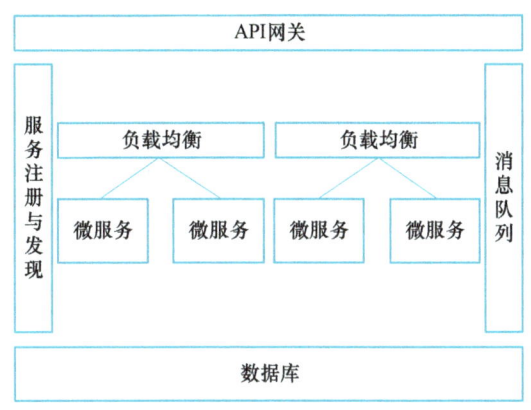

● 图 3-4 微服务架构

微服务架构遵循"分而治之"的首要原则，将系统分解为相互独立且自治的组件或服务，降低了系统整体复杂性，让每个组件能够独立思考和演进。每个微服务专注于解决特定领域的问题，提高了系统的可理解性和模块化程度。这种分而治之的方法也为团队提供了更大的灵活性。不同团队可以独立开发、测试和部署各自的微服务，降低了开发过程中的协调成本。此外，系统的整体结构也更易被理解和维护，使得团队能够更迅速地适应业务需求的变化。

微服务架构的元素、元素属性及其相互关系见表3-2。

表 3-2 微服务架构的元素、元素属性及其相互关系

元　　素	元 素 属 性	相 互 关 系
微服务	系统的基本构建块，可独立部署和运行。每个服务都专注于完成一个具体的业务功能	服务之间通过明确定义的API进行通信
API网关	服务的入口，负责接收外部请求，路由到相应的服务，并处理请求和响应	与各个服务相连，充当服务的"门面"，处理外部流量
服务注册与发现	服务注册中心用于注册所有可用的服务，并提供发现服务的机制	服务在启动时向注册中心注册，其他服务通过注册中心找到需要通信的服务
负载均衡	确保请求被平均分配到多个相同的服务实例上，提高系统的可伸缩性和稳定性	与服务实例相连，负责分发流量
数据库	数据的持久化存储、管理和使用	服务通过API与数据库进行交互
消息队列	用于实现异步通信，解耦服务之间的依赖关系	服务通过发布-订阅模型或点对点通信模型与消息队列进行交互

微服务架构强调每个组件或服务的自治性，使得系统不依赖于单一的中心化决策，增强了系统的去中心化特性。每个微服务都是一个独立的实体，拥有自己的数据库和业务逻辑。这种设计思想提升了系统的去中心化程度，各组件可以独立运作，提高了系统的灵活性和可伸缩性。自治性意味着每个微服务都能够独立演进，而不受其他服务的影响。团队可以选择适合其需求的技术栈和开发流程，而不必受整体系统的限制，这有助于加速开发周期，提高系统的敏捷性和创新能力。

　　微服务架构通过清晰的接口定义，提供明确的约定，降低组件之间的依赖，促进模块化和可替代性。在微服务架构中，清晰的接口定义至关重要。每个微服务都必须通过明确的接口与其他服务通信。这不仅降低了组件之间的依赖关系，还促进了模块化和可替代性。通过定义明确的接口定义，微服务之间的通信变得透明且易于理解。这种清晰的接口定义使得各个服务可以独立演进，而不影响整个系统的稳定性。此外，它为服务之间的松耦合提供了基础，使服务可以根据需要进行替换或更新，而不会影响其他组件。

　　微服务架构注重系统的适应性，使其能够灵活地应对变化的需求和环境，推动系统的演化和持续改进。每个微服务都可以独立进行开发和部署，从而实现快速的迭代和更新。这有助于系统保持对新需求的敏捷响应，并促进系统的不断演化和持续改进。系统的适应性还体现在微服务可以使用不同的技术栈和编程语言。每个微服务可以选择最适合其领域的工具和技术，而不受整体系统的限制，使系统能够更好地适应技术和市场的变化。

　　微服务架构强调组件之间的有效通信，通过动态服务发现机制，系统中的组件能够相互感知并协同工作。这一机制通过使用服务注册表和服务发现工具实现，使得系统中的微服务能够相互感知并进行有效的协同工作。服务之间的通信通常采用轻量级的协议，如 HTTP 或消息队列。这种有效的通信机制使得微服务可以快速响应业务需求，并在需要时进行水平扩展。服务发现机制还有助于实现负载均衡和故障恢复，提高系统的可用性和稳定性。

　　微服务架构强调监控、反馈和学习机制，系统能够不断地学习和适应，提升自我修复和持续改进的能力。通过实时监控系统的各个组件，可以及时发现问题并采取措施。反馈机制有助于系统不断地学习和适应，提高自我修复和持续改进的能力。实施反馈和学习机制还包括日志记录、性能分析和异常处理。这些工具和实践使得团队能够更好地了解系统的运行状况，及时发现并解决潜在问题，从而提高系统的稳定性和可维护性。

　　采用微服务架构设计的系统具备弹性和容错性。在面对异常情况时，系统可以通过自动扩展和缩减来适应流量的波动，实现弹性；通过断路器模式和故障转移等方式，在部分组件发生故障时仍能正常运行实现容错。弹性和容错的设计使系统更具稳定性和可靠性，能够应对不同类型的故障和异常，保障业务的持续运行。当前主流微服务架构如图 3-5 所示。

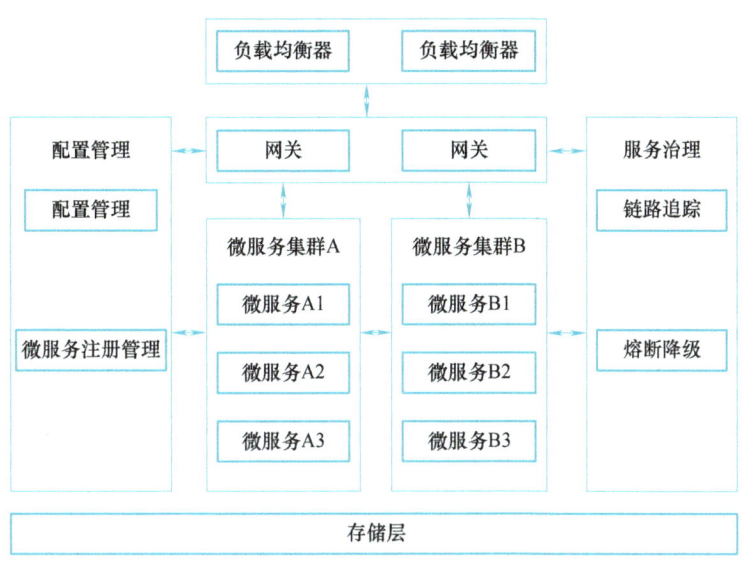

● 图 3-5 当前主流的微服务架构

3.2.2 分而治之的可伸缩性与迭代交付

微服务架构的模块化和独立部署特性使得应用能够以更灵活的方式进行拆分。每个微服务负责特定的业务功能，能独立进行部署、更新和扩展，而不影响其他服务。这种设计给系统带来了更高的灵活性和可维护性。

微服务的团队自治特性促进了团队的独立性。不同的微服务可以由不同的团队开发和维护，团队能够根据自身需求选择适合的技术栈和开发流程。这提高了团队的自治性，有助于加速开发进程。

微服务架构具备良好的可伸缩性。单个微服务可以独立进行水平扩展，以更好地适应应用程序不同部分的不同负载。这种灵活的可伸缩性有助于优化系统的性能，提前资源利用。

此外，微服务架构还具备容错性和隔离性优势。微服务的独立性和相对隔离的特性使得系统更易处理故障，一个服务的故障不会波及整个系统，从而提高了系统的容错性和稳定性。

微服务架构支持技术异构。不同的微服务可以采用不同的技术栈，以满足多样化的业务需求。这让团队能够选用最适合的技术，而不受整个应用的技术限制。

微服务的独立部署特性带来了快速交付和迭代的优势。团队能够更快速地推出新功能，快速迭代，并迅速响应用户反馈。这有助于提高开发效率和用户体验。

在资源利用方面，微服务的独立部署和扩展性使得系统能够更有效地利用资源。每个微服务都可以按需独立进行部署和扩展，无须为整个应用程序进行冗余的部署和扩展。

微服务架构通过采用松耦合的设计减少了服务之间的依赖，使系统更加灵活且更易于维护。通过 API 进行通信，降低了变更的风险，提高了系统的弹性，为开发者提供了一种高度灵活、可维护、可伸缩的架构选择。

3.2.3 灵活性与复杂性的权衡

尽管微服务架构的灵活性上比传统架构有了巨大的提升，但在选择架构风格时，仍需要考虑数据一致性、复杂性高等问题，以做出最适合项目需求的架构决策。

微服务架构引入了分布式系统的复杂性。通过将应用拆分成多个服务，整体系统变成一个分布式系统，增加了网络通信、数据一致性等方面的复杂性挑战。要确保各个服务之间协同工作的可靠性，需要系统性的解决方案。

服务发现和治理在微服务架构中至关重要。微服务需要动态注册和发现，并进行负载均衡和故障处理。构建有效的服务发现和治理机制是确保整个系统可靠运行的关键。

数据管理和一致性也是微服务面临的难题。应用拆分可能导致数据分散存储在不同的服务中，使得维护一致性、事务管理和数据复制变得更加复杂，需要精心设计和实施数据管理策略。

服务间通信同样是微服务架构中的关键问题。通信可能面临延迟、网络故障、服务不可用等状况，需要正确处理服务之间的通信，以确保系统的可靠性和性能。

部署和运维的复杂性是微服务带来的挑战。由于多个微服务的独立部署和运维，需要有效的工具和流程来确保整个系统的稳定性和可用性。这包括自动化部署、容器化等技术的应用。

版本管理在微服务架构中变得更为复杂。由于微服务的独立部署，可能存在多个服务的不同版本，因此需要有效的版本管理策略来确保服务之间的兼容性，避免因版本问题引发系统故障。

性能监控和故障排查在微服务架构中难度增加。需要强大的监控工具和日志管理系统，以便及时发现和解决性能问题和故障。

团队协作也是微服务架构中需要特别关注的问题。独立部署和维护可能导致多个团队同时操作系统的不同部分，这就需要更协调的团队结构，以确保整体系统的一致性。

安全性是微服务架构中必须要重视的一方面。服务间通信和数据传输需要更强的安全性保障，以确保敏感信息不被非法访问。

服务拆分和边界定义是微服务架构中的关键决策。合理的拆分和定义服务的边界是确保系统可维护性和可扩展性的基础。要避免过度拆分或模块耦合过强，在设计初期就应该深入思考和规划。

3.2.4 大型复杂系统的适用性

微服务架构适用于大规模、复杂性高的系统，可以将系统拆分为更小、独立的服务，从而提高系统的可维护性和可扩展性。当多个交叉职能团队同时开发和维护系统时，微服务的独立部署和自治特性使每个团队可以独立工作，增强了团队的自治性。

如果系统中不同部分对技术栈有不同的需求，微服务允许每个服务选择适合自身需求的技术栈，提高了灵活性。在需要快速交付新功能、频繁进行更新和迭代场景中，微服务的独立部署和快速交付的特性可以提供更高的敏捷性。

微服务架构可以用于集成异构系统，每个微服务可以根据自身用途选择技术，不受整体系统技术栈的限制。当系统中不同业务模块的开发和维护需要相对独立时，微服务可以有效地将系统划分为小的、自治的服务单元。

此外，微服务允许对系统的不同部分进行独立的水平扩展，以适应不同服务的负载差异，提高了系统的可伸缩性。微服务的独立性和弹性设计有助于提高系统的容错性和韧性，一个服务的故障不会影响整个系统。

3.2.5 微服务架构在自定义架构风格中的设计方法

微服务架构有助于构建灵活、可维护、适应性强的系统。其设计思想可以灵活应用于不同的软件架构和设计模式中。

微服务架构强调将系统拆分为小而自治的服务，这种分段设计有助于提高系统的灵活性和部署的独立性。每个服务可以独立开发、测试、部署和扩展，为系统带来更高的灵活性。在自定义架构设计中若强调弹性和可伸缩性，微服务架构的独立扩展性设计原则可供参考。通过单独调整每个服务的规模，系统能更好地适应负载变化，提高整体架构的弹性。

每个微服务都是自治的，有自己的数据库和业务逻辑，这种设计原则有助于降低服务之间的耦合度，提高系统的独立性。在自定义架构中，可将这种设计思想应用于不同的组件，使它们具有更高的自治性，更易于理解和维护。

微服务架构允许各服务使用不同的技术栈，这在自定义架构设计中也是可行的。每个组件可以选择最适合其需求的技术，从而优化整个系统的性能和功能。

服务治理机制是微服务架构的关键，在自定义架构设计中也可以借鉴。通过定义良好的服务治理策略，可以确保系统中的各个组件能够有效通信和协同工作，提高整个系统的稳定性和可维护性。

在自定义架构设计中，还可以借鉴微服务架构中的独立数据管理和服务之间的松耦合性。微服务通过独立的数据存储实现服务之间的数据隔离，这种设计有助于自定义架构中的各个组件更好地管理和维护其自己的数据。

借鉴微服务架构的分布式设计、弹性和可伸缩性、自治性和独立性、技术异构性、服务治理机制、独立数据管理等设计原则,可有效提升自定义架构设计的灵活性、独立性和可维护性等方面得到。

▶ 3.2.6 微服务架构风格实践

(1) 需求分析

社交网络应用功能需求见 2.1.6 小节中所描述,其架构需求支持异构性以兼容不同的开发技术。整体架构强调灵活性,各服务可独立扩展和更新,适应不断变化的需求和流量波动,确保系统的可维护性和响应速度。

(2) 微服务架构风格的选择

系统需要具备支持异构性的能力,能够无缝兼容不同的开发技术,以满足多样化的开发需求。整体架构强调灵活性,要求各个服务能够独立进行扩展和更新,从而适应不断变化的业务需求及流量波动情况。同时,架构需确保系统拥有良好的可维护性,保证在各种情况下都能维持高效的响应速度,为用户提供优质、稳定的社交网络服务体验。

选择微服务架构风格,主要因其能够充分满足异构性需求,各个微服务可独立选用合适的开发技术。同时,其灵活性强,各服务可独立扩展、更新,契合不断变化的需求和流量波动,利于提升系统可维护性和响应速度。微服务架构与多种常见架构风格的对比见表 3-3。

表 3-3 微服务架构与多种常见架构风格的对比

架 构 风 格	异构性支持	灵活性	服务独立扩展更新	可维护性	响应速度	系统复杂度
微服务架构	高	高	优	高	优	高
单体架构	低	低	差	低	低	低
分层架构	中	中	中	中	中	中
无状态架构	中	高	高	高	优	中
面向服务架构	中	高	高	高	中	中

(3) 微服务架构核心元素的定义

在微服务架构中,每个服务都是独立的、自治的单元,负责处理特定的功能模块。各服务通过明确的 API 进行通信,相互之间相对解耦,允许独立开发、部署和扩展。这种架构支持高可用性、弹性伸缩和快速迭代,同时也提高了系统的可维护性和灵活性。微服务架构在社交网络中的核心元素定义见表 3-4。

表 3-4 微服务架构在社交网络中的核心元素定义

元　　素	二 级 元 素	详 细 内 容
用户服务	用户数据库	存储用户的基本信息和设置
社交关系服务	社交关系数据库	记录用户的好友、关注和粉丝关系
	社交 API	提供管理社交关系的接口
内容服务	内容存储	存储用户生成的内容
消息服务	消息队列	处理消息的异步传输
	消息数据库	存储用户之间的消息记录
通知服务	通知数据库	存储用户的通知记录
	通知 API	提供通知生成和推送的接口
API 网关	管理和路由 API 请求	管理所有微服务的入口点，处理请求路由和负载均衡
	服务注册与发现	支持服务的动态注册和发现
前端用户界面	用户界面	提供用户与应用交互的前端组件

采用微服务架构，能实现高效的功能分离与模块化，从而提升系统的可维护性和可扩展性。灵活的核心元素定义可以优化资源利用，确保每个微服务能够独立扩展和缩减，提高系统的弹性和响应速度。清晰的核心元素定义有助于团队间的协作，使开发、测试和运维环节更加高效，降低了沟通成本。微服务架构还支持快速迭代和创新，满足不断变化的用户需求和市场环境。

3.3　事件驱动架构的演进——流式架构

事件驱动架构曾凭借异步通信与解耦特性，在众多系统中发挥关键作用。但随着数据规模爆炸性增长，业务对实时性、数据处理规模及复杂度的要求呈指数级增长。传统事件驱动架构面对大规模、高频率事件流，处理速度与灵活性逐渐难以应对，难以达成业务需求的实时响应。

与此同时，流式架构着重于实时、连续地处理数据流，在数据生成时即刻开展分析与决策。它能对多源、复杂格式的数据高效清洗、转换与聚合，还提供了在海量数据中复杂事件处理能力。而且，基于分布式计算框架，流式架构可依据数据流量灵活扩缩计算资源，有效提升了系统的性能及可扩展性。

3.3.1　流式架构的软件架构定义

流式架构采用实时的数据流动方式处理和分析数据，与传统的批处理方式形成鲜明的对比。在流式架构中，数据以流的形式从数据源传输到目的地，经过一系列的处理和分析，实时产生结果。

在流式架构中,由于数据以实时流的方式传输,系统能够立即处理和响应数据。流数据的产生和处理都是由事件触发的。流式处理可能涉及有状态的计算,这就要求系统保持对数据流中先前事件的状态记录。此外,流式架构能够轻松适应数据流量的变化,支持高度可伸缩的架构模式,并且通常具备一定的容错机制,能够应对组件故障或数据丢失等情况。

流式架构基于事件驱动范式,即系统对数据流中的事件做出响应。事件的产生和处理是异步的,各组件通过订阅和发布事件进行通信,实现了解耦,构建出高度灵活的架构。流式架构中的处理器通常是无状态的,即处理器在处理每个事件时不依赖于之前的状态,这有助于简化系统的设计和维护,提高系统的可伸缩性。流式架构通过水平扩展来处理高吞吐量和大规模数据流。系统的各个组件能够通过添加更多的节点或实例来处理增加的负载,从而保持高性能。流式架构的元素、元素属性及其相互关系见表 3-5。

表 3-5 流式架构的元素、元素属性及其相互关系

元 素	元素属性	相 互 关 系
数据源	数据类型	不同数据源可能产生关联的数据流,这些数据流可能在流处理系统中进行连接和合并,形成更全面的实时数据
	数据生成速率	
	数据格式	
	数据质量	
流处理引擎	处理速度	流处理引擎负责接收、处理和输出数据流,与数据源和其他处理组件之间进行数据流的传递
	容错性	
实时处理单元	算法类型	与数据流处理引擎相连,接收输入数据流并输出处理结果
	处理逻辑	
数据存储	存储类型	与流处理引擎相连,存储和提供实时处理结果
	数据一致性	
	读写性能	

流式架构追求实时性,数据从源头产生后,立即进入流水线进行实时处理,以满足对即时性有需求的场景。在流式架构中,由于组件之间的松耦合,系统中的各个模块能够独立演化。这松耦合性使得引入新的组件、调整处理逻辑更容易,且不会对整体系统造成过多影响。

流式架构通常要求系统在面对节点故障或其他异常情况时保持可靠性。容错性的设计思想包括备份、故障检测和自动恢复机制。鉴于大规模数据流的特性,流式架构通常采用分布式处理的方式,将工作负载分散到多个节点上,这有助于提高整体性能和处理能力。为了对无限流进行有限的处理,流式架构引入了窗口处理的概念。窗口可以基于时间、数量等条件进行定义,使得处理器能够对一段时间或一定数量的数据进行聚合和分析。

流式架构能够有效地处理实时数据流,适应高度变化的需求,并提供灵活性、可伸缩性和可

靠性。在设计流式架构时，需要根据具体场景和需求综合考虑这些特征。

3.3.2 分布式事件驱动的实时性

流式架构能够满足实时性需求，确保数据一旦产生便能立即被处理和分析，为及时决策和反馈提供支持。

流式架构允许对数据流进行实时的复杂事件处理，例如，识别特定模式、检测异常、实时聚合等，从而使业务能够对关键事件做出快速反应。同时，它具备对不断变化的数据流动态适应的能力，这让系统更具灵活性，可轻松应对新的业务需求、数据源变化或处理逻辑的调整。

此外，流式架构通常设有容错和弹性机制，能够处理节点故障或系统扩展，确保数据流的连续性和可靠性。正因如此，它适用于构建实时交互性的应用，如实时推荐系统、在线游戏分析等，为用户与应用系统之间提供即时互动的能力。

3.3.3 高吞吐量与成本、技术复杂度的权衡

尽管流式架构在高吞吐量方面相较传统架构有了巨大的提升，但在选择架构风格时仍然需要考虑成本上升、技术复杂性高的问题，从而做出最适合项目需求的架构决策。

流式架构引入了实时处理、事件时间和水位线等复杂概念，这使得系统设计和维护的难度增加，需要更高水平的技术能力和理解。在处理实时数据时，确保一致性和准确性变得更加复杂，乱序事件、延迟数据等问题需要谨慎处理，以确保结果的准确性。

流式处理通常涉及状态管理，例如跟踪窗口内的数据。有效的状态管理对确保正确的数据处理非常关键，但同时也增加了系统的复杂性。实时系统需要具备容错机制，以确保即便在节点故障或其他故障情况下，系统仍能保持一致性，这可能需要额外的工作来处理数据的备份和恢复。

高吞吐量和低延迟是流式架构的关键目标，但在大规模数据流的情况下，实现这些目标可能会面临性能方面的挑战，需要对系统进行优化和调整。

构建和维护流式架构可能涉及一些高成本的技术和基础设施，如实时处理引擎、存储系统等。成本管理对于小型企业而言，可能是一个难题。

3.3.4 实时大规模数据处理场景的适用性

当应用需要实时处理大量的数据流时，流式架构提供了高效的解决方案。这种架构能够快速地接收、处理和分析数据流，使得应用能够及时做出反应。

对于需要处理大规模数据集的应用，如实时监控系统、实时分析系统等，流式架构提供了有效的数据处理方式。通过流式架构，应用可以有效地处理大规模数据流，实现实时的数据分析和

挖掘。

流式架构适用于构建事件驱动的应用，这类应用通过订阅和处理事件流来实现业务逻辑。例如，实时推荐系统、实时广告系统等都可以采用流式架构来实现。

总之，流式架构适用于需要实时处理、分析和反馈的场景，能够帮助应用实现高效的实时数据处理和分析功能。

3.3.5 流式架构在自定义架构风格中的设计方法

事件驱动是流式架构的本质特征。将软件系统设计为事件驱动架构，不同组件能够通过发布和订阅事件的方式进行松耦合通信，适用于构建分布式、异步的系统。

流式架构强调实时性，通过实时处理引擎对数据流进行快速处理。这种实时处理方式可以在需要实时反馈和决策的应用中得到借鉴，如实时监控、实时分析等。

流式架构追求组件之间的松耦合，这使得系统更易于扩展和演化。在其他类型的架构中，松耦合性有助于提高系统的灵活性和可维护性。

流式架构强调容错机制，以保障系统在面对节点故障或其他异常时的稳定性。在任何分布式系统中，容错性都是一个关键的设计考虑因素，以确保系统的可靠性。

流式架构常采用分布式处理方式，这使得系统能够处理大规模的数据流。这种分布式设计同样适用于其他大规模数据处理的场景，如批处理系统、分布式计算等。

窗口处理允许对数据流进行有限的、可处理的块的处理。这种思想可以应用在其他类型的实时处理系统中，以确保对无限流的处理能够进行有效的窗口管理。

这些设计思想的可重用部分为构建各种类型的软件架构提供了一些建议和指导，尤其是在需要处理实时性、大规模数据、分布式处理和事件驱动等方面的架构中。

3.3.6 流式架构风格实践

（1）需求分析

社交网络应用功能需求见 2.1.6 小节中所描述，其架构要求整体系统确保高吞吐量和低延迟，需要容错机制保证系统在高负载和故障情况下的可靠性和稳定性。整体架构需要提供流畅的实时用户体验，并具备高性能和强大的容错能力。

（2）流式架构风格的选择

系统要求能够确保整个系统实现高吞吐量，有效处理大量数据，同时维持低延迟，保障数据快速流转。系统需配备强大的容错机制，以应对高负载运行及可能出现的故障情况，确保始终具备高可靠性和稳定性。此外，架构要为用户提供流畅的实时体验，无论是用户操作响应还是内容更新展示，都能快速呈现，具备高性能和卓越的容错能力，满足社交网络应用对即时性和稳定性的严苛要求。

选择流式架构风格，主要因其在处理高吞吐量数据时表现卓越，能通过消息队列和流式处理引擎实现低延迟的数据处理，且具备强大的容错机制。流式架构与多种常见架构风格的对比见表 3-6。

表 3-6 流式架构与多种常见架构风格的对比

架构风格	吞吐量	延迟	容错能力	实时用户体验	系统复杂度	扩展性
流式架构	高	低	高	优	中	高
分层架构	中	中	中	中	中	中
面向服务架构	中	中	中	中	中	高
微服务架构	高	高	高	优	高	高
单体架构	低	低	低	低	低	低

（3）流式架构核心元素的定义

系统能够实时处理和分析数据流，提供即时响应和动态内容。这种架构适用于需要低延迟、高吞吐量的场景，如社交网络的动态更新、实时消息传递等。流式架构能够有效地支持社交网络应用中的实时功能和互动。流式架构在社交网络应用中的核心元素定义见表 3-7。

表 3-7 流式架构在社交网络应用中的核心元素定义

元素	详细内容
数据源	用户活动数据
	系统状态变化数据
流处理引擎	Apache Kafka Streams、Apache Flink 或 Apache Storm，用于实时分析数据流，支持复杂的事件处理和流数据分析
数据处理管道	数据清洗
	实时分析
	数据转换
	实时聚合
数据存储	实时数据库
	数据仓库
用户接口	实时数据展示
	交互式面板

这些元素协同工作能够实时处理和分析大量数据，提升用户体验。数据流处理和实时分析功能可及时响应用户活动和行为，提供了灵活的系统响应机制，确保了高效的数据传输和处理；

分布式处理则支持大规模并发任务，增强了系统的扩展性和稳定性。总体而言，这些元素实现了高效、实时且可靠的数据处理能力。

3.4 客户端-服务器架构的演进

  客户端-服务器架构中，客户端直接与服务器交互完成数据读写。但随着业务的蓬勃发展，其弊端逐渐显现。业务复杂度攀升、数据量爆炸式增长，高并发读写下性能瓶颈凸显，代码维护难度也与日俱增。在此背景下，CQRS 架构应运而生。CQRS 架构将读操作与写操作分离，分别构建不同的模型与处理流程，针对读写特性优化存储和处理策略，有效解决了读写相互干扰的性能问题，代码结构也因职责清晰更便于维护，显著提升了系统整体性能与响应速度。

  与此同时，客户端-服务器架构在应对客户端多样化时力不从心。当 Web、移动端等多种类型客户端涌现，且各自业务需求、数据要求大相径庭，服务器难以满足差异化诉求。于是，BFF 架构诞生。它在客户端与服务器间增设了中间层，专门为不同前端应用定制 API。前端团队能据此定制接口，减少与服务器的耦合，极大地提高了开发效率，增强了系统的可扩展性与灵活性，轻松应对客户端功能的扩展与变化。

  再者，客户端-服务器架构下多个业务模块共享同一数据库，随着业务拓展，数据库操作相互影响，复杂性和维护成本飙升。为实现业务模块化与独立演进，降低数据库耦合度，Database per service 架构出现，为每个微服务配备独立数据库。各服务可依自身业务需求，自主选择数据库技术与架构，独立开展设计、扩展与维护工作。如此一来，避免了服务间数据库操作干扰引发的稳定性问题，系统可靠性与可维护性得以大幅提升。从客户端-服务器架构到 CQRS 架构、BFF 架构、Database per service 架构的演进，是适应业务发展、解决性能、适配性及耦合性等问题的必然选择，同时也推动着软件架构不断创新。

▶▶ 3.4.1 CQRS 架构

  CQRS（Command Query Responsibility Segregation）架构风格强调命令和查询的责任分离。在 CQRS 架构中，系统的写操作和读操作被分离成两个独立的模块，分别承担不同的责任。写操作负责修改系统状态，而读操作则负责查询系统的状态。这种分离使系统能够更灵活地满足不同的需求。命令和查询模块可以独立扩展、优化和维护，互不干扰。

  在 CQRS 架构中，命令和查询的处理逻辑是不同的，因此它们应该被分离开来，分别由专门的模块负责。这样可以更好地满足系统中不同操作在性能和一致性方面的要求。在 CQRS 架构中，系统状态变化通过事件进行通知，这些事件被用于更新查询模块的数据。这种事件驱动方式实现了松耦合，提高了系统的可维护性和可扩展性。

综上，CQRS 是一种强调命令和查询分离、事件驱动的架构风格，适用于需要处理高并发、复杂业务逻辑和实时数据查询的系统。它提供了一种灵活的架构方式，使得开发人员能够更好地应对系统的多样需求。

CQRS 架构的元素、元素属性及其相互关系见表 3-8。

表 3-8　CQRS 架构的元素、元素属性及其相互关系

元　　素	元　素　属　性	相　互　关　系
命令处理器	处理接收到的命令，执行相应的操作，可能触发领域模型的修改	与领域模型关联，接收并处理命令，通常通过修改领域模型的状态来实现系统行为
查询处理器	处理接收到的查询，负责从系统中检索数据	与数据存储关联，接收并处理查询，通常通过读取数据存储中的信息来提供系统状态
事件	表示系统状态的变化，通常由领域模型在处理命令时触发	与事件处理器关联，用于通知系统中其他组件有关状态更改的发生，是系统状态变更的通知机制
事件处理器	处理接收到的事件，执行相应的操作，可能触发进一步的系统行为	与命令处理器和查询处理器关联，接收并处理事件，通常通过触发进一步的命令或查询来实现系统行为

CQRS 强调将写操作和读操作明确地分离开来。每个操作由专门的模型处理，这使得命令模型可以专注于数据变更和业务逻辑，而查询模型则可以专注于数据读取和查询。CQRS 遵循单一职责原则，确保每个模型或组件只负责特定的功能。这有助于降低复杂性、提高可维护性，让系统更易理解。

CQRS 常与事件驱动架构结合使用。写操作的结果以事件的形式发布，这些事件可以异步地触发读操作的更新。这种松散耦合的设计有助于实现系统的可扩展性和灵活性。CQRS 允许独立地优化命令和查询模型，以满足它们各自的性能要求。例如，可以选择不同的数据存储或优化查询模型，以提高读取性能，而不会影响写入性能。

CQRS 并不要求强一致性，而是通过一致性边界来定义在何处需要强一致性，以及在何处可以接受一致性弱化。这使得系统能灵活权衡一致性和性能。命令模型负责处理业务逻辑和状态变更，通常会接收命令，验证其有效性，然后生成相应的事件并发布给其他组件。

CQRS 旨在通过明确分离写和读操作，强调单一职责原则，利用事件驱动架构和独立优化的思想，实现系统的可扩展性、灵活性和可维护性。设计人员需要根据具体的应用需求和复杂性，权衡这些设计原则，选择最适合的架构。

CQRS 架构适用于高频读写、读写分离、读写速率要求可扩展的系统。当应用程序的领域模型复杂、需要支持不同的用例和操作时，CQRS 有助于更好地组织和分离这些操作，提高代码的可维护性。如果应用程序有高频的读写操作，且两者之间有不同的数据需求，CQRS 可以独立地优化和扩展读写模型，提高性能。当应用程序需要实时或快速地读取数据以响应用户请求时，通过优化读取模型，CQRS 可以提高读操作的性能。

当团队有专门负责写操作和读操作的人员时，CQRS 有助团队更好地分工协作，开发人员专

注于其擅长的领域。当应用程序需要频繁演进和调整时，CQRS 的分离设计使系统更易调整，而不影响其他部分。CQRS 对于分布式系统较为友好，它通过明确的分离命令和查询减少了分布式系统中的一些复杂性。

在自定义架构风格中采用 CQRS 架构时，可获得松耦合、读写分离、可重用性等优势。

CQRS 架构定义通用接口，使命令处理和查询处理模块能够按照这些接口进行实现。这样，不同的模块可以重用相同的接口，从而在整个系统中保持一致性。通过设计通用的事件处理机制，不同模块能够注册和处理相同类型的事件，促进模块之间的松耦合，提高系统的灵活性。

将一致性边界的实现抽象为可配置组件，以便在系统的不同部分重用，有助于管理一致性的需求，并适应不同的业务场景。将数据访问层的实现进行抽象，可按需选择不同的存储机制，从而实现不同系统间数据的可重用性。

通过在设计中强调通用性、抽象性和接口的一致性，CQRS 的设计思想使系统中的各个组件更具可重用性。这有助于降低耦合度，提高模块的独立性，从而使这些设计元素在不同场景中都能够被有效复用。

▶▶ 3.4.2 BFF 架构

BFF（Backend for Frontend）架构的主要思想是为每个前端应用创建一个专门的后端服务，以满足前端应用特定的需求和业务逻辑。BFF 架构的设计目标是提供更灵活、定制化的后端服务，以满足不同前端应用的需求。BFF 架构如图 3-6 所示。

BFF 架构将前端应用和后端服务解耦，使它们能够独立演化和扩展。通过独立的 BFF 服务为每个前端应用提供后端支持，确保前后端的分离。针对不同前端应用的特定需求，提供定制化的后端服务。BFF 服务中包含特定于前端应用的逻辑和功能，以确保服务满足应用的个性化需求。作为前端应用与后端服务之间的中介，BFF 服务集成和管理服务的 API。它充当 API 网关，为前端提供单一入口，负责请求路由、协议转换和聚合多个后端服务的数据。BFF 架构的元素、元素属性及其相互关系见表 3-9。

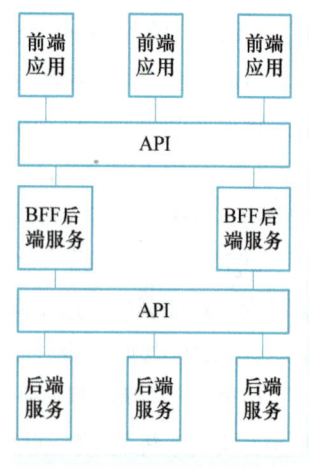

● 图 3-6 BFF 架构

表 3-9 BFF 架构的元素、元素属性及其相互关系

元 素	元 素 属 性	相 互 关 系
前端应用	前端应用是 BFF 架构的前端访问入口，它定义了对后端服务的需求和交互逻辑	与 BFF 后端服务之间通过 API 进行通信，发起对后端数据和功能的请求

(续)

元素	元素属性	相互关系
BFF 后端服务	BFF 后端服务是专门为前端应用设计后端服务的，提供了与前端应用相关的定制化服务	与多个后端服务进行通信，处理业务逻辑，为前端应用提供定制化的 API。可能会调用多个后端服务来获取必要的数据
后端服务	后端服务包括提供不同功能和数据的多个服务，可能分布在不同的服务端点上	由 BFF 服务调用，为 BFF 服务提供数据和功能。可能包括身份验证服务、业务逻辑服务、数据服务等
API	API 定义了前端应用与 BFF 服务、BFF 服务与后端服务之间的通信接口，规定了数据格式和交互方式	前端应用通过 API 请求数据和功能，BFF 服务通过 API 与后端服务通信

BFF 架构聚合来自多个后端服务的数据，以满足前端应用的数据需求。BFF 服务通过调用多个后端服务，将它们的数据聚合为前端应用需要的格式和结构。不同前端应用可能对数据的需求不同，传统的后端服务往往提供的是通用的 API，难以满足特定前端应用的定制化数据需求。BFF 服务为每个前端应用创建定制 API，确保提供与应用需求完全匹配的数据，降低了前后端数据传输的冗余。

传统的后端服务可能未充分考虑前端应用的性能需求，导致不必要的数据传输和渲染延迟。BFF 服务通过性能优化组件，如减少数据传输量、缓存数据、优化接口响应时间等方式，提高前端应用的性能。

不同前端应用可能有不同的安全性需求，例如不同的身份验证机制、权限管理等。BFF 服务负责集成与前端应用安全性需求相匹配的安全性组件，确保安全性控制符合应用的特定要求。前端应用可能在不同的域上运行，存在跨域请求问题。BFF 服务可以充当代理，处理跨域请求，将前端应用的请求转发到相应的后端服务，解决跨域访问问题。

前后端可能由不同的团队负责，沟通和协调可能存在困难。BFF 服务将前端应用的需求转化为专门的 API，降低了前后端之间的依赖，使各团队能够更独立地进行开发和维护。单一后端服务可能包含过多的业务逻辑，导致维护困难。BFF 服务将前端应用关心的业务逻辑从整个后端服务中分离出来，提高了系统的可维护性。

不过，引入 BFF 架构也面临一些挑战。为不同前端应用创建独立的 BFF 服务可能导致服务数量增加。不同前端应用使用不同的 BFF 服务，导致服务一致性难以保证。随着前端应用的迭代和演进，可能需要对 BFF 服务的 API 进行版本管理，确保不破坏旧版本应用的兼容性。针对不同前端应用的性能优化可能需要定制化工作，增加了优化的难度。此外引入 BFF 服务会增加整体系统的复杂性，尤其是在多个前端应用和服务之间存在复杂的关系时。在不同团队负责前后端的情况下，BFF 服务将前后端分离可能导致沟通和协调成本增加。

3.4.3 Database per service 架构

在 Database per service 架构中，每个微服务都分配独立专属的数据库进行数据的存储和检索。该架构允许根据业务需求为每个微服务选择最合适的数据存储解决方案。微服务本质上是相互独立的，它们的数据库更改不会对其他微服务产生影响。每个微服务的数据库对其他微服务而言是私有的，无法直接访问，只能通过 API 进行访问。这种设计不仅提高了系统的可靠性，而且消除了单点故障的可能性，因为数据存储分布在不同的地方。通过在微服务之间实现数据隔离和自治，Database per service 架构为构建可靠、高效的分布式系统提供了灵活的解决方案。Database per service 架构如图 3-7 所示。

● 图 3-7 Database per service 架构

（1）Database per service 架构的软件架构定义

在 Database per service 架构中每个微服务具有独立的数据库，使得微服务能够独立运作、演化和维护。数据库与微服务一一映射，为每个微服务定义了清晰的业务边界。这种明确的划分有助于理解和管理系统的复杂性，提高系统的可理解性。

Database per service 架构的元素、元素属性及其相互关系见表 3-10。

表 3-10 Database per service 架构的元素、元素属性及其相互关系

元　　素	元 素 属 性	相 互 关 系
微服务	每个微服务具有独立的业务功能和数据存储	每个微服务对应一个独立的数据库，确保微服务的数据自治性，微服务通过数据库进行数据存储、检索和处理，数据库的设计直接影响着微服务的业务逻辑
微服务	微服务可以根据需求独立扩展，而其数据库也随之扩展	每个微服务对应一个独立的数据库，确保微服务的数据自治性，微服务通过数据库进行数据存储、检索和处理，数据库的设计直接影响着微服务的业务逻辑
数据库	每个数据库专注于服务相关的数据，不涉及其他微服务的数据	每个数据库是相互独立的，不共享数据，确保微服务之间的数据隔离。微服务通过定义的接口与其他微服务进行通信，通过数据库的交互实现数据共享
数据库	每个微服务拥有自己的数据库，确保数据隔离和服务自治	每个数据库是相互独立的，不共享数据，确保微服务之间的数据隔离。微服务通过定义的接口与其他微服务进行通信，通过数据库的交互实现数据共享
数据库	数据库的结构与相应微服务的业务需求相匹配	每个数据库是相互独立的，不共享数据，确保微服务之间的数据隔离。微服务通过定义的接口与其他微服务进行通信，通过数据库的交互实现数据共享

Database per service 架构适用于需要将系统拆分为小而自治的服务单元，并确保每个服务都有自己独立的数据存储需求的场景。它提供了高度的服务自治性和独立部署能力，但也需要考虑微服务之间的数据一致性和跨服务事务的处理。

每个微服务具有对自己数据的自治性，可选择最适合其需求的数据存储技术。这促进了技

术异构性，使系统能够更好地适应多样化的业务场景。数据库与微服务的一一对应关系意味着它们可以独立演化。微服务能够在不影响其他服务的情况下更改数据库的模式，支持快速迭代和灵活的开发过程。数据库分布在各个微服务之间，实现了数据管理的去中心化。每个微服务对自己的数据负责，降低了集中式数据管理的复杂性和风险。

  Database per service 架构强调适应性和灵活性，允许每个微服务根据需要选择最佳的数据存储方式。这种灵活性有助于系统更好地适应不断变化的业务需求。Database per service 架构支持微服务的独立部署和扩展，每个微服务都可以独立地部署和水平扩展，提高了系统的弹性和可伸缩性。

  Database per service 架构确保每个微服务都有专用数据库，使微服务之间的数据隔离成为可能。这种隔离性增加了系统的自治性，让每个微服务能够独立演化和维护自己的数据库模式，而不受其他微服务的影响。

  每个微服务都可以选择适合其需求的最佳数据存储解决方案，这提供了极大的灵活性。此外，由于每个微服务的数据库是相互独立的，因此系统可以更容易地进行水平扩展，根据负载的增减动态调整各个微服务的资源。

  将数据存储放置在微服务附近，而非集中在某一个处，有助于避免单点故障。即使某个微服务的数据库发生故障，其他微服务仍然能够正常工作，提高了整个系统的可靠性。

  由于每个微服务拥有独立的数据库，因此可以轻松地进行演化和更新，而不影响系统中的其他微服务。这有助于简化持续集成和持续交付流程，使每个微服务能够根据自身需求独立进行部署和更新。

  数据库隔离有助于减少微服务之间的数据一致性问题。每个微服务负责自己的数据，通过 API 进行通信，避免了直接访问其他微服务的数据库，降低了数据一致性问题的潜在风险。

  然而，由于每个微服务都拥有自己的数据库，可能会出现跨微服务的数据一致性问题。当一个操作需要涉及多个微服务时，确保数据的同步和一致性可能变得复杂，需要采用适当的解决方案，如分布式事务或事件驱动架构。

  在 Database per service 架构中，微服务无法直接访问其他微服务的数据库。为了获取跨服务的数据，必须通过 API 进行通信，这增加了系统的复杂性和开发的工作量。此外，对于某些查询和报告，可能需要使用分布式查询等复杂技术。

  在某些情况下，如果微服务的设计不合理，可能会导致微服务之间过度耦合。当一个微服务的数据模型变化时，可能需要同步更新依赖该数据的其他微服务，这增加了系统的维护成本。

  由于微服务是独立部署的，服务发现和跟踪变得更为复杂。确保微服务能够发现并通信是一个挑战，需要使用适当的服务发现和跟踪工具。

（2）Database per service 架构的适用场景

Database per service 架构适用于构建分布式系统，其中各个微服务作为系统的独立组成部分，通过独立的数据库存储数据。

Database per service 架构适用于具备自治性的开发和运维团队，每个微服务团队能够自主决策和管理自己的数据库，降低了集中式管理的复杂性。该架构适用于业务边界清晰、各微服务关注特定业务领域的系统，每个微服务对应一个明确的业务边界，其数据库用于支持该业务领域的数据存储和管理。

Database per service 架构适用于系统中存在多样化技术需求的情况，每个微服务可以选择最适合其业务和技术栈的数据库技术。该架构适用于对系统具有灵活性和演进性有要求的场景，各微服务能够独立演进其数据库模式，而不受其他服务的影响。该架构适用于需要系统具备弹性和可扩展性的场景，每个微服务可以根据需要进行独立的水平扩展，以满足系统的性能和容量需求。该架构适用于需要高度隔离性的场景，各微服务拥有独立的数据库，确保数据隔离和安全。该架构适用于面向服务的体系结构，每个微服务都是系统的一个独立服务单元，通过清晰的接口定义和独立数据库进行通信。

（3）Database per service 架构在自定义架构风格中的设计方法

如果自定义架构的目标是实现微服务化，即将系统拆分为独立的服务单元，每个服务单元专注于特定的业务功能，那么采用 Database per service 架构能够提供独立的数据库实例，支持每个微服务独立管理和维护自己的数据。

当自定义架构要求清晰的业务边界和独立的数据管理时，Database per service 的设计思想非常适用。每个服务都可以拥有自己的数据存储，降低了服务之间数据耦合性，使业务逻辑更为独立和可维护。

如果自定义架构中各个服务需要使用不同的数据库技术，以满足各自业务需求和技术栈的多样性，Database per service 能够提供灵活性，使每个服务可以选择最适合自己的数据存储技术。

Database per service 架构支持每个微服务团队具备自治性，能够独立决策和管理自己的数据库，适用于需要各个团队具有高度的独立性和自主权的场景。

当自定义架构需要支持系统的演进和变更，而不影响其他服务时，Database per service 的独立数据存储特性能够有效缩小变更的影响范围，提高系统的可维护性。

如果自定义架构要求系统具备分布式和弹性的特性，Database per service 架构能够支持各个服务的独立扩展和部署，提高系统的整体性能和弹性。

Database per service 架构的设计思想在自定义架构风格中适用于需要微服务化、分布式、自治性和灵活性的场景，能够有效支持系统的独立性、演进性和可维护性。

3.5 分层架构的演进——六边形架构

六边形架构也称为接口和适配器架构,该架构将系统分为内部和外部两个部分,形象地以六边形表示。内部六边形表示应用程序的核心逻辑,外部六边形则负责与外部系统进行交互。这两个六边形通过接口和适配器连接,实现了系统的松耦合。

六边形架构如图 3-8 所示。

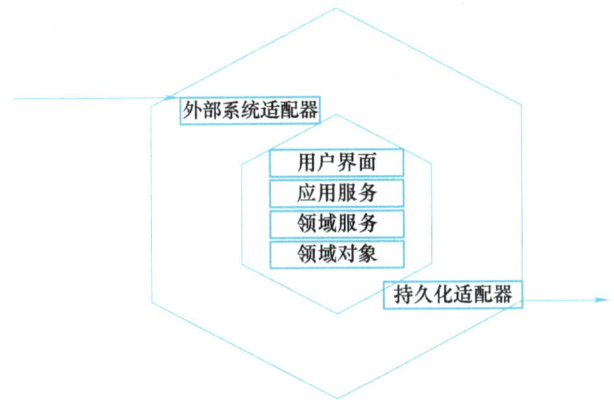

图 3-8 六边形架构

3.5.1 六边形架构的软件架构定义

六边形架构将系统划分为内部和外部两个六边形,有助于清晰界定系统的边界,让核心逻辑与外部实现分离。六边形架构使用适配器模式,将外部依赖通过适配器引入内部,使得外部实现与系统的核心逻辑解耦。这种设计极大地支持外部依赖的替换和灵活配置。

六边形架构的元素、元素属性及其相互关系见表 3-11。

表 3-11 六边形架构的元素、元素属性及其相互关系

元 素	元 素 属 性	相 互 关 系
应用服务	包含应用程序中各个用例的执行逻辑,提供应用服务接口供外部使用	与领域服务和外部系统通信,调用领域服务处理业务逻辑,是用户接口和领域服务的桥梁
领域服务	应用程序的核心业务逻辑,负责处理领域对象无法处理的特定业务规则	与领域对象协同工作,调用领域对象完成业务逻辑,是应用服务和领域对象的协调者
领域对象	表示系统中的业务概念和规则,负责处理业务逻辑和状态	与领域服务协同工作,由领域服务调用执行业务逻辑,是领域服务和数据库之间的映射

(续)

元　素	元素属性	相互关系
外部系统适配器	处理与外部系统的通信和集成，将外部系统的数据转换为应用内部数据	与应用服务通信，负责处理外部系统的数据格式和协议，是应用服务和外部系统的桥梁
持久化适配器	处理与数据存储的交互，将应用内部数据映射到数据库中	与领域对象通信，负责将领域对象的状态存储到数据库中，是领域对象和数据库之间的桥梁
用户界面	提供用户与应用程序交互的界面，呈现应用服务的执行结果	与应用服务通信，接收用户输入并将其传递给应用服务，是应用服务和用户之间的交互界面

六边形架构遵循依赖反转原则，即依赖关系由高层次模块定义，而低层次模块依赖于抽象。这一特性有助于提高系统的灵活性和可维护性。通过明确的边界定义，六边形架构使核心业务逻辑与外部依赖之间的交互清晰可见，这种清晰的边界有助于理解系统结构，并促进模块化设计。

六边形架构支持测试驱动开发，它将核心业务逻辑和外部依赖隔离，使编写单元测试和集成测试更为容易，有助于提高软件质量和可维护性。同时，六边形架构强调关注点分离，清晰划分核心业务逻辑和外部依赖的关注点，有助于每个关注点的独立开发、测试和维护。此外，六边形架构通过抽象化数据访问，使核心逻辑不依赖于具体的数据存储或外部服务，提高了系统对数据存储和外部服务变化的适应性。

综上，六边形架构提供了一种高效的方式来组织和隔离系统的不同部分，使系统更易于理解、测试和演进。这种设计思想有助于构建灵活、可维护的软件系统。

3.5.2　内外分离的灵活性与可维护性

六边形架构通过将核心业务逻辑与外部依赖隔离，极大地提高业务逻辑的可测试性。通过使用适配器模式，可以轻松替换外部依赖，从而更易于实现单元测试和集成测试。外部依赖通过适配器与应用程序交互。这种隔离机制降低了对外部依赖的耦合度，使系统更易于适应变化和替换外部组件。

核心业务逻辑被包装在应用程序内，不依赖具体的框架或技术，这有助于保持业务逻辑的独立性，减少了对特定技术栈的依赖，提高了系统的可维护性。通过适配器模式，外部依赖可以轻松替换或添加，使系统更具可插拔性。这在面对需求变化或引入新组件时优势尤其突出。

六边形架构将应用程序划分为内部和外部两个六边形，清晰地分离了核心业务逻辑和外部交互，这有助于更好地理解和组织系统的结构。通过清晰的架构边界和模块化设计，不同团队可以专注于各自负责的部分，降低了彼此之间的依赖，促进了团队协作。通过解耦内部和外部关注点，六边形架构提高了系统的可维护性，使得修改和扩展更加容易，同时保持了系统的整体稳定性。

综上，六边形架构凭借这些设计原则和模式，提供了更加灵活、可测试、可维护的软件架构，能够有效适应变化，促进了系统的可扩展性。

3.5.3 清晰的分层边界与配置复杂性的权衡

尽管六边形架构的分层边界清晰程度相比传统架构有了巨大的提升，在选择架构风格时仍然需要考虑成本增加、配置复杂性高等问题，从而做出最适合项目需求的架构决策。

引入六边形架构的团队可能需要一定的时间来适应新的设计模式和原则，这可能导致初期的学习曲线较陡峭。有时，为了追求解耦和可测试性，可能会引入过多的适配器和接口，导致架构的复杂度超过实际承受能力。此外，六边形架构的灵活性和可插拔性可能会带来一些性能开销，特别是在频繁调用外部依赖的场景中。

系统中可能存在大量的适配器和配置，这无疑增加了配置管理的复杂性，需要谨慎对待。维护适当的抽象层次是一项挑战，过多的抽象可能导致增加理解和维护的难度，而过少则可能影响系统的可测试性和灵活性。需要注意的是，六边形架构并非适用于所有场景。在简单、小型或者对灵活性要求不高的项目中，引入六边形架构可能会显得过于烦琐。处理外部依赖时，可能涉及更复杂的适配器和接口设计，尤其是当外部依赖的接口发生变化时，可能需要频繁地进行调整。

在应用六边形架构时，团队需要权衡这些问题，并根据具体情况调整架构设计，以确保其真正为项目创造价值而不是过度复杂化系统。

3.5.4 多团队协作、不断演进系统的适用性

当系统包含复杂的业务逻辑，并且需要清晰地组织和隔离这些逻辑时，六边形架构可以提供一个有力的设计支持。如果项目对可测试性有较高的要求，六边形架构的设计模式使得核心业务逻辑能够轻松地进行单元测试和集成测试。

当系统需要与多个外部依赖交互，而这些依赖的实现可能发生变化时，六边形架构的适配器模式所带来的灵活性就显得尤为重要。如果系统需要频繁演进和变化，六边形架构的灵活性和解耦特性可以更好地应对这种变化。

在大型项目中，多个团队可能负责不同的模块。六边形架构通过清晰的边界和接口定义，有助于各团队独立开发和维护各自负责的部分。六边形架构通过隔离核心业务逻辑，使系统更易于维护和扩展。这在长期演进的项目中非常有价值。六边形架构和面向服务的架构原则存在一些相似之处，特别是在清晰划分核心业务逻辑和外部服务方面，六边形架构可以与 SOA（面向服务架构）结合使用。

总之，六边形架构适用于需要清晰划分关注点、可测试性要求高、系统需要灵活应对变化的

场景。在实际应用中,团队需要权衡需求、项目规模及团队的技术水平,选择适合的架构。

▶▶ 3.5.5　六边形架构在自定义架构风格中的设计方法

六边形架构使用适配器和接口,实现了内部六边形与外部依赖的解耦。这种设计思想可以在不同模块或服务之间重用,以实现外部依赖的替换或扩展。通过定义清晰的抽象接口并遵循依赖反转原则,六边形架构支持高层次模块定义依赖关系,而低层次模块依赖于抽象。这使得模块的依赖关系更易于重用和调整。将系统划分为内部和外部六边形,明确了核心业务逻辑和外部依赖的边界。这种结构的模块化特性促进了可重用设计。

六边形架构支持测试驱动开发,通过适配器和接口的设计,系统中的模块更易于进行单元测试和集成测试,提高了可重用部分的可测试性。六边形架构强调关注点的分离,即内部六边形负责核心业务逻辑,而外部六边形负责外部依赖,这种分离有助于重用特定关注点的模块,从而提高系统的可维护性。

六边形架构提供了一种有机的方式来组织和隔离系统的不同部分,使这些设计元素更易于在不同场景中被重用,这对于在不同部分的应用中共享通用的逻辑和组件具有重要价值。

▶▶ 3.5.6　六边形架构风格实践

(1)需求分析

社交网络功能需求见 2.1.6 小节中所描述,其架构要求模块间通过接口隔离,需要保障系统的可测试性和可重用性,需要保障模块的独立性,使系统更易于测试和维护,能够支持功能组件的灵活复用。

(2)六边形架构风格的选择

系统需要通过接口实现模块间的隔离,以此保障系统具备良好的可测试性与可重用性。同时,强调模块应具有高度独立性,让系统在测试和维护过程中更加便捷,并且能够灵活复用功能组件,以适应不断变化的业务需求和提升开发效率。

选择六边形架构风格,主要是因为它通过接口隔离模块,增强了模块独立性,极大地提升了系统的可测试性和可重用性。六边形架构与多种常见架构风格的对比见表 3-12。

表 3-12　六边形架构与多种常见架构风格的对比

架构风格	模块间隔离性	可测试性	可重用性	模块独立性	系统维护难度	功能组件复用灵活性
六边形架构	高	高	高	高	低	高
分层架构	中	中	中	中	中	中
微服务架构	高	高	高	高	中	高

(续)

架构风格	模块间隔离性	可测试性	可重用性	模块独立性	系统维护难度	功能组件复用灵活性
单体架构	低	低	低	低	高	低
面向服务架构	中	中	中	中	中	中

六边形架构通过明确的边界和模块化设计帮助管理系统复杂性。它提供了一种清晰的结构，使得系统在面对变化时更加灵活和适应性强。这种架构模式促进了系统的可维护性和扩展性，简化了测试和集成工作，使开发人员能够更专注于核心业务逻辑的实现和优化。通过采用六边形架构，开发团队可以更有效地应对技术变革和业务需求变化，从而提升系统的整体质量和可靠性。

（3）六边形架构核心元素的定义

在六边形架构中，核心业务逻辑位于中心，通过定义的接口和适配器与外部系统交互。这种设计使得核心业务逻辑与外部环境解耦，提高了系统的灵活性、可测试性和可维护性。每个适配器负责与不同的外部系统进行交互，而核心业务逻辑通过定义的接口进行操作，实现了业务逻辑的独立性和模块化。六边形架构在社交网络应用中的核心元素定义见表3-13。

表3-13 六边形架构在社交网络应用中的核心元素定义

元素	二级元素	详细内容
核心业务逻辑	内容发布	用户能够发布文本、图片、视频等内容
	用户管理	用户需要注册、登录、管理个人信息，并进行好友添加和删除等操作
	社交互动	实现用户之间的即时消息传递、评论、点赞等互动功能
	数据存储和检索	存储用户数据、帖子、评论等，并支持高效的数据检索
输入接口	内容发布接口	处理用户的发布、评论、点赞等请求
	用户服务接口	管理用户注册、登录、账户设置等操作
	社交互动	处理用户之间的即时消息传递、评论、点赞等请求
输出接口	数据存储接口	与数据库交互，包括内容、用户数据等
	通知服务接口	发送电子邮件、短信或推送通知
	外部系统接口	与第三方服务集成
输入适配器	Web应用适配器	处理HTTP请求，如用户界面和API
	移动应用适配器	处理来自移动客户端的请求
	API网关	接收和转发来自其他系统或服务的请求
输出适配器	数据库适配器	将核心业务逻辑的数据存储在数据库中，并处理数据检索
	邮件服务适配器	将通知内容发送到邮件系统

第 4 章

云计算架构

早期企业多采用本地部署架构，自行购置和维护硬件设备运行软件系统。随着互联网的发展，企业对资源调配灵活性与成本控制的需求日益增长，云计算架构应运而生。它通过按需付费和弹性扩展模式，解决了本地资源闲置浪费问题，提升了资源利用率，帮助企业专注核心业务。而在数字化转型进程中，企业业务呈现差异化需求，部分核心业务对安全性、性能要求严苛，非核心业务则更看重云平台的灵活性，于是混合部署架构出现，平衡了安全性、性能与灵活性。与此同时，业务的持续发展使单体应用愈发复杂，难以维护与扩展，微服务架构理念兴起并与云计算结合，形成云微服务架构，将单体应用拆分为独立微服务，实现独立开发、部署与扩展，精准分配资源，有效提升了系统的可维护性、可扩展性和伸缩性。云计算技术的深入发展，催生了开发者对便捷高效开发模式的追求，无服务器架构就此诞生。它使开发者聚焦业务逻辑，云服务提供商自动管理服务器资源并按使用量计费，极大地降低了开发运维成本与门槛，特别适用于事件驱动、临时性及对响应速度要求高的应用场景，避免服务器闲置。

4.1 云计算平台

云计算通过提供高弹性的基础设施、灵活的资源管理和即时可用的服务，助力软件架构实现更高的可伸缩性、灵活性和可靠性，同时降低硬件和运维成本，推动分布式计算范式的发展。架构师可以借此更灵活地设计和部署系统，根据实际需求实现动态扩展或缩减。云计算还推动了微服务架构的流行。它将应用程序拆分为小型、独立的服务，简化了开发、部署和维护流程，提高了系统的可维护性和可升级性。无服务器计算的兴起进一步强化了这一趋势，使开发人员能够专注于代码编写而无须关注基础设施的管理。

▶▶ 4.1.1 云计算平台的发展历史

在 20 世纪末，Grid 计算作为一种解决复杂问题的方法应运而生。它通过整合全球分布的计算资源为云计算概念的形成奠定了基础。2006 年，亚马逊公司推出了 Amazon Web Services，开创了商业云计算服务的先河，标志着云计算正式进入商业领域。2008 年，Google 发布了云计算平台 Google App Engine，而微软则在 2009 年推出了 Azure 云计算平台，为用户提供了更多云服务选择。

2010 年，OpenStack 项目启动，这标志着开源云计算软件的发展步入新阶段。随后几年，云计算市场蓬勃发展，涌现出多家提供不同服务模式的公司，包括基础设施即服务（IaaS）、平台即服务（PaaS）和软件即服务（SaaS）。2013 年，Docker 容器技术的发布推动了容器化和微服务架构的兴起，成为云计算领域的重要技术趋势。

2015 年，AWS Lambda 的发布引入了无服务器计算的概念，使开发者能够构建和运行无须管理基础架构的应用程序。2018 年，企业开始采用多云战略，整合多个云服务提供商的优势构建更为弹性和灵活的系统。进入 2020 年以后，边缘计算和混合云崭露头角，满足了对低延迟、高可用性和更多灵活性的需求，成为云计算的新趋势。

云计算在近几年经历了飞速的发展，已成为现代计算和业务模型的核心。其不断推陈出新的技术和服务形式，为企业和开发者提供了更多的创新机遇和业务空间。

4.1.2 云计算平台的三层架构

选择云服务厂商是一个关键决策，需要综合考虑项目需求、预算、性能、安全性等多方面因素。

了解项目的具体业务需求是选择云服务提供商的首要步骤。不同厂商在特定领域或服务类型上有不同的优势。例如，有的厂商可能在机器学习领域表现出色，而有的则在大数据处理方面更强。要充分考虑项目对性能和可用性的要求。查看云服务提供商的全球数据中心分布，以确保能够满足用户地理位置的需求，并了解其服务级别协议和可用性保证。同时，要对不同厂商的定价模型和费用结构进行比较，明确不同服务的计费方式，如按需计费、共享实例、独享式实例等，确保清楚了解隐藏费用和计费细则。安全性至关重要，需要了解云服务提供商的安全实践、加密选项、合规性支持，以及对身份和访问管理的控制。还要考虑云服务提供商的生态系统和集成能力，一些厂商提供广泛的应用服务和第三方集成，这有助于简化应用程序和服务的开发和部署。此外，要评估云服务提供商的技术支持水平，包括响应时间、技术支持服务等，同时考虑是否提供培训资源和认证，以帮助团队更好地使用云服务。最后，查看社区和用户评价，了解其他用户的使用经验，这可以为有关服务质量、稳定性和客户满意度提供参考。

在做出最终决策之前，需要进行综合的评估和试用。可以利用厂商提供的免费试用期、演示、培训资源等，更好地了解其服务和适应性。

云计算领域有多家重要的云服务提供商，如亚马逊云计算、谷歌云、阿里云等。云计算厂商提供的 IaaS（Infrastructure as a Service）、PaaS（Platform as a Service）、SaaS（Software as a Service）构成了云计算的三层服务模型，FaaS（Function as a Service）是云计算特有的服务模型，为用户提供了灵活、可扩展和经济高效的计算资源和服务。云计算模型的三层架构如图 4-1 所示。

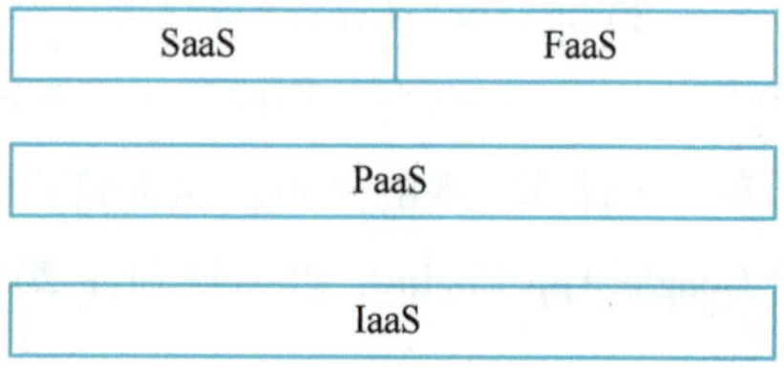

SaaS	FaaS
PaaS	
IaaS	

● 图 4-1　云计算模型的三层架构

IaaS 是云计算服务的基础架构，提供了虚拟化的计算、存储和网络资源，使用户能够通过云平台按需获取和管理这些基础设施，而无须购买或维护实际硬件设备。IaaS 为用户提供了高度灵活和可扩展的计算能力，使其能够根据实际需求动态调整资源，实现应用程序和服务的快速部署。借助云服务提供商的虚拟化技术，用户可以迅速创建、配置和管理虚拟机、存储空间和网络资源，避免了传统基础设施建设的烦琐过程。IaaS 的核心理念是将硬件资源抽象化，以服务的形式提供，使用户能够专注于应用程序的开发和运营，而不必担心底层基础设施的维护和管理。IaaS 架构如图 4-2 所示。

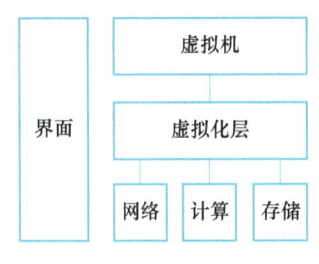

● 图 4-2　IaaS 架构

　　PaaS 为开发人员提供了完整的应用程序开发和部署环境，包括开发工具、运行时环境和基础服务，以简化应用程序的构建、测试、部署和扩展过程。PaaS 通过提供高度抽象化的平台，屏蔽了底层基础设施的复杂性，使开发者能够专注于应用程序的业务逻辑，而无须关注底层的硬件、操作系统和网络配置。这种服务模型通过云服务提供商提供的统一平台，支持多种编程语言和框架，允许开发人员使用他们熟悉的工具和语言进行应用程序的开发。PaaS 还具备自动化的扩展和管理功能，使应用程序能够根据需求自动调整资源，实现高可用性和弹性。通过 PaaS，开发者可以更迅速地开发、测试和部署应用程序，缩短了软件开发周期，降低了开发和维护成本。

　　SaaS 通过云服务提供商向用户提供软件应用程序的访问权限，用户无须安装和维护软件，通过互联网即可直接使用。SaaS 模型基于订阅制，用户按需付费，通常以月度或年度为周期。这种服务模式使用户能够通过各种终端设备，如计算机、平板计算机和智能手机等，随时随地访问应用程序，提高了灵活性和可访问性。SaaS 不仅免除了用户对软件的烦琐管理任务，软件的维护、更新和安全性等方面的责任也由云服务提供商承担。用户通过简单的 Web 浏览器或专用的客户端应用程序使用软件，无须关心底层的硬件、网络和操作系统。SaaS 服务通常涵盖办公自动化、企业资源规划、客户关系管理、人力资源管理等许多应用领域，满足了企业的多种功能需求。SaaS 的优势包括灵活的付费模式、即时的软件更新和维护、全球性的访问能力，以及对用户设备的低要求。这种服务提高了企业的效率和敏捷性，为用户提供了更加便捷、安全和可靠的软件应用服务。

　　IaaS 为 PaaS 提供基础设施支持，PaaS 在此基础上提供开发和部署平台，而 SaaS 则构建在 PaaS 和 IaaS 之上，提供直接可用的软件服务。用户可以选择使用 IaaS 构建自己的基础架构，或者使用 PaaS 来简化应用程序的开发和部署，最终通过 SaaS 直接使用已经搭建好的软件服务。这三者形成了一种逐层递进的关系，为用户提供了不同层次的云计算服务选择，使其可以根据需求选择适当的服务模型。

　　FaaS 是一种更为轻量级的服务模型，它将应用程序的逻辑划分为小的函数，并按需执行这些函数。FaaS 不需要用户关心底层的服务器和运行时环境，只需专注于编写和部署函数即可。这种模型适用于事件驱动、无服务器的场景。在 FaaS 架构中，函数是核心元素，通过与触发器关联，根据事件触发执行，而运行时环境和资源配置则为函数执行提供了计算环境和资源支持。

这种模型使开发者能够更专注于业务逻辑，而无须操心底层的基础设施管理。FaaS 架构最典型的应用是云计算中的无服务器架构。用户可以直接编写函数并执行，无须关心底层虚拟机及运行环境的细节。

4.1.3 云计算赋能软件架构

云计算推动了软件架构向更为分布式、弹性、可伸缩和灵活的方向演变。架构师和开发者需要更加注重系统的弹性设计、分布式架构和服务化，以充分利用云计算的优势。云计算具备按需分配和释放资源的能力，使软件系统能够更好地应对不同规模和负载的需求。设计架构时需要考虑如何利用云资源实现水平扩展和自动弹性调整。

可扩展性、性能、可用性、集成、安全性、配置、多租户、审计和监控被视为现代软件系统面临的首要非功能属性挑战。

云计算通常基于分布式架构，软件系统需要考虑如何有效地处理分布式环境中的通信、同步和一致性问题。微服务架构的兴起与云计算的分布式特性密切相关，云计算支持将系统拆分为相对独立的服务。面向服务架构或者更灵活的微服务架构，使系统更易于扩展、维护和更新。云计算引入了无服务器计算模型，允许开发者编写函数式代码，而无须关心底层基础设施，这为特定类型的工作负载和应用场景提供了更高的灵活性和效率。云计算加速了容器技术和微服务架构的流行，容器化提供了更为轻量级和可移植的应用打包方式，微服务则使系统更易于拆分、独立开发和部署。企业可以利用多个云服务提供商的优势，采用混合云或多云战略，此时，软件架构需要考虑如何实现跨云的可移植性和数据一致性。云计算推动了边缘计算的兴起，使计算资源能够更靠近终端用户或设备为对延迟敏感的应用和服务提供了更好的性能。

云计算对系统的安全性和合规性提出了新的挑战。架构设计需要考虑如何有效地管理身份认证、访问控制、数据加密等安全性问题，以满足不同的合规标准。云计算环境提供了多地域和多可用区的部署选项，有助于提高系统的容灾性和业务连续性。架构设计需要考虑如何确保在故障情况下业务的持续性。云计算环境推动了智能辅助开发工具的发展，包括自动化测试、代码分析等。架构设计需要考虑如何充分利用这些工具提高开发效率。基于代码的基础设施和可编程基础设施的概念在云计算中得到了广泛应用。架构设计需要考虑如何实现自动化、可伸缩的基础设施管理。云计算环境促进了可持续开发和 DevOps 文化的兴起。架构设计需要考虑如何实现持续集成、持续交付和自动化测试等最佳实践。随着数据规模的增长，分布式数据库和数据一致性成为关键挑战。架构设计需要考虑如何有效地管理分布式数据和确保数据一致性。云计算环境为分布式机器学习提供了理想的基础，支持在多个节点上进行模型训练。架构设计需要考虑如何优化分布式机器学习的性能和效率。云计算环境支持广泛的开发者生态系统，包括开发工具、库和平台。架构设计需要考虑如何在这样的生态系统中协作和集成。云计算加速了低代码和无代码开发的趋势，使应用程序能够更迅速地构建和部署。

4.2 混合云部署架构

选择本地部署或云服务时，需要根据具体需求和实际情况进行综合评估。对于在安全性、定制性、性能等方面要求较高的业务，本地部署可能是更合适的选择。然而，对于期望快速部署、灵活扩展且不愿进行大规模投资的企业，云服务可能更具优势。在实际决策中，也可以考虑采用混合云模型，结合两者的优势以满足不同层次的业务需求。

4.2.1 本地部署架构

本地部署赋予企业对自身数据完全的控制权，尤其适用于涉及敏感数据的行业，有助于满足法规和合规性要求。本地部署具有更大的灵活性和定制性，企业可以根据需求选择和集成硬件、软件、网络等组件，满足个性化业务需求。本地部署架构如图 4-3 所示。

对于需要处理大量数据或对计算能力要求较高的应用程序，本地部署可以凭助直接访问硬件，降低延迟，提供更优的性能。长期来看，本地部署可能更经济。一旦基础设施建立，企业可以更好地控制运营成本，无须每月支付云服务费用。

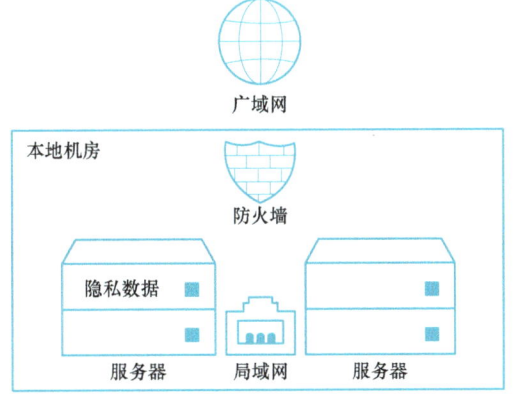

● 图 4-3 本地部署架构

不过，本地部署的初期投资较高，不仅需要购买和维护硬件设备，还要负责整个基础设施的维护、更新和管理。这对小型企业和缺乏专业 IT 支持的企业而言，无疑是一项沉重的负担。而且，因受物理硬件的限制，本地部署的可伸缩性相对较差，扩展可能需要一段时间。相较于云服务，本地部署可能灵活性不足，无法迅速适应市场变化。

4.2.2 云平台部署架构

云计算平台具有弹性和可伸缩性，企业可以根据需求动态调整资源配置，实现快速扩展或缩减。云服务具有即插即用特性，企业无须购买硬件设备，便可迅速部署应用程序，加快上线速度。云平台部署架构如图 4-4 所示。

云计算平台由云服务提供商负责更新和维护，减轻了企业的维护负担，确保服务始终处于最新状态。云服务提供了多样的服务模型，包括 IaaS、PaaS 和 SaaS，可以满足不同企业的各类业务需求。

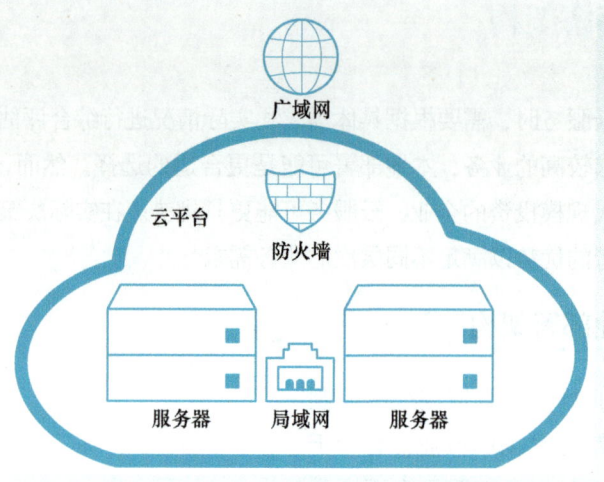

● 图 4-4　云平台部署架构

然而，对于某些行业，如金融和医疗保健，由于数据存储在云服务商的服务器上，云服务的数据安全性可能引起担忧。此外，云服务依赖云服务厂商的网络，一旦网络出现问题，可能会对应用程序的可用性造成影响。虽然云服务提供了灵活的付费模式，但从长期使用成本来看，费用可能会超过本地部署。

4.2.3　混合部署架构

混合部署结合了本地部署和云计算平台的优势，企业可以根据具体业务需求，有针对性地选择使用本地资源或云服务。例如，敏感数据可以保留在本地，而非敏感数据可以存储在云中，从而提高了整体数据的安全性。同时，企业可以根据应用程序的不同需求，灵活选择使用本地资源或云资源，实现成本优化。混合部署架构如图 4-5 所示。

混合部署会增加系统集成的难度，企业需要有效地管理本地和云资源之间的交互协同。这种混合架构引入了更多的复杂性，企业必须确保在两种环境中系统能保持一致性并协同工作。此外，同时管理本地设备和云服务，也增加了管理的复杂度。

混合云架构的核心在于整合公有云和私有云，以实现灵活性、可扩展性和安全性之间的平衡。这种架构使组织能根据业务需求动态选择最适合的部署环境，更好地满足不同工作负载的要求。

敏感的业务数据，以及涉及法规合规性的工作负载通常会被部署在私有云中，以便企业更好地控制和保护这些数据。一些公司可能选择将内部系统、关键业务应用程序及对业务核心功能至关重要的工作负载放置在私有云中，以确保对这些关键服务的直接控制。如果某些工作负载对特定硬件或网络拓扑有较高的定制化需求，私有云环境则提供了更大的自主性和灵活性。

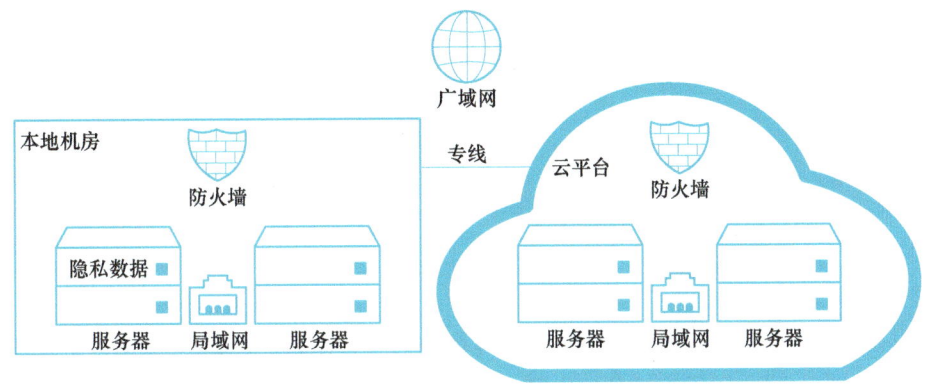

● 图 4-5 混合部署架构

公有云平台通常提供弹性计算资源，适用于具有不断变化负载的工作负载。应用程序和服务可以根据实际需求自动扩展或缩减。公有云平台具备便捷创建和管理开发、测试环境的功能，开发团队可以根据需要快速搭建临时环境，提高灵活性和工作效率。

公有云通常配备强大的大数据服务和工具，适用于需要处理大规模数据集的应用程序。为提高可用性和灾难恢复能力，企业可选择将容灾和备份服务部署在公有云环境中，利用其弹性和全球性的基础设施优势。如果业务需要在全球范围内进行部署，公有云所提供的分布式数据中心网络，能更轻松地实现全球性的服务覆盖。

综合考虑本地部署、云计算平台部署和混合部署的优缺点，架构师需要根据自身业务需求、预算和技术能力做出合理的决策。对于需要高度定制化、对数据控制权要求高的企业，本地部署可能更适合；对于追求快速扩展、灵活应对市场变化的企业，云计算平台可能是更好的选择；而对于一些特定业务场景，混合部署可能是平衡成本和性能的有效途径。归根结底，关键在于深入理解不同部署方式的特点，根据实际情况做出最能满足业务需求的决策。

对于需要符合特定法规和合规标准的企业，可以在私有云中处理敏感业务和符合法规要求的工作负载，同时在公有云中运行非敏感性任务。对于业务需求波动较大、需要弹性扩展的场景，混合云使得企业可以根据需求在公有云中快速扩展，同时保留私有云中的关键业务。混合云架构允许企业根据成本效益的考量，将关键应用和数据留在私有云中，而将非关键和可弹性的工作负载迁移到公有云，以节省成本。

混合云还可以用于构建强大的灾难恢复和容灾解决方案，将关键数据备份存储在私有云中，同时利用公有云提供的灾难恢复服务。对于具有全球业务的企业，混合云有助于在全球范围内建立分布式的数据中心，提升用户体验，降低访问延迟。

对于具有传统架构的企业，混合云允许其逐步向云环境迁移，同时保留和整合旧有系统，有效降低迁移风险。混合云架构通常将部分工作负载部署在私有云环境中，而将另一部分部署在公有云环境中，具体的部署决策取决于企业的具体需求、业务目标和技术要求。

4.3 云平台应用架构

4.3.1 云微服务架构

云微服务架构是将微服务架构应用于云计算环境的一种架构。微服务架构作为一种软件设计和开发方法，将大型应用程序拆分为小型、独立的服务单元，每个服务单元都有自己的特定功能，可以独立开发、部署和扩展。云微服务架构如图4-6所示。

云微服务架构是基于微服务的云原生设计理念，融合了微服务架构、弹性伸缩、容器化部署、自动化部署与CI/CD（持续集成/持续部署）、微服务治理、服务注册与发现、分布式数据库、云原生应用、多云战略与混合云、边缘计算和混合云等多方面内容。云微服务架构的元素、元素属性及其相互关系见表4-1。

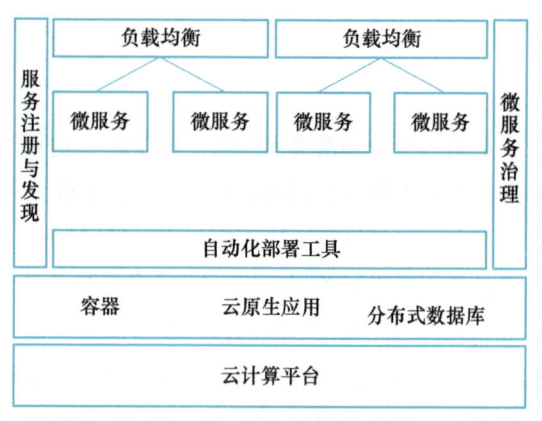

● 图4-6 云微服务架构

表4-1 云微服务架构的元素、元素属性及其相互关系

元 素	元素属性	相互关系
云计算平台	提供计算、存储和网络资源的云服务平台	与云服务提供商建立连接，利用其弹性伸缩、自动化和管理功能
微服务	小型、独立的服务单元，具有特定的业务功能，可独立开发、部署和扩展	相互之间通过API进行通信，每个微服务可以由不同的开发团队独立维护
容器	使用容器技术打包和隔离微服务，确保跨环境的一致性	微服务通常以容器的形式部署，容器编排工具管理容器的部署和伸缩
自动化部署工具	提供自动化部署、配置和管理微服务的工具	与云计算平台集成，实现持续集成和持续部署流程
微服务治理	监控、跟踪和管理微服务的运行状态，确保系统的可靠性和稳定性	与微服务通信，收集运行时数据，支持服务发现、负载均衡等功能

(续)

元　素	元素属性	相互关系
服务注册中心	用于微服务的注册和发现，确保微服务能够动态地发现和通信	微服务通过服务注册中心注册和发现其他微服务，保证微服务间的协同工作
分布式数据库	提供分布式数据管理，确保每个微服务都可以独立管理和维护自己的数据存储	与微服务集成，支持分布式事务、数据一致性等
云原生应用	构建云原生应用，充分利用云计算平台的服务和功能	云微服务架构以云原生的理念构建应用，充分利用云计算的优势

通过微服务的"分而治之"策略，实现系统的模块化和独立演进；弹性伸缩保障系统对流量波动的高效应对；容器化部署提供一致的运行环境；自动化部署与 CI/CD 流水线提高开发、测试和部署的效率；微服务治理、服务注册与发现确保微服务之间的松耦合通信；分布式数据库支持微服务的独立数据管理；云原生应用设计使应用更好地适应云环境；多云战略与混合云增强系统的可扩展性和可靠性；混合云提供更多灵活性和高可用性。云微服务架构的这些特征共同构建了一个灵活、可伸缩、高效、可维护且适应性强的系统，为企业应对复杂多变的业务环境提供了全面而可靠的解决方案。

云微服务利用云计算平台的弹性伸缩能力，根据实际需求自动调整服务实例数量，实现资源的高效利用，提升系统的弹性和灵活性。云微服务借助容器化技术，将每个微服务封装为独立的容器，实现快速部署和一致的运行环境。同时，采用云原生设计理念，充分利用云计算平台的服务，如云数据库、云存储等，进一步提升应用的可维护性和可扩展性。

通过云计算平台提供的自动化工具和云上的 CI/CD 服务，云微服务实现了更高效的开发、测试和部署流程，减少了手动操作和人为差错。通过云平台提供的服务注册与发现机制，云微服务实现了更强大的微服务治理，能够动态地注册和发现服务实例，确保微服务之间的高效通信，提高了系统的可用性和可靠性。利用云上的分布式数据库服务，云微服务实现微服务间数据的独立管理和云服务的集成，这有助于简化数据管理，提高系统的整体性能。

云微服务通过采用多云战略，能够在不同云服务提供商之间灵活选择，结合混合云架构，实现公有云、私有云和本地数据中心的协同工作，提升整体系统的可用性和弹性。云微服务支持边缘计算，使服务能够部署在离用户更近的地理位置，提高响应速度。同时，通过混合云，将计算资源分布在边缘和云端，提供更灵活的架构。

4.3.2　无服务器架构

无服务器架构是一种云计算架构风格，应用的构建和运行无须开发者显式管理服务器。在无服务器架构中，开发者将代码以函数的形式部署到云服务上，云服务负责按需执行这些函数，并自动管理底层的基础设施。

无服务器架构系统是事件驱动的，函数以响应事件的方式执行。无服务应用按需执行，仅在需要时才分配和使用资源。无服务平台自动处理应用的弹性伸缩，根据请求量自动分配资源。函数以短生命周期执行，执行完毕后立即停止，避免了闲置资源。无服务器架构如图4-7所示。

无服务器架构以事件为核心，通过触发函数的执行来实现系统的动态响应。这赋予了系统强大的灵活性，能够按需执行特定逻辑。无服务器架构具备自动伸缩的能力，可根据负载的波动自适应地调整计算资源。这为系统提供了高效的性能，并确保在变化的工作负载下保持可靠性。无服务器架构的元素、元素属性及其相互关系见表4-2。

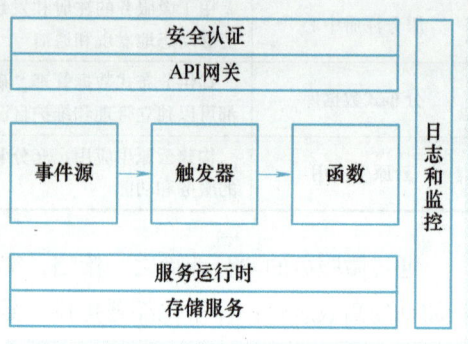

● 图4-7 无服务器架构

表4-2 无服务器架构的元素、元素属性及其相互关系

元素	元素属性	相互关系
函数	包含执行特定任务或功能的代码和相关配置	通过事件触发执行，无服务器平台会自动扩展、调度和管理函数的生命周期
触发器	触发函数执行的事件源，包括 HTTP 请求、消息队列等	与函数关联，触发函数的执行
服务运行时	提供函数执行所需的运行环境，包括计算资源和依赖项	由无服务平台提供，确保函数在执行时有足够的计算资源和运行环境
事件源	产生触发函数执行的事件	与触发器关联，生成触发函数执行的事件
API 网关	管理和暴露函数作为 API 的访问入口	与函数关联，处理 API 请求并触发相应的函数执行
存储服务	存储函数执行中涉及的数据和状态	与函数关联，提供数据的持久化存储

函数和服务设计为无状态架构，以确保每个执行实例都是独立的。这有助于实现水平扩展和简化系统管理。无服务器架构强调自动化的部署、扩展、负载均衡和故障恢复，使开发者从底层基础设施的烦琐管理中解脱出来，专注于核心业务逻辑。无服务器架构采用灵活的按需计费模式，只对实际执行的函数付费，避免了资源闲置浪费，有效降低了成本。

函数作为微服务的基本组成单元，通过事件和 API 网关组合在一起，形成复杂的业务逻辑，实现了高内聚低耦合的设计。将运维工作交由云服务提供商，开发者无须关心底层服务器的管理，减轻了运维负担，提高了开发效率。通过独立的函数单元，支持快速迭代和部署，使开发者能够更加灵活地应对需求变化，缩短开发周期。

无服务器架构注重对事件的敏感响应、自动调整、高度独立性及开发者从基础设施管理中解放出来的核心特征。无服务器架构允许开发者将应用按需部署，而不需要事先预留或配置服务器，这带来了更加灵活和快速的部署过程，缩短了上线时间，有助于敏捷开发和快速迭代。无服务器架构可根据请求的增加自动扩展，无须手动管理和配置，这使得应用在面对高峰时刻能够自动扩展以满足需求，同时在低峰时刻能够自动缩减，提高了系统的效率和资源利用率。

无服务器架构减轻了开发者对基础设施的管理和维护负担。云服务提供商负责服务器的管理、监控和维护，使开发者能够更专注于业务逻辑的编写。无服务器架构天然适合事件驱动的设计，可以响应各种事件，这使开发者能够构建具有高度可扩展性的系统，适用于多种场景，如实时数据处理、异步任务等。无服务器架构摆脱了传统服务器管理和维护的复杂性，开发者无须担心服务器的操作系统、补丁更新等问题，可将更多精力投入到应用的开发和改进中。

然而，由于无服务器架构的特性，函数在需要执行时可能会经历一段冷启动的时间。这是因为在触发事件时，云服务提供商需要动态分配资源并初始化执行环境。冷启动延迟可能影响对实时性要求较高的应用。无服务器架构支持状态无关的函数，这在某些应用场景下是理想的。但对于一些需要保持状态或长时间运行的任务，无服务模型可能需要额外的操作，如使用外部存储或数据库。

函数通常有最大执行时间的限制，这可能会成为某些计算密集型任务或长时间运行任务的限制因素。长时间运行的任务可能会被中断，需要设计适应这一限制的解决方案。由于无服务器架构的分布式本质，调试和监控变得更为复杂，开发者可能需要使用专门的工具和服务来追踪函数的执行、分析日志及监控性能。

使用无服务器架构通常涉及特定云服务提供商的服务，这可能导致应用与云厂商之间存在较强的依赖性。如果需要切换到其他云平台，需要进行较大的改动。

尽管无服务器架构简化了基础设施管理，但在某些情况下，复杂的部署和配置可能仍然是一个挑战，特别是涉及多个函数和服务的复杂应用。

当应用面临不规律的或者瞬时的高工作负载时，无服务器架构能够自动缩放以应对需求，避免资源浪费。对于基于事件触发的应用场景，无服务器架构是理想的选择。例如，处理实时数据流、处理用户上传的文件等。

当任务可以被拆分为独立的、短暂的计算单元时，无服务器架构可以以函数的形式执行这些计算，实现高效资源利用。需要定期执行的任务，如数据备份、定时触发的处理等，可以通过无服务器的定时触发函数轻松实现。

对于成本敏感的项目，无服务器架构可以有效地按需分配资源，避免闲置资源的浪费，降低了总体成本。对于快速原型开发和进行实验性工作，无服务器架构能够快速迭代和验证概念，提高开发效率。

当应用需求具有不确定性或波动性时，无服务器架构的弹性特性使其能够适应变化，确保系统在需求波动时保持稳定。无服务器架构强调函数的无状态性，适用于那些可以被独立执行而不依赖于共享状态的计算任务。

无服务器架构的弹性自适应性使其在应对不断变化的负载时表现出色。在自定义架构中，这种灵活性可以根据具体业务需求定制，实现更加个性化的弹性扩展。

无服务器架构的组件化特性使其容易集成到自定义架构中。通过精心设计的函数和服务，可以实现模块的高度独立性，为系统整体提供更大的灵活性。无服务的快速迭代和部署特性对自定义架构的敏捷性至关重要，在面对不断变化的业务需求时，无服务器架构的迅速迭代能力有助于加速产品的开发周期。

采用按需计费的无服务器架构，可根据实际使用付费，最大限度地提高成本效益。在自定义架构中，可以更灵活地控制和优化成本，根据实际需求调整资源。无服务器架构的设计理念天然地支持系统的高度可伸缩性。在自定义架构中，可以通过合理设计无服务器组件，实现更精细化、个性化的可伸缩性。无服务器架构在云服务提供商的生态系统中被广泛应用，可以轻松整合各种云服务。在自定义架构中，通过与特定领域的服务集成，实现更强大的功能。

总之，无服务器架构的设计思想在自定义架构风格设计中能够提供更大的灵活性、敏捷性、成本效益及简化运维，为自定义架构的构建和演进提供了强大的支持。

4.3.3 应用架构切换

（1）系统上云

将部署在私有云的软件系统迁移到公有云带来了多方面的优势。公有云提供弹性的计算资源，可以根据实际负载需求进行自动扩展或缩减，确保系统能够灵活应对变化的工作负载。公有云平台拥有全球性的基础设施，可以实现分布式部署，提高服务的可用性和响应性，同时降低因特定地理位置故障导致的风险。公有云服务商提供了一系列大数据处理和分析工具，使软件系统能更好地应对大规模数据处理需求，进而支持准确的的业务决策和创新。最重要的是，中小规模软件系统迁移到公有云可以降低维护和管理成本，借助云服务商提供的托管服务，企业可以专注核心业务而无须过多关注基础设施的细节。这种迁移不仅实现了成本的灵活控制，而且也为软件系统带来更强的可扩展性和创新性，助力企业更好地适应快速变化的市场需求。

将部署在私有云的软件系统迁移到云平台，需要制定迁移的时间计划、实施计划，并尽可能提前识别其中的风险并加以解决。

迁移涉及敏感数据，可能引发数据隐私和合规性方面的问题。私有云环境和公有云环境可能存在差异，包括网络配置、安全性要求、操作系统版本、开源软件支持程度等。公有云平台的性能和可用性可能与私有云的有所不同。系统在公有云上的性能可能受网络延迟、资源共享等因素影响。迁移可能需要投入大量时间和资源，包括培训团队成员、调整代码、修改配置文件等。成本和时间的估算可能会低估实际的需求。迁移过程中可能导致业务中断，特别是在数据迁移和应用程序调整期间。因此，采取有效的备份和灾难恢复策略是十分必要的。数据在迁移过程中可能面临安全风险，如数据泄漏或未经授权的访问。团队成员可能缺乏在公有云平台上管理和操作系统所需的技能。

部分软件系统可能依赖遗留技术或平台，这在公有云环境中可能不被支持，需要考虑如何处理这些遗留系统的问题。公有云环境可能需要使用不同的监控和管理工具，确保能够有效地监控和管理系统至关重要。

将在私有云部署的软件系统迁移到公有云会带来很多优势，但也有一定的问题和挑战，需要尽可能降低迁移、部署过程中的风险，以保障迁移的顺利进行。如果需要使用云平台提供的一些私有云没有的功能，例如 CDN、Serverless 等，需要做好充分的验证工作，并在迁移计划中预留解决不可预料问题的时间。由于公有云平台提供的服务大多是不开源的，遇到问题时很难搜索到准确的解决方案，可以联系公有云的客服进行问题定位和解决。

（2）系统下云

2022 年 10 月 27 日马斯克完成对 Twitter 的收购，并将 Twitter 更名为 X。时隔一年，2023 年 10 月 27 日，X 工程技术发布帖子称，优化了 X 的云服务使用方式，着手将更多工作负载迁往本地基础设施。这一转变使 X 每月的云成本降低了 60%。所有媒体工作均已下云，这让 X 的整体云数据存储量缩减了 60%，还成功将云数据处理成本降低了 75%。根据"Flexera 2023 State of the Cloud Report"的调查结果，在企业的云支出总额中，有 28%是浪费的支出。而浪费的原因，很大一部分可以归结到订阅机制带来的刚性用量。

私有云提供更大的控制权，组织可以完全自主管理硬件、网络和安全性设置。这种控制有助于满足特定的合规性和安全性要求。在私有云中，组织可以根据自身需求进行定制化配置，包括硬件规格、网络架构和安全策略，这使其能更好地适应特定业务需求。对于某些行业，特别是涉及敏感数据的行业，使用私有云更容易满足法规和合规性要求，因为组织可以更好地控制数据存储和处理的环境。对于需要频繁访问大量数据的应用程序，使用私有云可以减少数据传输和带宽成本，因为数据可以存储在本地。

私有云通常采用固定的定价模式，相比某些公有云服务，更容易预测和控制成本。私有云允许组织在独立的硬件环境中运行，避免了与其他租户共享资源可能带来的性能干扰。

组织可以实施更严格和定制化的安全策略，以应对特定的风险和威胁，保护敏感信息和业务数据。在私有云中，组织可以自主管理更新和维护工作，确保系统在需要时能灵活、迅速地进行升级。

混合云架构允许在公有云和私有云之间灵活部署和迁移工作负载，根据需求调整资源规模和配置，实现动态扩展和收缩，以适应业务变化和需求波动。

通过将部分工作负载迁移到私有云或本地数据中心，可降低在公有云上的运行成本，特别是对于长期运行、大规模计算或存储需求较高的应用程序。对于涉及敏感数据或有法规要求的应用程序，将数据存储在私有云或本地数据中心中，可更好地控制数据的安全性和合规性，满足监管要求和行业标准。

部分工作负载可能对网络延迟和带宽要求较高，将这部分工作负载部署在本地数据中心或私有云上，可降低网络延迟，提高数据访问速度和性能。通过混合云架构，可以在不同地理位置或不同云服务提供商之间部署工作负载，实现容灾和故障恢复，提高系统的可用性和容错能力。

混合云架构为不同技术和平台之间的整合提供了可能性，可通过云原生技术、容器化、微服务架构等方式实现应用程序的创新和优化。将部分工作负载部署在私有云或本地数据中心，可更自主地管理和控制系统的运行环境和配置，降低对第三方云服务提供商的依赖。

混合云架构可以同时满足不同部门或业务单元的需求，例如对于对业务敏感度较低的部门，可以选择将其工作负载部署在公有云上，而对于对数据控制和安全性要求较高的部门，可以选择将其工作负载部署在私有云或本地数据中心上。

将系统从公有云转为混合云架构能够充分发挥公有云和私有云的优势，实现资源的灵活配置、成本的优化、数据的控制和安全性、性能的优化等。

4.3.4 自动化架构

自动化架构通过引入自动化工具、流程和机制，实现更高程度的自动化、可重复性和提高效率。这种架构能够减少人工干预，提高系统的稳定性、可维护性和可扩展性。自动化架构的目标是降低系统管理的复杂性，提高开发和运维的效率，减少人为错误的发生，从而更好地满足快速变化的业务需求。

目前，自动化架构在开发、运维阶段的支持比较完善，而对于需求收集、需求分析、决策等方面还处于初级阶段，尚未出现可大规模应用的工具。在代码自动化生成方面，随 AI 的发展，已经出现了如 Copilot、ChatGPT 等工具。虽然当前的准确率不尽人意，但是其生成的代码片段可作为中间产物，进行二次加工后便能使用，未来有望在开发阶段显著提高开发效率。

自动化架构通过声明式描述系统状态，使系统能够自动调整以维持期望状态。采用声明式配置模型，通过定义期望状态而非详细操作步骤，提高了系统的可维护性，降低了配置错误的风险。构建自动化流程管道，实现持续流动的软件交付，从开发到部署的全生命周期无缝衔接。实现自动化的构建和部署流程，包括代码编译、打包、镜像构建等，以加快交付速度、确保一致性，并减少人为错误。

自动化架构利用自愈机制，使系统在面临变化和故障时能够自动做出适应性决策和调整。设计自动化的故障检测和恢复机制，可缩短系统发生故障时的停机时间，提高系统的可用性。打造自适应的基础设施，实现弹性设计，使系统能够根据需求和负载自动调整资源。通过自动化实现系统的弹性设计，使系统能够根据负载动态扩展或缩减，提高系统的可伸缩性。

自动化加速了软件开发、测试和交付流程，缩短了产品上线时间，实现更敏捷的开发和发布。自动化的目标之一是减少人为错误，通过替代手动操作，降低了配置、部署等环节中的潜在错误风险。自动化设计确保了系统在不同环境中的一致性，从开发到生产环境的过程保持统一且可重复。借助自动化测试、持续集成等手段，自动化设计旨在提高软件质量，减少潜在缺陷的引入。自动化工具和流程应有助于提高系统的可维护性，使代码、配置和基础设施更易理解和维护。自动化的设计目标之一是实现系统的弹性和可伸缩性，使其能够根据负载和需求动态调整。

通过自动化提高效率、减少手动操作，能够降低开发和运维成本。自动化支持多种环境，包括开发、测试、生产，以及操作不同的基础设施环境。自动化设计应促进团队内外的协作，提高团队整体效能，降低沟通和协作成本。

通过自动化的资源调度和管理，运维团队可以更有效地利用硬件资源，提高资源的利用率，降低成本。自动化使系统能够根据工作负载的变化自动进行水平扩展，保持应用程序的性能和稳定性，无须手动干预。运维自动化工具能够实时收集、分析和报告系统日志和性能指标，为故障排除、性能优化提供及时的信息。

运维自动化包括对安全性的自动化措施，如自动化漏洞扫描、自动化安全配置等，提高了系统的安全性。自动化备份和恢复流程确保系统数据的安全性，并在需要时快速进行数据恢复，降低了数据丢失的风险。自动化运维流程有助于系统进行自动升级和版本管理，确保系统在新版本发布时能够平稳过渡。运维自动化有助于确保系统和应用程序的合规性，自动执行合规性检查和修复，降低了因合规性问题带来的风险。运维自动化提高了团队的效率，减少了烦琐、重复的手动工作，使团队能够更专注于解决复杂问题和提升系统的稳定性。

然而，自动化系统也存在一些问题。它可能引入更多的配置和脚本，导致系统整体变得更加复杂，难以理解和维护。引入自动化通常需要团队成员具备更高水平的技术技能，这需要培训或招聘更具专业性的人才。在系统完全稳定之前过早引入自动化，可能导致不必要的复杂性和投入，应在确保系统稳定后再考虑自动化。自动化可能依赖其他系统、工具或服务，管理这些依赖关系可能成为挑战，特别是在它们发生变化时。自动化引入的脚本和工具可能存在安全隐患，需要进行审查并加强安全措施，以防止潜在的漏洞。自动化系统需要定期更新和维护，以确保其适应新的需求和环境变化，这可能需要额外的工作和资源。如果自动化系统中存在错误，这些错误可能在整个流程中扩散，引发更大的问题，因此需要重视质量控制。自动化系统的监控和调试可能会更加困难，因为涉及自动化的多个步骤和组件。

随着技术的不断发展，自动化系统可能需要适应新的技术和工具，这可能需要额外的学习和改进。引入自动化可能需要一定的投资，包括培训成本、工具和系统成本，这就需要在长期效益和成本之间进行平衡。

自动化架构（见图 4-8）涉及软件开发流程及运维流程，常用于敏捷开发流程及 DevOps。其中，代码管理包括代码版本管理、分支管理等方面。持续集成包括静态代码扫描、低等级测试、编译、打包等方面。持续交付包括部署、高等级测试和安全测试等方面。运维包括监控、通知、自动化运维等方面。

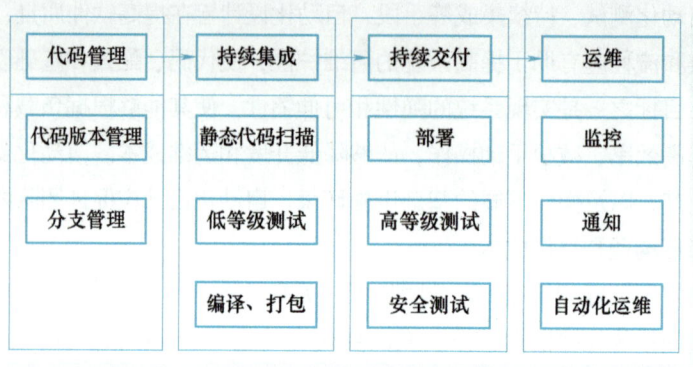

- 图 4-8 自动化架构

评估自动化架构在提高效率、可靠性和灵活性方面的效果，有助于不断优化和调整自动化策略，以满足不断变化的业务需求。

自动化架构是利用自动化技术和工具来设计、管理和优化系统架构的过程。它能够提高系统的效率、可靠性和灵活性，减少人工干预和人为错误。现代自动化架构通常涉及自动化部署、监控、配置管理和运维，能够帮助组织实现持续集成和持续交付，从而加快产品的开发周期，提升响应市场需求的能力。

首先，自动化架构通过自动化部署和配置管理显著提升了系统的一致性和稳定性。传统的手动部署和配置过程容易出现错误和不一致，影响系统的稳定性和可靠性。自动化工具，如 Ansible、Chef 和 Puppet，可通过脚本化的配置管理，确保每个环境的一致性，降低人工操作带来的风险。此外，自动化部署工具，如 Jenkins、GitLab CI/CD 等，可以实现自动化构建、测试和发布过程，加速软件交付，并提高开发效率。

其次，自动化监控是自动化架构的另一个关键组成部分。通过集成自动化监控工具，如 Prometheus、Grafana 和 Elasticsearch 等，组织可以实时跟踪系统的性能和健康状态。这些工具能够自动收集和分析系统日志、指标和警报，帮助运维团队迅速发现和解决潜在问题。自动化监控不仅提高了问题检测的速度，还提供了对系统运行状况的深入洞察，为决策的制定提供支持。

最后，自动化架构支持灵活的资源管理和弹性伸缩。通过自动化资源管理工具和平台，如 Kubernetes 和 Docker，组织可以根据实际需求动态调整资源分配，实现负载均衡和高可用性。这种灵活性使系统能够应对不断变化的业务需求和负载压力，确保在高峰期也能保持良好的性能。

此外，自动化架构还可以通过自我修复和自动回滚功能，提高系统的容错能力和稳定性，进一步增强业务的连续性。

自动化架构通过提升部署和配置的一致性、加强实时监控和优化资源管理，为组织提供了更加高效、可靠和灵活的系统运维解决方案。随着技术的发展和业务需求的变化，自动化架构将继续发挥重要作用，助力组织在竞争激烈的市场中保持优势。

第 5 章

分布式架构

分布式系统已成为支撑现代大规模系统的关键基础设施。其通过网络将多个独立的计算节点连接，协同完成复杂任务，打破了单机处理能力的限制，为海量数据存储、高并发业务处理提供了可行方案。从互联网巨头的核心业务系统到新兴的物联网应用，分布式系统无处不在，理解分布式系统的技术架构、核心算法及面临的挑战，对推动各行业数字化转型与创新发展具有重要意义。

分布式架构将系统功能分散于多个节点，通过合理的任务分配与协同机制，实现高效运作。分布式算法是节点间协作的核心，其确保了分布式系统在复杂环境下的一致性、稳定性及性能。分布式一致性是系统设计的核心难题。强一致性要求任何时刻各节点数据完全同步，虽能保证数据的准确性，但对系统的性能与可用性影响较大；弱一致性则在一定程度上放宽了要求，允许短暂的数据不一致。CAP 理论指出，在分布式系统中，一致性、可用性和分区容错性无法同时实现，这为系统设计提供了重要的权衡依据。基于 BASE 理论以基本可用、软状态和最终一致性为原则，更契合大规模分布式系统的实际需求。PAXOS 和 RAFT 等一致性算法，通过复杂的消息传递与投票机制，在网络故障等复杂情况下，保障系统数据的一致性。分布式文件系统，如 HDFS，通过将文件分块存储在多个节点，实现高容错与高扩展性，能高效处理大规模数据的存储与读取。分布式备份技术则通过多节点备份，确保数据在节点故障时不丢失，维护数据的完整性与可靠性。在分布式计算领域，Hadoop 框架利用集群节点并行处理大规模数据集能够显著提升计算效率。

5.1 分布式架构基础理论

分布式架构是一种将系统中的组件分布在不同的计算机、服务器或节点上，通过网络进行通信和协作，共同完成系统功能的架构形式。其目的在于提高系统的可伸缩性、可靠性和性能。分布式架构如图 5-1 所示。

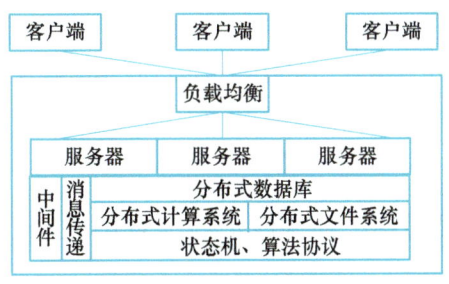

● 图 5-1 分布式架构

5.1.1 分布式架构的软件架构定义

在分布式架构中，各个组件、服务或节点应具有一定的自治性，即能够独立运行、管理和演化，这有助于提升系统的灵活性和独立性。分布式系统还应具备弹性，在面对故障或异常情况时能够自动适应、恢复或进行补偿，以确保系统的可靠性和稳定性。分布式架构的元素、元素属性及其相互关系见表 5-1。

表 5-1 分布式架构的元素、元素属性及其相互关系

元素	元素属性	相互关系
服务器	服务器是提供服务和资源的计算机或软件实体。它们通常运行在分布式架构中的不同节点上	多个服务器之间可以相互通信，协同工作以提供服务。客户端通过网络连接到服务器来请求服务
客户端	客户端是用户使用的终端设备或应用程序，通过网络连接到服务器请求服务	客户端通过网络与服务器通信，发送请求并接收服务端的响应。客户端可以连接到多个服务器
消息传递	消息传递是分布式架构中不同元素之间进行通信的一种方式，通过发送消息来共享信息	消息传递机制用于传递状态更新和请求，影响状态机的状态。状态机通过接收来自其他节点的消息来更新其状态，并将更新传播到系统中的其他节点
中间件	中间件是位于各元素之间的软件层，如服务器之间的消息队列、远程过程调用，客户端与服务器之间的负载均衡等	中间件起到连接和协调分布式系统中各元素的作用，促进通信和数据传递
算法协议	算法协议定义了节点之间如何协作以实现一致性和共识	节点遵循算法协议来参与一致性和共识过程。协议定义了节点如何发起和响应请求，如何处理失败，以及如何达成全局一致
状态机	状态机是分布式架构中的逻辑组件，用于表示系统的状态和状态转换。状态机的属性包括状态、状态转换规则和输入。分布式算法使用状态机来确保所有节点在执行操作时保持一致，从而实现全局一致性	算法协议通过操作状态机来实现一致性和共识。协议中的决策和协调过程会影响状态机的状态转换，确保所有节点的状态一致

分布式架构被视为一个复杂的自适应系统，具有适应环境变化的能力。系统组件应能根据环境的变化做出相应的调整。架构设计应考虑在分布式环境下如何维护数据和状态的一致性，这涉及设计一致性协议和机制，以确保各个节点上的数据同步。

分布式架构应具备良好的可观察性，即能够在运行时收集和分析各个组件的性能指标、日志和事件，以便及时诊断问题并进行优化。分布式架构是具有演进性的架构，允许系统逐步演进和适应新的需求。

5.1.2 自治性的高可用、高性能扩展与容错性

分布式架构允许将系统部署在多个节点上，当一个节点发生故障时，其他节点仍然可以继续提供服务，从而提高了系统的可用性。通过将系统分布到多个节点上，分布式架构能够实现水

平扩展，即通过添加更多的节点来处理增加的负载，以提高系统的性能。

分布式架构可以通过在多个节点上分散数据和服务来提高容错性。负载均衡器可以在分布式系统中均匀分配请求到不同的节点，以防止某个节点过载，提高系统的整体性能。

分布式架构需要解决数据一致性的问题，确保多个节点上的数据保持一致。使用一致性协议和分布式数据库可以有效地管理数据一致性。分布式架构提供了更灵活的系统设计，允许通过添加或移除节点来调整系统的规模，以适应不断变化的需求。

分布式架构允许系统在不同的地理位置部署，从而减少延迟并提供更好的用户体验。这对于全球性的应用和服务尤为重要。分布式架构允许多个节点共享资源，如文件、存储、计算等，以实现资源的高效利用。分布式系统的组件通常可独立演化，即一个组件的修改不会影响其他组件，这提高了系统的可维护性和可扩展性。

此外，分布式架构能够利用多个节点的并行处理能力，更快地处理大规模的计算和数据。

▶ 5.1.3 高性能与一致性、复杂性的权衡

尽管分布式架构的性能相比传统架构有了显著提升，但在选择架构风格时，仍需要考虑数据一致性、使用复杂性高的问题，从而做出最适合项目需求的架构决策。

保持分布式系统中数据的一致性是一项复杂的任务。由于数据可能分布在多个节点上，确保在各个节点上的数据状态一致性颇具挑战。在分布式系统中，节点之间需要进行通信以协调操作和共享信息，通信开销可能成为性能瓶颈，同时增加系统的复杂性。

网络分区是指系统中的网络被分隔，导致节点之间无法直接通信。这可能引发数据一致性问题和系统不可用。分布式系统通常比单体系统更加复杂，处理分布式事务、调度任务、一致性管理等方面的复杂性需要更多的设计和实现工作。

在分布式系统中，节点可能由于硬件故障、网络故障或其他原因而失效，因此实现有效的故障处理机制十分必要，以保障系统的可用性和稳定性。确保分布式环境中的事务处理同样是一项挑战，需要保证跨多个节点的事务的原子性、一致性、隔离性和持久性。

在分布式环境中，各个节点可能运行不同版本的软件，这就需要有效的版本控制机制以确保系统的一致性和兼容性。此外，在分布式环境中，监控系统运行状况和进行调试变得更加复杂，有效的监控工具和调试策略是必不可少的。

选择架构风格时，要充分考虑分布式架构带来的问题，解决这些问题需要综合运用分布式系统理论、设计模式和技术工具，以提升系统的可靠性、性能和安全性。

▶ 5.1.4 高可用、高容错需求场景的适用性

当系统需要处理大量用户请求、数据交互频繁时，分布式架构通过将负载分散到多个节点，可提高系统的处理能力。在需要进行大规模数据存储、分析和处理时，分布式架构能够有效地利

用多个节点的计算和存储资源，实现并行处理。

面对全球化的用户需求，分布式架构允许系统在不同地理位置部署，降低延迟，提供更好的用户体验。当开发团队分布在不同地区时，采用分布式架构有助于团队协作和独立开发部署。

当对系统的高可用性和容错性有严格的要求时，分布式架构可通过在多个节点上复制数据、实施故障恢复机制等方式，提高系统的稳定性。面对用户量的快速增长，分布式架构能够通过水平扩展的方式，有效地应对系统负载的增加。

尽管分布式架构在众多场景中具有优势，但其引入的复杂性也需要认真考虑和管理。在某些小规模、业务简单的情境下，采用传统的单体架构或许更为合适。因此，在决定是否采用分布式架构时，应该综合考虑系统的规模、业务需求、团队能力等因素。

5.1.5 分布式架构在自定义架构设计中的设计方法

分布式计算模型提供了一种有效利用多个节点计算资源的方式，例如可以通过MapReduce等模型将任务分发到不同节点进行并行处理，这对大规模数据处理和分析非常有用。

分布式存储系统通过将数据分布存储在多个节点，提升了系统的容量和性能。这种思想对于需要处理大规模数据的应用非常有益。

分布式数据库设计提供了一种处理大量数据的方法，包括数据分片、复制和分布式查询等策略。这些设计思想可应用于需要处理大规模数据的系统中。

异步消息传递模式在分布式系统中应用广泛，通过消息队列等机制，实现系统内各个组件之间的松耦合通信。这对实现异步、分布式任务处理极为有效。

设计容错机制，通过备份、故障恢复等手段，确保系统在发生故障时能够继续提供服务。这种思想对于提高系统的稳定性和可用性至关重要。

5.1.6 分布式架构风格实践

（1）需求分析

社交网络应用功能需求见2.1.6小节中所描述，其架构要求整体架构需具备高可用性、可扩展性和高容错性，以应对大规模用户和高并发请求，同时保证系统的稳定性和性能。

（2）分布式架构风格选择

系统需要具备高可用性、可扩展性与高容错性。这意味着系统要时刻保持运行，随时响应大规模用户的请求，在面对高并发情况时不出现故障或卡顿。无论是用户数量持续增长，还是瞬间产生大量请求，系统都能稳定运行，确保提供可靠的服务，维持良好的性能表现，满足用户对流畅使用体验的要求。

选择分布式架构风格，主要是因其能够有效应对大规模用户和高并发请求，满足用户对高可用性、可扩展性和高容错性的需求。而单体架构在面对高并发时容易出现性能瓶颈，因为所有功能都集中在一个应用中，资源竞争激烈，且扩展时需要整体扩展，成本高且效率低。而分布式架构通过将功能分散到多个节点，可根据负载情况灵活扩展部分节点，大大提高了可扩展性。主从架构的可用性依赖于主节点，一旦主节点故障，可能导致系统部分功能不可用，而分布式架构多节点的特性使其在节点故障时能更好地实现自动切换，保障高可用性。分布式架构与多种架构风格的对比见表 5-2。

表 5-2 分布式架构与多种架构风格的对比

架构风格	可用性	可扩展性	高容错性	应对高并发能力
单体架构	低	低	低	低
主从架构	中	中	中	中
分布式架构	高	高	高	高

（3）分布式架构核心元素的定义

在社交网络应用的分布式架构中，通过分布式的用户管理、服务与数据处理、内容与资源管理、协调与负载均衡等核心元素，系统能够实现高效的扩展、高可用性和容错能力。这些抽象设计思想通过分布式方式有效地支撑了大规模社交网络应用的复杂需求，优化了性能和用户体验。分布式架构在社交网络应用中的核心元素定义见表 5-3。

表 5-3 分布式架构在社交网络应用中的核心元素定义

元素	二级元素	详细描述
分布式用户管理	分布式身份验证	在多个节点上管理用户的认证过程，使用分布式身份管理系统实现单点登录
	分布式授权	控制跨节点的权限和访问策略，确保一致性和安全性
	同步用户数据	在不同节点之间同步用户的个人信息和设置，利用分布式数据库或缓存系统确保数据的一致性
分布式服务与数据处理	微服务架构	将应用拆分为多个微服务，每个微服务在不同的节点上运行，负责特定的业务功能，如消息处理、内容管理等
	分布式计算	利用分布式计算框架处理大量的数据分析任务，支持水平扩展和高效计算
	数据分片与复制	将数据分片存储在不同节点上，并使用数据复制机制保证数据的高可用性和容错性
分布式内容与资源管理	分布式存储	使用分布式文件系统或对象存储来存储多媒体内容，实现高可用性和弹性扩展
	内容缓存	利用分布式缓存加速内容访问和减少数据库负载

(续)

元　素	二级元素	详细描述
分布式协调与负载均衡	分布式负载均衡	分配用户请求到不同节点，避免负载集中在单一节点上，确保高效的请求处理
	服务发现与注册	在分布式环境中自动发现和注册服务实例，确保服务的高可用性和动态伸缩
	故障恢复	通过自动化故障转移和重试机制，保障系统在节点故障时能够快速恢复

社交网络应用的分布式架构通过将系统组件分散到多个节点上，提高了应用的可扩展性和弹性。系统能够处理大量并发请求和海量数据。增强了故障隔离，单点故障不会影响整个系统，提高了系统的可靠性。分布式架构支持按需扩展和灵活资源配置，从而优化了性能和资源利用效率，适应不断增长的用户需求。

5.2 分布式架构算法

5.2.1 分布式一致性

软件架构和分布式理论密切相关，特别是在构建大规模、高性能、可伸缩的系统时。在进行分布式系统设计时，软件架构师需要考虑如何设计系统以支持分布式环境。这包括将系统拆分成独立的服务或模块，这些服务可以分布在不同的服务器或计算节点上。分布式一致性的元素、元素属性及其相互关系见表5-4。

表5-4　分布式一致性的元素、元素属性及其相互关系

元　素	元素属性	相互关系
节点	节点是分布式系统中的基本单位，可以是服务器、计算机或其他网络设备。每个节点有唯一的标识符	节点通过网络通信进行协作，形成分布式系统。多个节点共同工作以完成系统任务
数据副本	数据副本是数据在不同节点上的复制，用于提高系统的可用性和容错性	数据副本需要保持一致，确保在节点故障时系统能够正确恢复
一致性协议	一致性协议是规定了节点之间如何协调和保持数据一致性的规则和机制。常见协议包括Paxos、Raft、基于分布式事务的机制等	一致性协议通过节点间通信协调数据的读写，确保系统在面临故障和并发操作时保持一致

要明确定义系统所需的一致性级别，根据应用场景的需求，选择强一致性、最终一致性或其他一致性级别。不同的场景可能需要做出不同的权衡。选择合适的分布式一致性协议，如Paxos、Raft等，根据系统需求和复杂性选择适当的协议。这些协议提供了一组规则和机制，确保在分布

式环境中数据的一致性。设计系统时要考虑适应网络分区的情况。分布式系统必须能够在节点之间进行通信，即使发生网络分区也要确保系统的一致性。在设计时考虑使用异步通信，以提高系统的性能和吞吐量。异步通信模式可减少同步操作引起的性能开销，但需要谨慎处理可能带来的并发问题。

在分布式系统中，多个节点同时对数据进行读写操作可能导致数据不一致。分布式一致性机制通过协调节点之间的操作，确保系统中的不同副本在一段时间内达到一致状态，避免脏读、丢失更新等问题。要保证系统在进行一致性协调的同时仍能保持良好的可用性和性能。分布式一致性机制需要在保证数据一致性的前提下，尽量降低对系统的性能影响，以确保系统能够高效运行。还要处理节点故障和网络分区情况下的数据一致性问题。一致性机制需要考虑在节点故障或网络分区发生时如何保持系统的一致性，并在故障恢复后正确地进行状态同步。

在分布式系统中，多个节点并发地对相同数据进行操作可能引发冲突。分布式一致性解决方案通过协调节点的操作，确保并发操作不会破坏数据的一致性，避免竞态条件和数据不一致。分布式系统中的事务需要确保事务的原子性、一致性、隔离性和持久性。分布式一致性机制提供了实现这些属性的手段，使得分布式事务能够正确执行。

在分布式系统中进行数据的复制和副本管理时，需要确保复制的数据保持一致。分布式一致性机制可以协调不同节点上的数据复制，保证数据的正确同步。

在分布式环境中，确保对共享资源的访问是有序和同步的。分布式一致性机制可以提供分布式锁服务，以协调节点之间对共享资源的访问。

分布式一致性机制为构建可靠、高性能、高可用的分布式系统奠定了基础。这对于需要处理大规模数据、高并发操作及容忍节点故障等复杂条件的应用而言非常重要。

CAP 定理，即一致性（Consistency）、可用性（Availability）、分区容忍性（Partition Tolerance）三者不可兼得。在设计中需要权衡这三个方面，选择适当的一致性级别，特别是在面对网络分区的情况下，选择一致性还是可用性。

节点之间的通信可能受到网络延迟和不确定性的影响。这使得在分布式系统中确保一致性状态时难以精确预测消息的传递时间，导致设计难度增加。节点故障或崩溃可能导致数据副本不一致。一致性协议需要能够检测并正确处理这些故障，以保持系统的一致性。引入一致性机制可能会对系统的性能产生负面影响。同步操作、额外的网络通信和锁机制等可能导致延迟增加，影响系统的性能。在高并发环境下，多个节点并发执行操作可能引发竞态条件和冲突。需要有效的机制来协调并发操作，以确保数据的一致性。一致性机制需要能够有效地扩展到大规模的系统，以适应不断增长的数据和用户量。设计可扩展性良好的一致性机制是一项挑战。一致性协议通常较为复杂，不容易理解和调试。开发人员需要深入了解协议的细节，以确保正确实现和使用。

当任务被分布到多个计算节点协作完成时，分布式一致性可以确保任务正确执行并结果一致。在如分布式状态机、共享内存系统等需要多个节点协同工作且保持共享状态一致的场景中，分布式一致性的设计思想发挥着关键作用。

不同的应用场景可能对一致性有不同的需求，需要根据具体情况权衡一致性级别，选择适当的一致性保障，并在实际应用中进行测试和优化。

5.2.2 强一致性

强一致性确保系统在任何时刻，所有节点对于数据的访问都能够呈现一致且即时更新的视图。在强一致性下，任何写操作都会立即在整个系统中的所有节点上生效，确保读操作能够立即看到最新的数据。

强一致性要求线性一致性和原子性。

1) 线性一致性：任何给定的操作都有一个全局顺序，使得所有节点都能够观察到相同的操作序列。这意味着在分布式系统中，操作的执行顺序可被视为一个全局的时间线，且这个时间线对所有的节点一致。

2) 原子性：任何单个操作都应该是原子的，要么完全执行成功，要么完全失败，不存在中间状态。这确保了操作的一致性，防止在部分执行时暴露不一致状态。

强一致性是分布式系统中一种高级别的一致性保证，它要求系统中的所有节点在任何时刻都具有相同的数据视图，强调在各种条件下都保持数据的一致性。

强一致性确保系统中所有节点的数据都是同步的，即使在发生并发写入或分布式操作时，每个节点都能够观察到相同的数据状态。在需要进行事务处理的场景中，强一致性能够确保所有涉及的数据修改操作要么全部生效，要么全部不生效，避免部分事务生效而其他部分不生效的情况。

对于要求实时性、即时更新的应用，强一致性能够确保用户在任何时刻看到的数据都是最新的，不受延迟或不一致的影响。强一致性可以防止在并发操作中发生脏读、不可重复读和幻读等问题，确保读取操作时始终看到一致的数据状态。

在需要使用分布式锁进行同步的场景中，强一致性能够确保锁在各个节点上的状态保持一致，避免并发问题。对于需要保证严格一致性的复杂业务逻辑，强一致性提供了可靠的数据保证，确保业务逻辑正确执行。强一致性可用于避免节点之间数据状态不一致，保证用户在不同节点上观察到的系统状态是相同的。

强一致性通常伴随着较高的性能开销，因为各节点每次更新时都需要同步，这可能影响系统的吞吐量和延迟。因此，在设计分布式系统时，需要权衡强一致性的要求和系统性能的需求。在每次写入时，所有节点都必须同步，这可能导致延迟增加，吞吐量减小。强一致性的系统在节点故障或网络分区时可能不可用。如果一个节点无法响应，整个系统可能会等待，直到所有节点都达到一致状态。同步节点之间的数据需要大量的网络通信，在分布式环境中，高频通信可能引发网络拥塞，增加系统的复杂性。强一致性对水平扩展的支持有限，由于每个节点都需要同步，增加节点可能导致同步开销线性增加。强一致性的系统在面对节点故障时需要额外的容错机制，以保证一致性，这增加了系统的复杂性和开发的工作量。当节点分布在全球不同地区时，强一致性可能受长距离通信的限制，导致性能下降。

强一致性和高可用性之间存在权衡。在某些情况下，牺牲一致性以提高可用性或许是更好的选择。强一致性的实现往往需要复杂的算法和机制，这增加了系统的设计和维护难度。

在实际应用中，架构师需要根据具体的需求，权衡这些问题，选择适当的一致性模型。在一些场景中，弱一致性或最终一致性可能更适合，以在性能和一致性之间取得平衡。

强一致性适用于那些对数据的即时性、精确性和一致性要求极高的场景。在这些场景中，系统需要确保任何时刻各个节点上的数据都是相同的。

1）业务关键性系统：对业务成败高度敏感的系统，如关键业务流程的执行、业务规则的应用等。

2）法规和合规性系统：在需要遵守法规和合规性要求的系统中，确保数据一致性是合规性的基本要求。

3）关键基础设施：对整个基础设施的稳定性和可靠性要求极高的系统，如网络设备管理、电力系统监控等。

4）安全要求高的系统：在对系统安全性要求极高的场景中，如核心网络设备、安防监控系统等，强一致性有助于避免数据篡改和信息泄露。

5）严格的事务处理：需要执行严格事务的场景，确保事务操作的原子性、一致性、隔离性和持久性。

这些场景都强调了对数据的高度准确性和一致性的需求，因此强一致性成为满足这些需求的核心设计要素。在这些场景中，系统需要以牺牲一些性能为代价，确保数据的高度一致性，以满足业务或系统的极致要求。

ACID 是强一致性的典型代表，保证了数据库事务的可靠性和一致性，如图 5-2 所示。

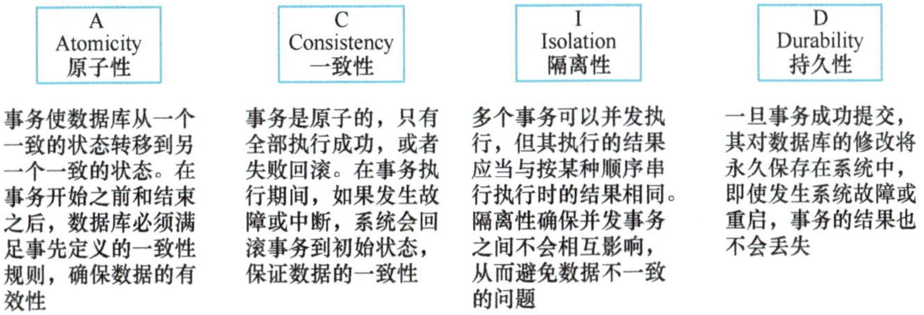

A Atomicity 原子性	C Consistency 一致性	I Isolation 隔离性	D Durability 持久性
事务使数据库从一个一致的状态转移到另一个一致的状态。在事务开始之前和结束之后，数据库必须满足事先定义的一致性规则，确保数据的有效性	事务是原子的，只有全部执行成功，或者失败回滚。在事务执行期间，如果发生故障或中断，系统会回滚事务到初始状态，保证数据的一致性	多个事务可以并发执行，但其执行的结果应当与按某种顺序串行执行时的结果相同。隔离性确保并发事务之间不会相互影响，从而避免数据不一致的问题	一旦事务成功提交，其对数据库的修改将永久保存在系统中，即使发生系统故障或重启，事务的结果也不会丢失

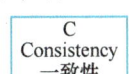

图 5-2　ACID 示意图

ACID 保证了数据库事务的可靠性和一致性。

5.2.3 弱一致性

弱一致性的设计目标是通过放宽一致性要求来提高系统的可用性和性能,允许系统中的部分节点之间存在暂时的数据不一致。

弱一致性允许在某些情况下继续提供服务,无须等待全局一致性的完成。弱一致性强调的是最终一致性,即系统在一段时间内经过适当的同步后,最终会达到一致的状态。在这个过程中,节点之间可能会暂时存在数据不一致的情况。这种情况可能在网络分区、节点故障或异步复制等情形下发生。

在分布式系统中,弱一致性牺牲了部分一致性要求以换取更好的性能和可用性。弱一致性的元素、元素属性及其相互关系见表 5-5。

表 5-5 弱一致性的元素、元素属性及其相互关系

元　素	元素属性	相互关系
节点	节点是分布式系统中的独立运行实体,可以是服务器、设备或处理单元。每个节点可能拥有自己的本地状态和存储	操作在某个节点执行后,不立即同步到其他节点,而是通过异步传播的方式,可能存在一定的传播延迟
数据	数据是分布式系统中的信息单元,可以是键值对、文档或其他形式的数据	每个节点可能维护自己的本地数据,而这些数据可能会在节点之间进行异步传播
操作	操作表示节点上对数据的读取或写入,可以是增、删、改等	操作可能在某个节点执行后,通过异步传播方式传递到其他节点
冲突解决策略	冲突解决策略是用于处理多个节点并发修改同一数据时可能产生冲突的机制。可以包括合并操作、时间戳比较、向量时钟等策略	由于异步传播和并发执行,可能导致多个节点对同一数据进行并发修改,引发冲突

在弱一致性设计中,通过特定的冲突解决策略和异步传播机制来维护系统的最终一致性。各个节点之间的数据状态可能在短时间内存在不一致,但通过设计的机制最终会趋向一致。弱一致性系统注重在满足即时性和性能需求的同时,通过合适的策略保持系统的一致性。

弱一致性设计强调局部性优先,即在每个节点上追求较快的操作执行和数据更新。节点之间可以异步操作,无须等待全局一致性。系统中各个节点之间采取异步传播方式,允许操作在某个节点执行后,不立即同步到其他节点,而是通过异步机制进行传播。

设计时需要考虑合适的冲突解决策略,当多个节点并发修改同一数据时,系统要能有效地处理合并冲突,保持数据的合理一致性。弱一致性通常追求的是最终一致性,即系统在一定时间内能够达到全局一致的状态,但并不要求实时保持一致。这种设计允许系统在短时间内存在局部不一致。

在弱一致性设计中，对于读操作更为宽容，允许读取稍早于最新状态的数据，以提高读操作的性能和响应速度。在设计时需要明确权衡一致性和性能之间的取舍，确保系统能够在即时性和性能方面取得较好的平衡。弱一致性系统通常采用更灵活的同步机制，不要求强制同步，而是通过异步传播和合适的同步策略实现一致性。在系统设计中，要考虑业务逻辑的容错性，确保即使数据不一致，系统依然能够维持合理的业务逻辑和行为。弱一致性追求在高并发和分布式环境下实现更好的性能和即时性，同时通过一定的冲突解决策略和最终一致性来保持系统的整体一致性。弱一致性适用于那些强调即时性且能容忍一定程度一致性缺失的系统需求。在这类系统中，系统更注重在瞬时提供最新的数据状态，相对宽容短暂的不一致情况。

弱一致性的优势在于能够在性能和一致性之间找到平衡，适用于对即时性要求较高，但对绝对一致性要求相对较低的应用场景。然而，需要注意的是在弱一致性下，系统需要处理更复杂的一致性问题和冲突解决策略。

弱一致性可能引发分布式系统中的数据冲突。当多个节点并发修改同一数据时，可能出现合并冲突，需要采取合适的冲突解决策略。

弱一致性模型允许读操作返回稍早于最新状态的数据，这可能导致读取不一致的情况，影响某些应用场景的正确性。处理弱一致性引入的冲突和合并问题，增加了系统开发和维护的复杂性，开发者需要设计合适的算法和逻辑来处理这些情况。弱一致性模型可能使系统行为更难理解和调试，由于数据状态的不确定性，排查问题和分析系统行为可能更加困难。对于一些对业务逻辑一致性要求较高的应用场景，弱一致性可能无法提供足够的保障，导致业务逻辑出现问题。

在某些情况下，弱一致性可能导致数据不可靠，特别是在系统故障或网络分区的情况下。尽管弱一致性通常允许节点异步操作，但在某些情况下，可能需要引入额外的同步机制来处理特定的一致性需求，这增加了系统的复杂性。

在选择弱一致性时，需要权衡其优势和面临的问题，确保符合特定应用场景的要求。在一些对数据一致性要求相对较低、对性能和可用性要求较高的场景中，弱一致性可能是合适的选择。

弱一致性允许系统在牺牲一致性的前提下获得更高的性能，通过减少节点之间的同步和通信开销，提升整体系统的吞吐量。对于低延迟应用场景，弱一致性模型可以减少数据同步的等待时间，加快系统的响应速度。

在分布式存储系统中，弱一致性可以用于优化数据的读取性能，允许读操作返回稍早于最新状态的数据，而无须等待所有节点达到一致状态。弱一致性模型适用于缓存系统，可通过快速的本地缓存响应读取请求，在后台异步更新缓存内容。弱一致性可用于分布式计算任务，其中任务的局部结果可以在节点之间异步传播，无须等待全局一致状态。对于流式数据处理系统，弱一致性模型允许处理引擎在保持高吞吐量的同时，以略微滞后于最新状态的数据进行计算。

当系统对用户操作的实时反馈、传感器数据的实时处理或者系统事件的立即响应有极高的要求时，弱一致性模型可以在极短的时间内提供即时的数据状态。在需要捕捉、处理瞬时事件或状态变化的场景中，弱一致性允许系统在即时性方面取得更好的性能。

当系统需要具备较强的弹性，能够容忍一些短时间内的数据状态不一致，以保持整体系统的可用性和性能时，在分布式流程处理中，弱一致性允许节点之间采取异步处理，加速整个流程，而无须等待全局一致状态。在需要快速处理和传播数据的系统中，例如实时搜索引擎、大规模传感器网络，弱一致性可以加速数据的实时传递。

弱一致性提供了一种平衡，旨在最大程度地满足即时性和用户体验的需求，同时在一定程度上容忍一致性上的灵活性。选择弱一致性时，必须仔细权衡系统需求和可能引入的数据不一致风险。

最终一致性属于弱一致性的范畴。最终一致性允许系统在一段时间后最终达到一致状态，而不要求实时一致性。最终一致性常见的分类方式有因果一致性、会话一致性、单调读一致性、单调写一致性。

因果一致性是一种强调事件因果关系的最终一致性模型。如果事件 A 在事件 B 之前发生，那么观察到 A 的节点在观察到 B 之前也会观察到 A。因果一致性能够捕捉事件之间的因果关系。

会话一致性是在用户或客户端会话范围内维护一致性。在同一个会话中，用户所做的操作应该按照其发生的顺序被其他节点所观察到。不同会话之间的一致性要求相对较弱，允许存在一定程度的最终一致性。

单调读一致性要求一个节点的读操作结果在时间上不会递减。也就是说，如果一个节点观察到了某个值，那么在之后的读操作中它不应该再观察到更旧的值。单调写一致性要求写操作按照它们发生的顺序被观察到。如果一个节点观察到了某个写操作，那么在之后的读操作中，其他节点不应该观察到更旧的写操作。

最终一致性允许系统在一定时间内存在数据的瞬时不一致，从而提高了分布式系统的性能。节点之间可以异步传播数据，不必立即达到全局一致状态。

异步传播和宽松的一致性要求使得系统能够在低延迟条件下提供服务。节点可以独立执行操作，而无须等待全局一致。最终一致性模型在分布式系统中更易实现高可用性，即使在某些节点发生故障或网络分区的情况下，系统仍能够继续提供服务。

最终一致性允许分布式系统在网络分区和节点故障的情况下继续运行，而不会严格要求全局一致性。最终一致性提供了一定的灵活性，允许系统更易于扩展，而不必拘泥于强一致性的复杂性和限制。

在分布式环境中，网络延迟是常见的挑战。最终一致性通过异步传播和宽松的一致性要求，使系统更易应对网络延迟的影响。最终一致性允许各个节点并发执行操作，不必等待全局一致状态，从而提高系统的并发处理能力。

在大规模分布式系统中，最终一致性更易实现，且更符合实际需求，特别适用于互联网服务和云计算等大规模应用。尽管最终一致性解决了上述问题，但需要注意的是，它要求系统在一定时间内达到一致状态，因此在特定场景中，可能需要权衡性能和一致性的要求。

最终一致性允许在某段时间内存在数据不一致状态，这可能导致系统的某些部分处于不确定的状态，这使业务逻辑更难预测。在异步传播时，多个节点对同一数据进行并发修改可能引发冲突，解决这些冲突需要设计有效的冲突解决策略，这可能增加系统的复杂性。

在处理最终一致性时，业务逻辑可能需要更复杂，以适应潜在的不一致状态，这可能使系统的设计和维护更具挑战性。最终一致性可能增加系统的调试和分析难度，因为系统的状态可能在不同节点上有不同的变化历史，导致定位问题和调试变得更加复杂。

在实际应用中，需要选择适合场景的最终一致性策略，例如基于向量时钟的解决方案、合并操作等。选择不当可能导致一致性问题。弱一致性可能在一段时间内允许不同节点上存在不同的状态，这可能被恶意利用，因此在对安全性要求较高的场景中需要谨慎使用最终一致性。

尽管存在这些挑战，最终一致性在很多场景中仍是合适的一致性模型，特别是在需要强调性能和可用性的大规模分布式系统中。在选择使用最终一致性时，需仔细评估系统需求，并确保采用合适的冲突解决策略和一致性策略。

最终一致性适用于那些在分布式环境中允许一定时间内存在局部不一致，但最终趋向全局一致状态的场景。对于要求系统能够在面临节点故障或网络分区的情况下继续运行的场景，最终一致性提供了一种具有弹性和容错性的设计选择。在对一致性要求相对宽松，系统更注重性能和可用性的情况下，最终一致性提供了一种平衡性能和一致性关系的方式。当系统面临多节点并发修改同一数据的情况，需要采用复杂的冲突解决策略时，最终一致性模型更为合适。在对读操作的实时性和最新性要求相对较低的场景下，最终一致性模型可以通过优化读操作性能，提高系统的响应速度。对于需要在系统设计中具备一定的灵活性，可以在一段时间内允许局部不一致的应用场景，最终一致性提供了一种更灵活的设计选择。在大规模分布式系统中，最终一致性更易于实现，允许系统在一定时间内存在数据不一致，以换取性能和可用性的提升。

总之，最终一致性适用于那些强调系统灵活性、容错性、性能和可用性，而对于某一时刻全局一致性要求相对较低的场景。

5.2.4 CAP 理论

2000 年，埃里克·布鲁尔（Eric Brewer）在 ACM（Association for Computing Machinery，美国计算机协会）的会议上首次发表了"Towards Robust Distributed Systems"，其中阐述了 CAP 理论。该理论介绍了分布式系统中一致性、可用性和分区容忍性之间的权衡关系，描述了 CAP 理论的核心概念。

CAP 分别指一致性（Consistency）、可用性（Availability）、分区容忍性（Partition Tolerance），如图 5-3 所示。

1）一致性：所有节点在同一时间具有相同的数据视图。在分布式系统中，即使有多个节点，对数据的修改操作在某个时刻也能被所有节点看到。

2）可用性：每个请求都能收到成功的响应，不过不保证返回的数据是最新的。也就是说，系统在出现故障或网络分区的情况下，仍然能够提供服务。

3）分区容忍性：系统在遇到网络分区的情况下，仍然能够继续运行，即系统能够容忍节点之间通信失败。

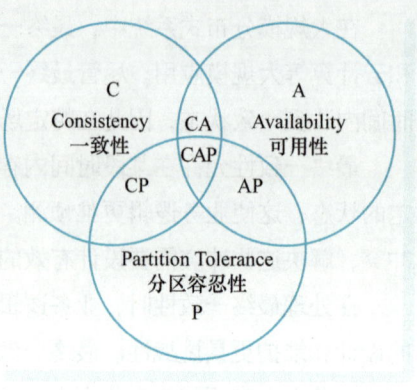

● 图 5-3　CAP 理论

在分布式系统中，最多只能同时满足其中的两个要求，而必须在第三个要求上做出妥协。例如，当网络发生分区时，要么选择保持一致性和可用性，但不具备分区容忍性，要么选择保持一致性和分区容忍性，但不具备可用性，要么选择保持可用性和分区容忍性，但不具备一致性。

CAP 理论强调，在设计分布式系统时，需要权衡一致性、可用性和分区容忍性。架构师需要根据具体场景和需求，选择最合适的权衡策略。该理论将网络分区视为不可避免的情况之一，因此架构师应当考虑在分区发生时系统的行为表现。分布式系统需要保证在分区容忍性的前提下仍能够提供一致性和可用性。

CAP 理论允许系统在不同场景下展现出不同的特性。在一些场景中可能更注重一致性，而在另一些场景中可能更注重可用性。这种灵活性有助于适应多样化的应用需求。在分布式系统中，由于在网络分区的情况下难以同时保持一致性和可用性，所以不可能同时满足一致性、可用性和分区容忍性这三个条件，必须进行权衡。

CAP 理论作为一种指导性的理论框架，有助于架构师更好地理解分布式系统中的挑战和限制。它为系统设计提供了基本的思考方向，尤其是在设计需要应对不稳定网络环境的系统时。

CAP 理论的设计思想强调，在设计分布式系统时，需要面对不可避免的网络分区问题，并在一致性和可用性之间进行权衡，以构建更灵活、适应性更强的系统。在分布式系统中，如果缺失 CAP 中的某一种，会引发一些特定的问题，具体见表 5-6。

表 5-6　CAP 选择的优劣

CAP 保障情况	优　势	劣　势
AP	系统放弃强一致性，即允许数据在一段时间内不同步，可以采用异步复制等策略，提高系统的可用性。这对于需要保持高可用性的互联网应用场景较为合适	数据的一致性得不到保障，即不同节点上的数据可能不同步，这可能导致读取到过期或无效的数据。在一些对强一致性有要求的业务场景中，缺失一致性可能导致系统无法提供正确的服务

(续)

CAP 保障情况	优势	劣势
CP	放弃部分可用性，确保系统在任何时刻都能提供一致的数据。在金融领域或对强一致性要求较高的系统中，数据的准确性比即时可用性更为重要	系统无法保证每个请求都能得到响应，可能会出现无法访问部分节点或服务的情况
		对于需要高可用性的应用，如在线交易系统或实时通信系统，缺失可用性会导致用户无法正常使用服务，降低用户体验
CA	在某些无须处理网络分区的场景下，可以简化系统的设计和实现，使系统更易于理解和维护	在面临网络分区时，系统无法保证不同部分之间的通信和数据同步
		缺失分区容忍性可能导致系统在分区发生时无法正常工作，从而降低系统的稳定性和可靠性

不同的系统对这三个属性有不同的优先级，适当的权衡是分布式系统设计的关键。例如，在互联网应用中，通常更注重可用性和分区容忍性，而在金融或医疗领域，则更强调一致性。

CAP 理论为分布式系统设计决策提供了一个基本的理论框架。架构师可以通过权衡一致性、可用性和分区容忍性来确定系统在特定情境下的行为。CAP 理论有助于理解在网络分区或节点故障等异常情况下，分布式系统可能采取的行动。通过对一致性、可用性和分区容忍性的权衡，可以预测系统的行为。

CAP 理论有助于架构师思考如何在分布式系统中提高系统的可靠性。在考虑分区容忍性的同时，需要权衡一致性和可用性，以确保系统在面对网络分区时仍能正常运行。通过理解 CAP 理论，架构师可以更好地选择适合其需求的数据存储系统。CAP 理论对于权衡读操作和写操作在分布式系统中的影响提供了一定的指导。在某些情况下，可能需要降低一致性以提高可用性，或者相反。CAP 理论特别强调在网络分区的情况下，系统应如何处理一致性和可用性的问题。这对于在网络不稳定的环境中构建鲁棒的分布式系统至关重要。

CAP 理论为分布式系统的设计、部署和维护提供了一些基本的理论指导，帮助架构师更好地理解和应对分布式系统中的挑战。CAP 理论的理念也推动了一些其他一致性模型和存储系统的发展，以满足不同应用场景的需求。然而，CAP 理论是非常抽象和理论化的概念，它并不提供具体实现的指导。在实际系统设计中，需要更具体的指导和方法。CAP 理论简化了一些现实中复杂的因素，例如考虑了网络分区，但并未深入考虑网络延迟、消息传递的可靠性等实际系统中常见的问题。

根据 CAP 理论，一个分布式系统无法同时满足一致性、可用性和分区容忍性的要求。这在某些场景下可能过于绝对，实际系统或许可以通过权衡来实现更灵活的特性。

5.2.5 BASE 理论

BASE 是与 ACID 相对的一组分布式系统设计原则，特别适用于大规模分布式数据库和存储系统。BASE 是基本可用性（Basically Available）、软状态（Soft State）、最终一致性（Eventual

Consistency）三个特性的首字母缩写。

基本可用性是指系统保证基本的可用性，即使在发生故障的情况下也能够继续提供服务。系统的可用性不依赖于所有节点的完全一致，允许在部分节点故障或网络分区的情况下仍然可用。

软状态意味着系统的状态可以有一段时间不同步，允许存在中间状态。在某些时刻，系统的不同节点之间的数据状态可能会不一致，但这种不一致是可以接受的，系统通过后续的同步过程最终达到一致状态。

最终一致性是指系统保证在一段时间后，所有副本的状态都会达到一致。最终一致性强调的是通过异步的方式，在系统的一定时间窗口内达到一致性。在这个时间窗口内，系统允许存在一定程度的数据不一致，但最终会趋于一致。

BASE 理论的元素、元素属性及其相互关系见表 5-7。

表 5-7 BASE 理论的元素、元素属性及其相互关系

元　　素	元素属性	相互关系
基本可用性	系统在面对网络分区或部分节点故障的情况下，仍能保证基本的可用性，仍能响应用户的请求	与软状态和最终一致性形成权衡。基本可用性要求系统在出现故障时仍能提供最基本的服务，但可能会在一致性上做出一些妥协
软状态	系统在某些时刻可以处于不一致的状态，而不要求严格的强一致性	与基本可用性和最终一致性形成权衡。软状态使系统更灵活，允许在一致性和可用性之间进行权衡
最终一致性	系统最终会达到一致的状态，但在更新操作发生后，并不要求立即在所有节点上实现一致性。系统允许一段时间内的数据不一致，最终趋向于一致性状态	与基本可用性和软状态形成权衡。最终一致性允许系统在一段时间内牺牲一致性以提高可用性和性能

BASE 理论强调，在大规模分布式系统中，某些时刻可以牺牲一致性以换取可用性和性能的优势。BASE 理论通过提供这些元素，帮助架构师在面对复杂的分布式环境时做出更灵活的设计决策。

BASE 理论允许系统在某些时刻处于不一致的状态，而不要求严格的强一致性。这对于某些应用场景下对实时性要求较低的系统是一种合理的权衡选择。BASE 理论强调对分区容忍性的重视，允许在分布式系统中的节点之间发生网络分区，且系统仍能够继续运行，这有助于提高系统的容错性。BASE 理论明确了可用性的优先性，即在某些情况下，系统愿意牺牲一致性来保证高可用性。这对于需要提供连续服务的系统是一种可行的设计选择。

BASE 理论认为最终一致性是一种可接受的状态，允许系统在一段时间内处于不一致状态，但最终会趋向于一致。这种弱一致性可以提高系统的性能和可扩展性。

BASE 理论的设计思想适应了大规模分布式系统的需求，允许系统在分布式环境中更好地应对网络故障、节点故障等问题。通过允许系统在某些时刻牺牲一致性以换取其他性能指标，提高

了系统的灵活性，使其更能适应不同的应用场景和需求。

BASE 理论适用于一些对于强一致性要求相对较低，但对可用性、性能和容错性要求较高的大规模分布式系统。它提供了一种实用的设计原则，帮助架构师在面对复杂的分布式环境时做出合理的决策。

BASE 理论是一种高层次的理论框架，缺乏具体的实现指导。架构师可能需要更具体的方法和指南来应对一致性和可用性之间的权衡。允许系统在某些时刻处于不一致状态增加了系统的复杂性，理解、管理和调试处于软状态的系统可能变得更为复杂。BASE 理论明确了系统可以在某些时刻牺牲一致性，但维护最终一致性仍然是一个挑战。系统需要确保最终数据的一致性，并在适当的时机进行调整。

BASE 理论更适用于一些对一致性要求相对较低的场景，但在某些特殊的应用场景中，强一致性仍然是必要的。BASE 理论可能并不适用于所有类型的应用。

虽然 BASE 理论有其局限性，但在一些大规模分布式系统的特定场景中，它仍然是一个有用的理论框架，提供了在一致性和可用性之间取得平衡的方法。在实践中，需要综合考虑具体的业务需求和系统特点，以选择最适合的设计方案。

BASE 理论相对于 ACID，更注重系统的可用性和性能，允许在一些时刻牺牲一致性。这种权衡在大规模分布式系统中实现更高的可扩展性和容错性。BASE 理论的提出也是为了解决在分布式环境下，ACID 强一致性所带来的性能和可用性瓶颈。

BASE 和 CAP 都是分布式系统相关概念，它们分别强调了系统在特定方面的设计原则。BASE 和 CAP 都在一定程度上涉及牺牲一致性的思想。在 CAP 中，系统无法同时保证一致性、可用性和分区容忍性；而在 BASE 中，系统追求某种形式的最终一致性，允许在一段时间内数据的状态可能不一致。CAP 理论是一种理论框架，指出在分布式系统中，无法同时满足一致性、可用性和分区容忍性这三个属性，主要关注系统的一致性、可用性和分区容忍性之间的权衡。一致性是 CAP 中的一个属性，系统可以选择强调一致性、可用性或分区容忍性中的两者，但无法同时满足。BASE 是对分布式系统的实际经验总结，强调基本可用、软状态和最终一致性，主要关注在面对网络分区和部分节点故障时，如何在系统中实现最终一致性，不要求强一致性，更注重在一定时间内达到最终一致性。

总之，在具体应用中，可以根据系统需求和业务场景来选择适当的设计原则。

▶▶ 5.2.6 Paxos 及其衍生算法

Paxos 是分布式计算领域中用于解决一致性问题的经典算法。莱斯利·兰伯特（Leslie Lamport）于 1990 年首次提出了 Paxos 算法，它是为了解决在分布式系统中，如何就某个值达成一致的问题。

Paxos 的核心思想是通过多个节点之间的相互通信和协商来达成共识。这个过程分为提议、承诺、接受和学习四个阶段。

1）提议：一个节点向其他节点发送提议，建议某个值被选中。

2）承诺：其他节点收到提案后，可以承诺支持这个提案，也可以拒绝。如果一个节点承诺支持了某个提案，它就不能再承诺支持其他提案，除非当前提案被否决。

3）接受：如果一个节点收到了大多数节点的承诺，那么它就可以发送接受请求，表示该值被选中。

4）学习：一旦一个节点学习到某个值被选中，它就会广播这个消息，其他节点也会学习到这个值。

Paxos 的目标是确保只有一个值能够被选中，即使系统中的一些节点失败或者出现消息丢失。它通过引入提案号和承诺机制来解决节点间的冲突并确保一致性。Paxos 主要用于解决分布式系统中的一致性问题。Paxos 的元素、元素属性及其相互关系见表 5-8。

表 5-8 Paxos 的元素、元素属性及其相互关系

元素	元素属性	相互关系
提议者	提议者是系统中向其他节点提出提案的实体。它负责生成并提交提案，并通过与其他节点的通信来推动共识过程	提议者与其他节点进行通信，尝试推动一个提案被接受。提案的内容可能包含某个值或者某个操作
接受者	接受者负责接受或拒绝来自提议者的提案。每个接受者都有一个维护的状态，用于跟踪接受的提案和其他节点的状态	提议者向接受者发送提案，接受者在接受或拒绝提案时向提议者返回响应。多个接受者之间可能会相互通信以达成共识
学习者	学习者负责接收已经达成共识的提案，并将其应用到系统状态中。学习者通常不参与提案的生成和提交过程，而是等待共识达成后获取结果	提议者和接受者将达成共识的提案广播给学习者，学习者接收并应用这些提案
提案	提案是一个被提议者提出的值或操作。提案具有唯一的编号，它通常包含提案的提议者、提案的内容等信息	提议者生成提案并向接受者发送，接受者接收提案并做出接受或拒绝的决策，学习者接收达成共识的提案

Paxos 的核心目标是确保多个节点能够就某个值达成共识。在分布式系统中，每个节点可能提出不同的值，而 Paxos 的设计思想是通过协议的各个阶段，确保最终只有一个值被选定。

Paxos 将共识问题分解为多个阶段的提案过程，包括提案提交、接受提案、学习提案等，每个阶段都有明确的任务。这种分阶段的设计有助于更好地管理系统状态。Paxos 引入了唯一的提案编号，用于标识提案的先后顺序。提案编号的引入有助于解决多个提案并发提出的情况，避免提案之间的竞争。

Paxos 通过引入多数派的概念，要求在提案的接受过程中，必须获得大多数节点的接受。这样的设计确保了在多数节点上达成一致，防止少数节点因故障或错误而影响共识。

Paxos 被设计为具有容忍故障的能力，即使在节点故障或网络分区的情况下，它仍然能够保持系统的一致性。通过对提案和接受阶段的合理处理，Paxos 能够在节点出现故障时继续推进。Paxos 确保在同一轮提案中，只有一个值被选中。通过适当的设计和各阶段的交互，Paxos 避免了提案之间的冲突，保持了系统的一致性。

Paxos 的设计思想注重通过分阶段的提案、引入唯一编号、遵循多数派原则等手段，解决分布式系统中节点一致性的问题。这使得 Paxos 成为分布式系统领域中广泛使用的一致性协议。

Paxos 适用于需要在分布式系统中达成一致性的场景，尤其是在面对节点故障、网络分区等情况下需要保持系统一致性的场合。

Paxos 保证了当一个值被选定后，所有正在正常运行的节点最终都会接受这个值。

Paxos 能够容忍网络分区，即当分布式系统的节点之间的通信受到网络故障或者分区的影响时，仍然能够维持一致性。Paxos 在设计上考虑了系统的可用性，通过容忍故障和网络分区，保证了在一些节点无法正常工作的情况下，系统仍然能够继续运行并达成共识。Paxos 允许在运行时动态添加或删除节点。这使得系统能够适应节点的变化，而不会影响共识的正确性。Paxos 通过在消息中引入唯一标识和超时机制等手段，能够应对消息在传输过程中可能发生的乱序、丢失等问题，确保协议的正确执行。

综上，Paxos 主要解决了分布式系统中的一致性和容错性等问题，使得多数节点能够达成共识，即便在出现故障或网络分区的情况下，系统仍能保持一致性。

然而，Paxos 的理解和实现相对复杂。对于一些开发者和系统管理员而言，它可能显得难以理解和部署。这种复杂性可能导致错误的实现和配置，从而影响系统的正确性。Paxos 在某些情况下可能会引入较大的性能开销。协议中的多轮消息交互和复杂的逻辑可能导致延迟增加，尤其是在节点之间的通信存在较大延迟或带宽受限的情况下。在典型的 Paxos 实现中，通常会存在单一的领导者，这可能引入单点故障。如果领导者发生故障或变得不可用，系统可能会面临中断。当多个节点同时提出不同的提案时，可能会引发提案冲突。虽然 Paxos 通过逻辑上的保证来解决这个问题，但在实践中，处理提案冲突的机制需要额外关注和调整。

尽管存在这些问题，Paxos 仍然是一种广泛应用的分布式一致性协议，并且在很多系统中取得了成功的应用。

虽然 Paxos 是一种强大的一致性协议，但由于其相对复杂的理论和实现，有时候可能并不是最适合所有场景。在选择使用 Paxos 时，需要权衡系统需求、性能要求及协议复杂性等因素，进行调整或选择其他分布式协议。

Paxos 协议本身相对复杂，但在实际应用时，通常会对其进行简化以提高可理解性和实现的可行性。一些 Paxos 的衍生协议，如 Multi-Paxos 和 Fast Paxos 等，尝试简化 Paxos 的使用和理解。

Paxos 协议的简化方向。

1）单个提议者：在简化版本中，系统可能只有一个提议者，简化了提议阶段的竞争。这减轻了算法的实现和理解难度。

2）忽略网络分区：有时候，为了简化问题，人们会假设网络是可靠的，忽略了网络分区的情况。这在某些特定的应用场景中可能是合理的。

3）忽略节点故障：有时人们也会在设计中忽略节点故障，只关注正常情况下的流程。

Raft 是一种一致性协议，主要用于分布式系统中复制日志和保证数据一致性。由于 Raft 相对于 Paxos 更易于理解和实现，因此在实际应用中被广泛采用。Raft 协议节点状态机如图 5-4 所示。

相比于 Paxos，Raft 的设计更加直观和易于理解，更容易被开发人员理解和

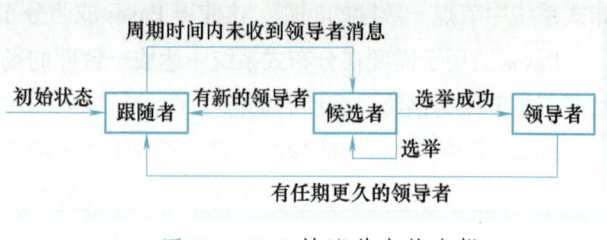

● 图 5-4 Raft 协议节点状态机

实现。Raft 协议的设计采用了模块化的思想，将共识算法分解为领导者选举、日志复制和安全性等多个模块，各模块之间相对独立，易于理解和实现，且方便进行扩展和修改。

Raft 采用了领导者选举机制，使得系统中的节点可以快速地选举出一个领导者节点，负责协调系统中的操作，避免了 Paxos 中复杂的角色转换过程，提高了系统的可用性和稳定性。Raft 在设计上考虑了可调试性问题，提供了详细的状态转换图和调试信息，方便开发人员进行系统调试和故障排查，降低了系统维护和运维的难度。

由于其易理解性和模块化设计的特点，Raft 已被广泛应用于分布式系统中，如分布式数据库、分布式存储系统、分布式消息队列等领域，取得了良好的应用效果。

Raft 相对于其他共识算法具有易理解性、模块化设计、领导者选举机制、可调试性和广泛应用等优势。然而，Raft 中的领导者选举过程可能会成为性能瓶颈，特别是在大规模集群中或者网络环境不稳定的情况下。频繁的选举可能导致系统的吞吐量和响应时间受到影响。Raft 只能保证在部分拜占庭故障场景下达成一致性，而对于全面拜占庭故障的情况并不完全可靠。在面对恶意攻击或者节点行为不正常的情况下，Raft 可能无法保证系统的安全性和一致性。

相较于 Paxos，Raft 的设计更加简单和易于理解，但它仍然具有一定的复杂性。Raft 对网络分区故障的处理能力有限。当网络出现分区时，可能导致多个子集之间出现领导者，从而可能导致数据一致性的问题，需要引入额外的机制来解决这些问题。

Raft 在动态成员变更时，面临一些挑战。节点的动态变更可能会影响领导者选举过程和日志复制机制，需要引入额外的机制来确保系统的稳定性和一致性。

综上所述，Raft 协议将共识问题分解为领导者选举、日志复制和安全性三个关键模块，并采用领导者、跟随者、候选者三种角色来管理系统中的节点，从而实现分布式系统的一致性。

5.2.7 分布式架构在自定义架构设计中的设计方法

（1）需求分析

社交网络应用功能需求见 2.1.6 小节中所描述，其架构要求确保高效的数据同步和数据一致性，优化海量数据流和存储性能，支持高并发的数据存储、检索和系统的稳定性。

（2）分布式架构设计思想

分布式架构设计思想的核心在于处理多个计算节点协同工作的复杂性。这类架构需要解决节点之间的通信、协调和一致性问题。设计时首先要考虑的是如何在节点间高效地传递信息，这通常需要使用消息传递机制和协议来保证信息的正确传递和顺序。常见的协议包括一致性协议和分布式共识算法，它们的目标是确保即使在部分节点出现故障的情况下，系统整体也能保持一致性和可靠性。

分布式架构还有助于提高系统的可扩展性和容错性。设计时要考虑如何将任务和数据均匀地分配到各个节点，以避免单点故障和负载不均。因此，算法通常会采用副本机制，即在多个节点上存储相同的数据或计算任务，以提高系统的容错能力和可靠性。负载均衡策略也常被应用于优化系统的性能，确保每个节点的负载在合理的范围内。

分布式架构设计还要考虑最终的一致性问题。设计者需要确保在各种异常情况下，系统能够最终达到一致的状态。为了实现这一目标，通常会设计一些恢复机制，如补偿协议和回滚操作。这些机制可以帮助系统在经历故障或冲突后，重新达成一致，确保系统的正确性和稳定性。

（3）分布式架构核心元素的定义

分布式架构保证在多个节点间的数据一致性和可靠性，提高了系统的扩展性、容错性和性能，支持大规模用户和高并发的需求。分布式架构核心元素的定义见表 5-9。

表 5-9 分布式架构核心元素的定义

元素	二级元素	详细内容
分布式存储与数据管理	数据分片	将用户数据分散存储在多个节点上，以提高系统的可扩展性和性能。数据分片策略通常基于用户 ID、地理位置及其他关键属性来均匀分配负载
	数据副本	在多个节点上存储数据副本，以提高容错性，保证数据的高可用性。副本机制通常包括主-从复制和多主复制等方式，以确保即使某些节点发生故障，数据仍然可以通过其他副本恢复
一致性与协调协议	分布式共识算法	采用 Raft，用于确保在多个节点之间达成一致的决策，尤其是在发生节点故障或网络分区时。共识算法保障数据在分布式环境中的一致性
	事务管理	确保多个节点上的操作能够原子性地完成，通常采用分布式事务协议三阶段提交来处理跨节点的事务

(续)

元　　素	二级元素	详细内容
消息传递与协调机制	消息队列	采用 Kafka，用于在不同节点之间传递信息和任务，确保消息的可靠传递和处理
	发布-订阅模型	支持节点之间的异步通信，使得数据更新能够实时传播到所有相关节点。适用于实现消息的广播和事件通知
负载均衡与故障恢复	负载均衡器	在多个节点之间分配请求，以平衡负载并优化系统性能。负载均衡器能够根据节点的健康状况和负载情况进行动态调整
	故障检测与恢复机制	自动检测节点故障并进行恢复，确保系统的连续性和稳定性，包括心跳检测、故障转移和自动恢复策略
数据一致性模型	强一致性	要求系统在任何时刻都能提供一致的数据视图，适用于对一致性要求极高的任务

综上，数据分片提升了系统的可扩展性，通过将数据分散到不同节点减少负载；数据副本增强了容错性和可用性，保障数据的高可靠性；分布式共识算法确保多节点间的数据一致性，保证系统的可靠性；事务管理提供了数据一致性和完整性，支持复杂操作的原子性；消息队列和发布-订阅机制优化了异步处理和系统解耦，提高了扩展性和灵活性；负载均衡器均匀分配请求，提升了系统的性能；故障检测与恢复机制保证系统的高可用性；强一致性确保数据在所有节点上的一致性，防止数据不一致。

5.3　分布式文件系统

分布式文件系统从简单的远程文件访问到支持大规模、多模型、高性能的分布式存储系统，其发展历史反映了计算机技术、互联网和数据处理需求的演变。随着技术的不断进步，分布式文件系统仍然在不断演进。分布式文件系统如图 5-5 所示。

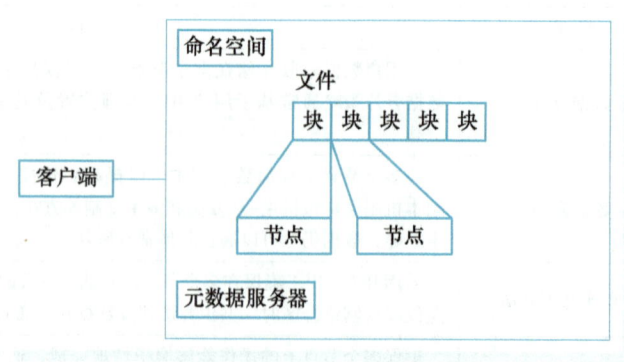

● 图 5-5　分布式文件系统

5.3.1 分布式文件系统的基础理论

分布式文件系统的基础理论包括数据分布、冗余存储和一致性管理。数据分布将文件划分成多个块，分散存储在不同节点上，提高了系统的扩展性和负载均衡。冗余存储通过数据副本保证数据的高可用性和容错性，防止因单点故障导致的数据丢失。一致性管理确保多个节点间数据的一致性，协调文件操作和更新。分布式文件系统的元素、元素属性及其相互关系见表 5-10。

表 5-10 分布式文件系统的元素、元素属性及其相互关系

元　素	元素属性	相互关系
文件	文件是数据的逻辑集合，通常由文件名、元数据和实际数据组成	文件可以被分割成多个块，并存储在不同的节点上，形成分布式文件
块	块是文件的实际数据单元，通常具有固定的大小。每个块都有唯一的标识符，包含元数据，如块的复制数量	一个文件由多个块组成，这些块可以分布在不同的节点上，通过块的复制可以提高数据的可靠性
节点	节点是分布式文件系统中的物理实体，可以是服务器或存储设备。每个节点都有唯一的标识符，包含节点的状态、可用性等信息	节点存储文件系统的块，它们通过网络通信相互连接，形成分布式环境
元数据服务器	元数据服务器负责维护文件系统的元数据，包括文件名、文件路径、块的位置信息等	元数据服务器与存储节点交互，向客户端提供文件和块的位置信息，确保文件系统的一致性和准确性
客户端	客户端是用户或应用程序与分布式文件系统交互的接口，负责发送请求、接收响应，并处理文件的读写操作	客户端通过网络与存储节点和元数据服务器通信，请求文件的读写、块的位置信息等
命名空间	命名空间定义了文件系统中文件和目录的结构，确保文件和目录的唯一性和层次性	文件和目录按照命名空间的规则组织，形成层次结构，方便用户和应用程序进行文件的定位和管理

这些元素之间的相互关系构成了分布式文件系统的整体结构。文件被分割成块，并在多个节点上进行存储，元数据服务器负责维护文件系统的元数据，而客户端通过与节点和元数据服务器的交互来实现对文件系统的读写操作。这种分布式文件系统具备可靠性、可扩展性和高性能等特性。

分布式文件系统通过在多个节点上存储数据的多个副本来提高可靠性。冗余存储确保即使某个节点发生故障，系统仍能提供对数据的访问。文件系统的数据被分割成小块，并存储在多个节点上。同时，允许并发读写和分布式访问，以提高性能。

分布式文件系统具备良好的水平扩展性，允许系统在需要时通过添加新的节点来增加存储容量和处理能力，以适应不断增长的数据需求。在面对并发读写和多个副本时，确保数据的一致性是至关重要的。分布式文件系统需要采用一致性协议和机制，以保障数据的准确性和一致性。

分布式文件系统能动态平衡节点之间的负载,确保每个节点的工作负载相对均衡,避免性能瓶颈和资源浪费。其设计能够有效检测和处理节点故障,包括自动恢复和数据重平衡,以保持系统的高可用性和稳定性。在分布式环境中实现高性能是一个挑战,因此需要对数据访问、传输效率、网络延迟等方面持续优化,提高整体性能。

元数据管理是分布式文件系统中的关键任务。一个单独的元数据服务器或分布式的元数据服务需要高效地维护文件和块的元数据,确保文件系统的一致性和可靠性。其设计支持可扩展的命名空间,确保系统能够有效地组织和管理文件和目录,适应不断增长的文件数量。

分布式文件系统通过在多个节点上存储数据的多个副本,提高了数据的可靠性。即使某个节点发生故障,系统仍能提供对数据的访问。分布式文件系统允许在需要更多存储容量或性能时进行水平扩展,通过添加新的节点来增加整个文件系统的存储和处理能力。通过将数据分布到多个节点,分布式文件系统可以实现并行访问和读写操作,从而提高数据访问的整体性能。通过将数据分布在多个节点上,分布式文件系统可以实现负载均衡,确保每个节点的工作负载相对均衡,提高整个系统的效率。通过数据的冗余存储和复制,分布式文件系统在节点故障时可保持数据的可用性,具备容错能力。分布式文件系统提供统一的命名空间,允许用户通过相同的文件路径访问和管理分布在不同节点上的文件,简化了文件管理。分布式文件系统引入容错机制,以应对节点故障、网络分区等可能导致数据不可用的情况,提高系统的容错性。

分布式文件系统实现了不同节点上数据的一致性,确保多个副本之间的同步,并提供一致的文件系统视图。系统允许根据需要动态扩展文件系统的规模,无须中断服务。这使得分布式文件系统能够适应不断增长的存储需求。

用户无须关心数据存储在哪个节点上,分布式文件系统提供透明的访问接口,使用户感知不到底层分布式架构的存在。凭借数据的冗余存储和容错机制,分布式文件系统可以提供高可用性,即使有节点故障,系统仍能保持对数据的访问。

分布式文件系统是大规模数据存储和管理的有效工具,尤其适用于云计算环境和大规模数据应用。

5.3.2 HDFS 架构分析

HDFS(Hadoop Distributed File System,Hadoop 分布式文件系统)是一个设计用于存储和处理大规模数据的分布式文件系统。HDFS 旨在为大数据应用提供高吞吐量、容错性和可扩展性。其主要特点包括分布式存储、容错性、高吞吐量、透明性、可扩展性、一致性等。

HDFS 将大文件划分成固定大小的块,通常默认大小为 128 MB 或 256 MB,然后将这些块分布式存储在 Hadoop 集群的多个节点上。HDFS 通过数据冗余机制来确保数据的容错性。每个数据块会被复制到集群中的多个节点上，即使某个节点发生故障，仍然可以从其他节点获取相同的数据块。HDFS 是为处理大规模数据集而设计的，支持高吞吐量的数据访问，适用于批处理作业和大规模数据分析。HDFS 提供了一个统一的文件系统视图，使得用户可以透明地访问分布式环境中的文件，无须关心文件存储在集群的哪个节点上。HDFS 具备水平扩展能力，可以通过添加新的节点来扩展存储容量和计算能力。HDFS 采用一致性模型，即一旦数据写入成功，就对所有后续的读取可见。

HDFS 适用于存储和处理大规模数据集，支持 PB 级别的数据量。它支持 MapReduce 等分布式计算框架，用于执行大规模数据分析任务。数据冗余和分布式特性使其成为可靠的数据备份和存储解决方案。HDFS 的架构相对简单，易于理解和管理。HDFS 通常运行在廉价的硬件上，因此具有较低的成本。HDFS 在处理批处理作业和大规模数据分析方面表现出色。

2005 年，HDFS 由雅虎的道格·卡廷（Doug Cutting）和迈克·卡法雷拉（Mike Cafarella）等人开发，并作为 Apache Hadoop 项目的一部分发布。

2006 年，HDFS 迎来了第一个 Apache Hadoop 版本的发布。

2008 年，Hadoop 0.18 版本发布，这是 Hadoop 生态系统中较早的一个稳定版本，其中包括对 HDFS 的改进。

2010 年，Hadoop 0.20 版本发布，引入了 HDFS 的高可用特性，增强了系统的稳定性。

2012 年，Hadoop 1.0 版本发布，此版本引入了命名空间和块池的概念，以支持更大的数据规模。

2013 年，Hadoop 2.0 版本发布，引入了资源管理框架，使 HDFS 更加灵活。

至今，HDFS 持续迭代和改进，不断适应大规模、高性能数据存储和处理的需求。同时，它成为 Apache Hadoop 生态系统的一个重要组件，被广泛用于大数据处理和分析领域。HDFS 架构如图 5-6 所示。

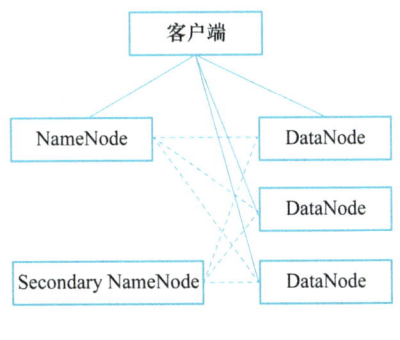

● 图 5-6 HDFS 架构

HDFS 架构组件包括名称节点（NameNode）、数据节点（DataNode）、辅助名称节点（Secondary NameNode）。

1）NameNode：管理文件系统的命名空间和文件元数据，负责存储文件和块的映射关系。

2）DataNode：存储实际的数据块，负责处理文件读写请求，以及向 NameNode 报告块的状态。

3）Secondary NameNode：协助 NameNode 执行检查点（Check Point）操作，定期将文件系统的快照保存到持久化存储中。

HDFS 架构的元素、元素属性及其相互关系见表 5-11。

表 5-11 HDFS 架构的元素、元素属性及其相互关系

元素	元素属性	相互关系
NameNode	唯一标识符、文件系统命名空间、文件元数据、块映射表、心跳间隔、超时时间、最大失败数	NameNode 是 HDFS 的主节点，负责管理文件系统的命名空间、存储的文件元数据和块映射表等关键信息。NameNode 与多个 DataNode 建立通信连接，定期接收 DataNode 发送的心跳消息以确认其存活状态，并接收块报告来更新块映射表。NameNode 与 Secondary NameNode 之间进行定期的检查点操作，以确保文件系统的持久性和可靠性
DataNode	唯一标识符、存储容量、块报告间隔、心跳间隔、超时时间、最大失败数	DataNode 是 HDFS 的数据节点，负责存储实际的数据块并提供数据读写服务。DataNode 定期向 NameNode 发送心跳消息以确认自己的存活状态，并发送块报告来报告自己持有的所有数据块。DataNode 会按照 NameNode 的指示进行数据块的创建、删除和复制等操作，并定期与其他 DataNode 进行数据块的复制和传输
客户端	唯一标识符、文件系统接口、数据读写缓冲区	客户端是 HDFS 的用户接口，负责向文件系统发送读取、写入和删除等操作请求，并接收文件系统返回的响应结果。客户端与 NameNode 建立通信连接，用于查询文件元数据信息和获取数据块的位置信息。客户端与多个 DataNode 建立通信连接，用于实际的数据读写操作，通过数据读写缓冲区来提高数据传输的效率

5.3.3 分布式文件系统在自定义架构设计中的设计方法

在自定义架构设计中，分布式文件系统需要解决数据存储、访问效率、可扩展性和故障恢复等关键问题。首先，数据分片和副本机制是设计的基础。分布式文件系统中的大文件被切分为多个较小的块，每个块存储在不同的节点上，这种分片策略提高了系统的可扩展性和并发处理能力。为了确保数据的高可用性和容错性，每个数据块通常会有多个副本存储在不同的节点上。副本机制不仅增强了系统的容错能力，还提高了数据的读性能，因为可以从多个副本中读取数据，减少了单点故障对系统的影响。

元数据管理是分布式文件系统设计中的关键部分。元数据服务器负责管理文件系统的结构信息，如文件目录、块的位置和权限等。为了避免集中式元数据服务器成为性能瓶颈，通常会采用分布式元数据管理方案。例如，元数据可以根据目录层级或文件 ID 进行分区，以平衡负载并提高系统的可扩展性。同时，元数据的副本存储也至关重要，以确保即使某个元数据服务器发生故障，系统仍能正常运行，并能够快速通过备份副本恢复。

一致性、负载均衡和故障恢复机制是确保分布式文件系统稳定运行的核心。一致性机制决定了数据在多个节点之间的一致性要求，设计时需要选择合适的一致性协议，如 Paxos 或 Raft。在负载均衡方面，通过将请求均匀地分配到多个节点上，可以避免个别节点过载，提升系统的性能和响应速度。此外，故障检测和自动恢复机制也至关重要，通过心跳检测和自动故障转移，系统能够快速检测并处理节点故障，确保系统的连续性和数据的完整性。这些设计方法共同作用，确保了分布式文件系统在大规模环境下的高效性和可靠性。

▶ 5.3.4 分布式文件系统实践

（1）需求分析

社交网络应用功能需求见 2.1.6 小节中所描述，其架构要求数据存储及检索模块需要提供高读写性能、高容错性和数据可恢复性，以确保系统在高负载和故障情况下的稳定性和数据完整性。整体架构需要保障系统的可靠性和恢复能力。

（2）分布式文件系统的选择

系统在高负载场景下，不仅要具备高读写性能，以确保数据能被快速存取、满足业务的即时需求，还需拥有高容错性，防止因硬件故障、网络波动等意外状况导致数据丢失或服务中断。同时，要保证数据的可恢复性，即便遭遇故障，也能迅速将数据恢复至正常状态，从而维护数据的完整性。从整体架构来看，需全方位保障系统的可靠性，使其在各种复杂情况下可稳定运行，并且具备强大的恢复能力，能够在出现故障后快速恢复正常运作，保障业务的连续性。

选择分布式文件系统，主要是因其在满足系统对数据存储及检索模块需求方面具有显著优势。集中式文件系统的读写性能易受单点瓶颈限制，在高负载下性能急剧下降，且容错性差，一旦服务器故障，数据易丢失。而分布式文件系统通过多节点并行处理，极大地提升了读写性能，多副本机制保障了高容错性和数据可恢复性。网络附加存储在可扩展性和容错性方面相对较弱，难以应对大规模社交网络应用的数据存储需求。而分布式文件系统可根据业务增长灵活扩展节点，增强存储和处理能力。分布式文件系统与其他文件系统的对比见表 5-12。

表 5-12 分布式文件系统与其他文件系统的对比

文件系统	读写性能	容错性	数据可恢复性	应对高负载能力	可靠性	恢复能力
传统集中式文件系统	低	低	低	差	低	低
网络附加存储	中	中	中	中	中	中
分布式文件系统	高	高	高	高	高	高

(3) 社交网络应用的分布式文件系统核心元素的定义

社交网络应用的分布式文件系统能够提供高效、可靠的文件存储和管理服务，满足大规模用户和数据处理的需求。分布式文件系统的核心元素定义见表 5-13。

表 5-13 社交网络应用的分布式文件系统的核心元素定义

元 素	二级元素	详细内容
分布式存储与数据管理	数据分片	将用户数据分散存储在多个节点上，以提高系统的可扩展性和性能。数据分片策略通常基于用户 ID、地理位置或其他关键属性来均匀分配负载
	数据副本	在多个节点上存储数据副本，以提高容错性，实现数据的高可用性。副本机制通常包括主-从复制和多主复制等方式，以确保即使某些节点发生故障，数据仍然可以通过其他副本恢复
一致性与协调协议	分布式共识算法	采用 Raft，用于确保在多个节点之间达成一致的决策，尤其是在发生节点故障或网络分区时。共识算法保障数据在分布式环境中的一致性
元数据管理	元数据服务器	专门管理文件系统中的元数据，包括文件目录结构、文件到数据块的映射、权限设置等信息。有效的元数据管理确保文件的组织和存取能够快速响应，同时减少了对实际存储数据的频繁查询需求
	元数据分区与副本	将元数据划分为多个部分，并分布存储在不同的服务器上，以减轻单点压力并提高系统的可扩展性。元数据副本机制则确保在元数据服务器故障时数据的可用性。元数据分区和副本机制提高了元数据处理性能和可靠性，确保系统能够在高负载情况下平稳运行
负载均衡与故障恢复	负载均衡器	在多个节点之间分配请求，以平衡负载并优化系统的性能。负载均衡器能够根据节点的健康状况和负载情况进行动态调整
	故障检测与恢复机制	自动检测节点故障并进行恢复，确保系统的连续性和稳定性。包括心跳检测、故障转移和自动恢复策略
数据一致性模型	弱一致性	采用 Raft，用于在多个存储节点之间协调数据的一致性，确保系统在面对节点故障或网络分区时数据的一致性

分布式文件系统的核心元素包括数据分片、冗余存储、一致性协议和负载均衡等。数据分片提高了系统存储和处理能力，通过将文件分割存储在多个节点上实现扩展性。冗余存储采用数

据副本的形式保障系统的高可用性和容错性，防止数据丢失。一致性协议确保在并发操作下数据的一致性和完整性。负载均衡优化了资源分配，提高了系统的性能。这些核心元素协同工作，提升了系统的可靠性、可扩展性和处理能力，适应社交网络应用的大规模用户和高并发需求。

5.4 分布式备份架构

对于分布式系统，采用分布式备份机制，确保系统的不同部分都有备份，且备份数据存储在不同的地理位置，以提高系统的可用性和抗灾能力。

许多开源软件采用了分布式备份架构，以提高数据的可靠性、可用性和容错性。例如，HDFS 采用块级别的分布式备份架构，将文件切分为块并在集群中的不同节点上进行备份，这提高了数据的容错性，即使某个节点失效，仍能通过其他节点恢复数据；Cassandra 使用分布式备份和复制机制，将数据分布在多个节点上，并复制到其他节点；Elasticsearch 通过使用分片和副本的概念来实现分布式备份，数据分布在多个分片上，每个分片可以有多个副本；Minio 可以在多个节点上进行部署，通过水平扩展实现数据的分布和冗余备份。

分布式备份架构使得软件系统能够应对节点故障、提高数据可靠性，并在需要时进行快速而可靠的恢复。这对于大规模分布式系统和云环境中的数据管理至关重要。

▶ 5.4.1 分布式备份架构的基础理论

分布式备份架构的设计思想是数据冗余和备份。通过在分布式系统中保存多个数据副本，提高数据的可靠性和可用性，避免因单点故障导致数据丢失或不可访问。

分布式备份架构将数据分散存储在多个节点上，通过分布式存储技术实现数据的分布式存储和访问。为了实现数据的水平扩展和负载均衡，通常将数据划分为多个分片并分配到不同的节点上。

设计分布式备份架构时需要考虑数据的一致性和可用性。在任何时间点对数据的读取操作都应该能够看到最新的数据，即使在部分节点故障或网络分区的情况下，系统仍要能够提供服务。

设计分布式备份架构需要考虑负载均衡和故障恢复机制。通过合理分配数据副本和负载均衡算法，可以使系统在节点故障或负载不均衡时能够自动进行故障恢复和负载调整，维持系统的稳定性和性能。

设计分布式备份架构时需要考虑复制策略和副本管理机制。根据数据的重要性和访问模式，可以定义不同的复制策略，如多副本复制、异地备份等。同时，需要实现有效的副本管理机制，确保副本之间的一致性和同步。

分布式备份架构需要具有动态可扩展性和灵活性，能够根据业务需求和数据规模进行水平扩展和缩减。同时，需要支持灵活的配置和管理，满足不同场景下的备份需求。

综上，分布式备份架构的设计思想包括数据冗余和备份、分布式存储和存储分片、一致性和可用性、负载均衡和故障恢复、复制策略和副本管理、动态可扩展性和灵活性等方面。这些设计思想有助于构建稳定、可靠、高性能的分布式备份系统，保障数据的安全性和完整性。

5.4.2 Cassandra 的分布式备份架构分析

Cassandra 的分布式备份架构基于其分布式哈希表和数据副本机制。数据在集群中通过一致性哈希分布到不同的节点上，每个数据分片在多个节点上保有副本，确保高可用性和容错性。Cassandra 使用配置的复制因子来决定每个数据分片的副本数，增强数据的冗余性。分布式备份机制允许节点在发生故障时快速恢复，减少数据丢失风险。数据一致性通过可调的读写一致性级别来保障，从而平衡性能和可靠性。Cassandra 的分布式备份架构支持高可扩展性和高可靠性，适合大规模分布式环境。Cassandra 的分布式备份架构如图 5-7 所示。

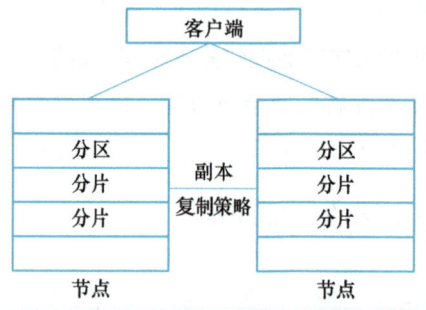

● 图 5-7 Cassandra 的分布式备份架构

Cassandra 的分布式备份架构通过一致性哈希和数据副本机制实现高可用性和容错性。数据分布在集群中的多个节点上，每个数据块有多个副本，副本数量由复制因子决定。这些副本分布在不同的节点上，确保即使部分节点发生故障，数据仍能被恢复。Cassandra 允许配置读写一致性级别，以在性能和数据一致性之间找到平衡。此架构支持高可扩展性，确保大规模环境下的数据可靠性和系统稳定性。Cassandra 的分布式备份架构的元素、元素属性及其相互关系见表 5-14。

表 5-14 Cassandra 的分布式备份架构的元素、元素属性及其相互关系

元素	元素属性	相互关系
客户端	负责向 Cassandra 集群发送读写请求，并接收响应结果	客户端与 Cassandra 集群中的节点之间通过网络通信进行交互，客户端发送读写请求，节点接收请求并执行相应的操作，然后将结果返回给客户端

（续）

元素	元素属性	相互关系
节点	存储数据、执行数据操作，如读取、写入和复制等	Cassandra 集群由多个节点组成，节点之间通过 Gossip 协议进行通信，并维护集群的拓扑结构和节点状态信息。每个节点负责存储一部分数据，并参与数据的读写和复制操作
分区	数据在集群中的逻辑划分单元，通常基于分区键进行划分	数据根据分区键进行分区，每个分区由一个节点负责管理和存储。分区之间可以通过分片进行水平扩展，实现数据的分布式存储和访问
副本	分布式系统中的数据复制，用于提高数据的可靠性和可用性	Cassandra 使用副本来保证数据的可靠性和可用性，每个分区的数据通常会在多个节点上保存多个副本。副本之间通过复制策略进行数据同步和故障恢复
分片	数据的水平分片存储单元，用于实现数据的水平扩展和负载均衡	分片是数据的物理存储单元，通过将数据分布在多个节点上实现数据的水平扩展和负载均衡。每个分片通常包含多个副本，以保证数据的可靠性和可用性
复制策略	定义数据的复制方式和副本的存放位置，包括副本的数量、复制因子、复制位置策略等	复制策略由用户定义，决定了数据在集群中的复制方式和副本的存放位置。常见的复制策略包括简单复制策略和网络拓扑复制策略等

Cassandra 的分布式备份流程包括数据分片、复制和持久化。数据首先通过一致性哈希算法分片并存储在集群节点上，每个数据分片根据配置的复制因子生成多个副本，分布在不同节点上。每次写入操作会在所有副本上完成，以保证数据的一致性。在备份过程中，节点会周期性地将数据写入持久化存储，并通过异步的后台进程执行数据修复和副本同步。这种机制确保了高可用性、容错性和数据的持久性。Cassandra 的分布式备份流程见表 5-15。

表 5-15 Cassandra 的分布式备份流程

步骤	详细内容
1）数据分片和分区	Cassandra 使用一致性哈希算法将数据分片并分配到不同的节点上。每个分片对应一个分区，分区由一个或多个节点负责管理和存储
2）副本复制	根据配置的复制策略，Cassandra 在不同节点上创建数据的副本。每个分区的数据通常会在多个节点上保存多个副本，以保证数据的可靠性和可用性
3）写入操作	当客户端向 Cassandra 集群发起写入操作时，写入请求首先发送到本地节点。本地节点负责协调写入操作，并根据复制策略确定要将数据复制到的其他节点
4）数据复制	本地节点会将写入操作发送给其他副本节点，并等待大多数副本节点确认写入成功。根据复制策略的设置，可能需要等待全部或部分副本节点确认写入成功
5）确认写入	当大多数副本节点确认写入操作成功后，本地节点向客户端发送写入成功的确认响应。如果写入操作失败，则本地节点会进行重试或返回错误信息

(续)

步　骤	详细内容
6）读取操作	当客户端向 Cassandra 集群发起读取操作时，读取请求发送到本地节点。本地节点负责协调读取操作，并从副本节点中选择一个最接近的节点读取数据
7）数据一致性	Cassandra 使用基于时间戳的最终一致性模型来保证数据的一致性。即使在网络分区或节点故障的情况下，Cassandra 也能够保证数据的最终一致性
8）故障恢复	当节点发生故障或副本数据丢失时，Cassandra 会自动从其他副本节点中进行数据恢复。副本节点会检测到故障节点的离线状态，并将数据复制到新的副本节点上，以保证数据的可靠性和可用性

Cassandra 的分布式备份流程通过数据分片和副本机制，实现了高可用性和容错性，即使部分节点故障也能保持数据完整。复制因子配置允许灵活的冗余策略，平衡了性能和数据可靠性。定期持久化和异步同步机制保证了数据的持久性和一致性。该架构支持动态扩展和高负载处理，适用于大规模数据和高并发访问需求，确保系统的稳定性和可扩展性。

5.4.3　分布式备份架构在自定义架构设计中的设计方法

在自定义架构设计中，分布式备份架构的设计方法主要包括数据分布与副本管理、一致性与同步机制，以及故障检测与恢复策略。这些方法共同作用，以确保数据的高可用性、完整性和可靠性。

数据分布与副本管理是分布式备份架构的基础。数据分片将大文件切分为多个小块，并将这些块分散地存储在不同的备份节点上。这种方法提高了备份的效率和恢复速度，因为多个数据块可以并行处理。此外，副本机制通过在多个节点上存储数据块的副本，增强了数据的容错能力和可用性。副本的数量和存储策略通常依据数据的关键性和恢复需求进行配置，以确保即使某些节点发生故障，数据也能通过其他副本恢复，从而提高系统的可靠性和业务连续性。

一致性与同步机制确保了备份数据的准确性和一致性。一致性协议，如 Paxos 或 Raft，用于在多个备份节点之间协调数据的状态，确保所有副本的一致性。同步机制则负责数据的实时或定期同步，以保持备份数据与主数据源的一致性。同步可以采用批量同步或增量同步策略，以适应不同的业务需求。这些机制共同确保备份数据在整个生命周期中的准确性，避免因节点间数据不同步导致的恢复失败或数据丢失。

故障检测与恢复策略是保证系统稳定性的关键。故障检测机制实时监控备份节点的健康状态，通常包括心跳检测和健康检查。一旦发现故障，系统可以迅速进行自动恢复，包括重新备份数据或从副本中恢复数据，减少系统的停机时间。数据完整性检查通过校验和或哈希算法确保备份数据的完整性。而安全性措施则对备份数据进行加密和访问控制，保护数据免受未经授权的访问。

这些设计方法综合应用，确保分布式备份架构能够在大规模环境下有效地保护数据，提供高可用性和灾难恢复能力。

5.4.4 分布式备份架构风格实践

（1）需求分析

社交网络应用功能需求见 2.1.6 小节中所描述，其架构需要保障数据的高容错性和可恢复性，确保系统在故障或数据丢失情况下能够迅速恢复，保持服务的稳定性和数据完整性。

（2）分布式备份架构风格的选择

系统要求数据具备高容错性，能够抵御各种可能导致数据异常的情况，如硬件故障、软件错误、网络中断等。同时，强调数据的可恢复性，即在遭遇故障或数据丢失时，系统能够快速且有效地进行数据恢复操作。这不仅是为了维持服务的稳定性，避免因数据问题导致服务中断，影响用户体验，更是为了保证数据的完整性，确保社交网络中各类用户数据，如个人资料、动态内容、聊天记录等不出现被损坏或丢失的情况，维持业务的正常运转。

选择分布式备份架构风格，主要因其在保障数据高容错性和可恢复性方面的卓越能力。集中式备份依赖单一备份中心，一旦该中心出现故障，整个备份数据面临丢失风险，且恢复过程可能因数据量庞大而耗时较长。分布式备份通过多节点存储，大大降低了单点故障风险，且并行恢复机制能显著缩短恢复时间。虽然云存储提供了一定的便利性，但在数据隐私、网络延迟及对特定云服务提供商的依赖等方面存在问题。分布式备份架构可根据自身需求灵活部署，更好地掌控数据安全。分布式备份架构与其他架构风格的对比见表 5-16。

表 5-16 分布式备份架构与其他架构风格的对比

架构风格	容错性	可恢复性	故障应对能力	数据完整性保障	服务稳定性
传统集中式备份架构	低	低	差	中	低
基于云存储的备份架构	中	中	中	中	中
分布式备份架构	高	高	强	高	高

（3）社交网络应用的分布式备份架构核心元素的定义

社交网络应用的分布式备份架构能够在大规模环境中有效地管理和保护数据，确保系统的可靠性和数据的安全性。社交网络应用的分布式备份架构核心元素的定义见表 5-17。

表 5-17　社交网络应用的分布式备份架构核心元素的定义

元　　素	二级元素	详细内容
分布式存储与数据管理	数据分片	将数据分散存储在多个节点上，以提高系统的可扩展性和性能。数据分片策略通常基于用户 ID、地理位置或其他关键属性来均匀分配负载
	数据副本	在多个节点上存储数据副本，以提高容错性，实现数据的高可用性。副本机制通常包括主-从复制和多主复制等方式，以确保即使某些节点发生故障，数据仍然可以通过其他副本恢复
一致性与协调协议	分布式共识算法	采用 Raft，用于确保在多个节点之间达成一致的决策，尤其是在发生节点故障或网络分区时。共识算法保障数据在分布式环境中的一致性
	同步机制	在备份过程中实现实时或定期的数据同步，确保备份数据与主数据源的数据保持一致。同步机制包括全量同步和增量同步
故障检测与恢复	故障检测	实现实时故障检测，监控备份节点的健康状态
	自动恢复	在检测到故障后，系统自动执行数据恢复操作，包括重新备份数据、从副本恢复数据或重新配置备份节点
数据完整性检查	数据完整性检查	使用校验和、哈希算法等技术对备份数据进行完整性验证，确保数据在备份和恢复过程中未被篡改或损坏

社交网络应用的分布式备份架构的核心元素包括数据分片、冗余存储、一致性管理和自动故障恢复等。数据分片提高了存储效率和可扩展性；冗余存储通过多副本保障数据的高可用性和容错性；一致性管理确保在并发操作下的数据一致性；自动故障恢复机制在节点故障时快速重建数据，减少系统的停机时间。该架构实现了高性能、高可靠性和灵活性，支持社交网络应用大规模用户和复杂的数据处理需求。

5.5　分布式计算架构

分布式计算架构是一种利用多台计算机共同完成任务的计算模型，通常用于处理大规模数据和复杂计算任务。

分布式计算架构通常由多个计算节点组成，这些节点分布在网络中的不同位置。每个计算节点都可以独立执行计算任务，并通过网络通信进行数据交换和协作。在分布式计算环境中，通常由一个调度器负责调度和分配任务给各个计算节点。调度器根据任务的特性和计算节点的负载情况，将任务分配给最适合的计算节点执行。为了提高计算效率，分布式计算架构通常将数据分片并分配给不同的计算节点，利用并行计算的方式同时处理多个数据片段，加速计算过程。在分布式计算环境中,不同计算节点之间需要进行数据通信和同步,以便共享计算结果和协作完成任务,通常采用消息传递或共享存储等方式进行数据交换和同步。由于分布式计算环境中存在多个计算节点,因此需要考虑容错和故障恢复机制,确保即使部分节点发生故障也不会影响整个系统的正常运行。

分布式计算架构通常用于处理大规模数据和复杂计算任务,如数据分析、机器学习、人工智能等领域。它能够充分利用多台计算机的计算资源,提高计算效率和性能,实现大规模数据的快速处理和分析。

5.5.1 分布式计算架构的基础理论

分布式计算架构应该具备良好的水平扩展性,能够根据计算负载的增长自动扩展计算资源。通过增加计算节点或分片,可以有效地提高系统的计算能力和处理能力。

分布式计算架构的元素、元素属性及其相互关系见表 5-18。

表 5-18 分布式计算架构的元素、元素属性及其相互关系

元素	元素属性	相互关系
客户端	负责提交任务和接收计算结果	客户端向调度器提交计算任务,接收计算结果。通常通过网络与调度器和计算节点进行通信
调度器	负责任务调度和资源分配	调度器接收客户端提交的任务请求,根据任务的特性和系统资源情况,分配任务给空闲的计算节点执行。调度器需要与客户端、计算节点和数据存储进行通信,以便有效地进行任务调度和资源管理
计算节点	负责执行任务和计算操作	计算节点接收调度器分配的任务,执行相应的计算操作,并将计算结果返回给调度器或客户端。计算节点之间通常需要进行数据交换和同步,以便共享计算结果和协作完成任务
数据存储	负责存储输入数据和中间结果数据	数据存储通常用于存储任务所需的输入数据和计算过程中产生的中间结果数据。计算节点可以从数据存储中读取输入数据,并将计算结果写入数据存储,以便后续使用或持久化存储
通信网络	负责计算节点之间的通信和数据交换	通信网络承载计算节点之间的数据通信和消息传递,数据和信息包括任务调度信息、输入数据、中间结果数据和计算结果等。通信网络的性能和可靠性直接影响分布式计算系统的整体性能和效率

设计分布式计算架构时需要考虑任务调度和资源管理机制。调度器要能根据任务的特性和系统资源情况,合理分配任务给空闲的计算节点,并监控和管理系统资源的使用情况,以保证系统的稳定性和性能。

设计分布式计算架构时需要考虑数据分片的负载均衡和数据通信的效率,以提高系统的计算效率和性能。

设计分布式计算架构需要考虑容错和故障恢复机制,通过数据复制和备份、任务重试和重分配等方式,实现系统的容错和故障恢复。

在分布式计算架构中,需要考虑数据的安全性和隐私保护,避免敏感数据被未授权的节点访问和篡改。通常通过加密、权限控制和数据隔离等方式实现数据的安全保护。

分布式计算架构通过性能优化和资源利用技术,提高系统的计算性能和资源利用率。例如,采用合适的并行计算算法、优化数据传输和存储方式、减少通信开销等方式来优化系统性能。

分布式计算架构需要具备动态扩展和弹性伸缩的能力,能够根据业务需求和计算负载的变化动态调整系统的规模和资源配置,以满足不断增长的计算需求。

综上,分布式计算架构的设计思想包括水平扩展、任务调度和资源管理、数据分片和并行计算、容错和故障恢复、数据安全和隐私保护、性能优化和资源利用、动态扩展和弹性伸缩等方面。这些设计思想有助于构建稳定、可靠、高性能的分布式计算系统,满足不同场景下的计算需求。

5.5.2 Hadoop 架构分析

Hadoop 的架构主要由三个核心组件组成:HDFS、YARN 和 MapReduce 计算框架。HDFS 是一个高容错、高吞吐量的分布式文件系统,旨在运行在廉价的硬件上。它将数据分割成块,并将这些块的副本分布在集群中的多个节点上,以确保数据的高可用性和容错性。HDFS 的设计允许数据本地化处理,减少了网络传输开销。

YARN(Yet Another Resource Negotiator)是 Hadoop 的资源管理系统,其核心功能为统一管理和调度集群资源。它能将资源合理分配给不同应用,通过这种方式,大幅提升集群资源利用率,让各类应用在集群中高效运行。

MapReduce 是 Hadoop 的计算框架,用于处理大规模数据集。它将计算任务分为两个阶段:Map 阶段和 Reduce 阶段。Map 阶段将数据分成更小的子集并进行处理,而 Reduce 阶段则对这些子集进行汇总和整合。MapReduce 框架可自动处理数据分布、负载均衡、故障恢复和并行计算。

Hadoop 的架构使得其处理大规模数据集变得高效、可靠且具备高度的扩展性,适用于数据分析、日志处理和数据挖掘等应用场景。Hadoop 架构的元素、元素属性及其相互关系见表 5-19。

表 5-19　Hadoop 架构的元素、元素属性及其相互关系

元素	元素属性	相互关系
HDFS	分布式文件系统,用于存储大规模数据	HDFS 作为数据存储层,提供数据给 YARN 上的应用程序。同时,HDFS 充当 MapReduce 任务的输入和输出数据源,MapReduce 任务可以直接读取和写入 HDFS 中的数据

(续)

元素	元素属性	相互关系
YARN（Yet Another Resource Negotiator）	资源管理器，用于集群资源的分配和管理	YARN 可以利用 HDFS 中的数据作为计算任务的输入和输出。YARN 作为 MapReduce 任务的资源调度和管理平台，负责启动、监控和终止 MapReduce 任务，并分配计算资源给不同的任务
MapReduce	分布式计算框架，用于并行处理大规模数据	MapReduce 任务通常从 HDFS 中读取输入数据，并将计算结果写入 HDFS。MapReduce 作为 YARN 上的应用程序，利用 YARN 提供的资源执行计算任务

Hadoop 执行分布式计算任务的流程包括数据分割、任务分配、计算和结果汇总。首先，数据被分割成多个块，并存储在 HDFS 上。然后，MapReduce 框架将计算任务分为 Map 和 Reduce 两个阶段。Map 阶段将输入的数据块映射为键值对，并在集群中并行处理。Reduce 阶段汇总 Map 阶段的输出数据，进行最终的计算和结果生成。在整个过程中，Hadoop 自动管理任务调度、数据分布、负载均衡和故障恢复，确保高效和可靠的分布式计算。Hadoop 执行分布式计算任务的流程见表 5-20。

表 5-20　Hadoop 执行分布式计算任务的流程

步骤	详细内容
1）任务提交	用户通过 Hadoop 客户端向集群提交计算任务，任务通常以 JAR 包的形式打包，它包含了需要执行的 MapReduce 程序、所需的输入数据及其他配置信息
2）资源申请和分配	YARN 接收到任务提交请求后，负责为任务申请和分配资源。YARN 根据任务的需求和集群的资源状况，选择合适的计算节点为任务分配资源
3）任务启动	一旦资源分配完成，YARN 通知相应的节点管理器启动任务容器。任务容器中包含了执行 MapReduce 任务所需的执行环境和资源
4）数据分片和复制	如果任务需要处理的数据存储在 HDFS 中，HDFS 会将输入数据按照块大小进行分片，并在集群中的计算节点上创建相应数量的数据副本。这样，每个计算节点可以就近访问数据，提高数据读取效率
5）Map 阶段	启动的 Map 任务会被分配到各个计算节点上，并由 Map 任务处理输入数据的各个分片。Map 任务会执行用户定义的 Map 函数，对输入数据进行处理并生成中间结果
6）中间结果的合并和排序	在 Map 阶段结束后，Hadoop 框架会对中间结果进行合并和排序。相同键（Key）的中间结果会被合并到同一个 Reduce 任务所在的节点上，以便后续的 Reduce 阶段进行处理
7）Reduce 阶段	启动的 Reduce 任务会被分配到各个计算节点上，并由 Reduce 任务处理 Map 阶段输出的中间结果。Reduce 任务会执行用户定义的 Reduce 函数，对中间结果进行聚合、汇总或其他计算操作

(续)

步骤	详细内容
8）结果输出	Reduce 阶段处理完成后，计算节点会将最终的计算结果写入 HDFS 或其他存储系统，作为任务的输出结果。用户可以通过 Hadoop 客户端或其他方式获取计算结果
9）任务完成并释放资源	一旦任务执行完成，YARN 会通知相应的节点管理器释放任务容器和所占用的资源。这些资源可以被其他任务重新利用，从而提高集群资源的利用率

总之，HDFS 的数据分割和分布式存储使数据处理高效且具备容错性，避免了单点故障。MapReduce 框架将计算任务分为 Map 和 Reduce 阶段，实现了大规模数据的并行处理，提升了计算速度。Hadoop 自动处理任务调度、负载均衡和故障恢复，减少了人为干预和系统维护的复杂性。通过将计算任务分布在多个节点上，Hadoop 能够有效利用集群资源，实现高可扩展性，适应不断增长的数据处理需求。

5.5.3 分布式计算架构在自定义架构设计中的设计方法

在自定义架构设计中，分布式计算架构的设计方法包括数据分布与处理、任务调度与负载均衡，以及容错与恢复策略。这些方法共同作用，确保系统在大规模环境下的高效性、可靠性和可扩展性。

数据分布与处理是分布式计算架构的核心。设计时需将数据合理分布到多个计算节点上，以提高数据处理的并发性和效率。通常，数据会被分片并存储在不同的节点上，确保每个节点负责处理自己部分的数据。这种分布式存储策略不仅减少了单节点的负载，还能够优化数据访问速度。数据分片策略可以依据数据的特性和访问模式进行调整，比如使用哈希分片或范围分片方法来平衡负载。数据分布的目标是最大化系统的并行处理能力，避免数据访问瓶颈。

任务调度与负载均衡对确保系统性能至关重要。任务调度算法负责将计算任务合理分配到不同的计算节点上，以优化资源利用率并避免某些节点过载。常见的调度策略包括轮询、最少连接和资源感知调度。负载均衡则通过动态调整任务分配，平衡各节点的工作负荷，避免单点过载和性能下降。动态负载均衡可以依据实时监测的数据负载和节点性能来调整任务分配，提高系统的整体吞吐量和响应时间。有效的任务调度与负载均衡策略能够提升计算效率和系统的稳定性。

容错与恢复策略确保系统在面对故障时的持续可用性和数据一致性。设计时需要实现故障检测机制，通过监控系统状态来识别节点故障或性能问题。一旦检测到故障，系统应能自动执行恢复操作，如重新调度任务到其他节点、恢复数据副本等。容错机制包括数据冗余和计算重试，确保即使部分节点失败，系统也能正常运行，并保证计算结果的正确性和一致性。恢复策略需要快速、自动处理故障，最小化对业务的影响。

综上，通过这些策略，分布式计算架构能够在面对大规模数据处理需求时，能够提供高效、可靠、稳定的计算服务。

5.5.4 分布式计算架构设计实践

（1）需求分析

社交网络应用功能需求见 2.1.6 小节中所描述，其架构需要保障高读写性能和数据处理能力，以应对计算密集型任务。整体架构需高效分配计算资源，保证系统的响应速度和稳定性。

（2）分布式计算架构风格的选择

系统需要具备出色的高读写性能，以应对大规模数据的快速存取需求。同时，要有强大的数据处理能力，从容解决计算密集型任务，整体架构需实现计算资源的高效分配，确保在高负载下，各任务都能及时获取所需资源，进而保证系统拥有极快的响应速度，为用户提供流畅体验，并且始终维持稳定性，避免因资源争抢或处理瓶颈导致服务中断或卡顿。

选择分布式计算架构，是因其在满足高读写性能、数据处理能力及资源分配等方面优势突出。传统集中式架构受限于单台服务器性能，在高负载下读写性能急剧下降，处理大规模计算任务时易出现资源瓶颈，且一旦服务器故障，系统易瘫痪。而分布式计算架构通过多节点并行处理，大幅提升读写和计算能力，节点冗余增强了稳定性。网格计算在资源共享上有优势，但任务调度灵活性和实时性不足，难以满足社交网络对即时响应的要求。分布式计算架构能依据业务动态调整资源分配。分布式计算架构风格与其他架构风格的对比见表 5-21。

表 5-21 分布式计算架构风格与其他架构风格的对比

架构风格	读写性能	数据处理能力	资源分配效率	响应速度	稳定性
传统集中式架构	低	低	低	低	低
网格计算架构	中	中	中	中	中
分布式计算架构	高	高	高	高	高

（3）社交网络应用的分布式计算架构核心元素的定义

设计社交网络应用的分布式计算架构时，需要精心规划和实施，以确保系统能够处理大规模数据，提供稳定的服务，并在面对故障时迅速恢复。社交网络应用的分布式计算架构核心元素的定义见表 5-22。

表 5-22 社交网络应用的分布式计算架构核心元素的定义

元素	二级元素	详细内容
数据分片与存储	数据分片	将社交网络应用中的大规模数据分割成多个较小的片段，并将这些数据分片分散存储在不同的节点上。数据分片提高了系统的扩展性和并发处理能力，避免了单点负载过重，并加速了数据访问和处理速度。数据分片策略可以基于哈希、范围或其他方法来优化数据分布
	数据存储策略	定义在分布式环境中如何存储和管理不同类型的数据，包括存储格式、索引结构和数据访问接口。有效的数据存储策略能够提升数据检索效率，并支持快速的数据更新和查询，确保应用性能的稳定性和响应速度
计算任务调度与负载均衡	计算任务调度	将计算任务分配到不同的计算节点上。调度算法可以基于任务优先级、节点负载或资源利用率进行优化。高效的任务调度策略确保计算资源的合理利用，避免节点过载，并提高整体处理效率和系统响应时间
	负载均衡	动态分配计算任务和数据访问请求到不同的节点，以平衡负载，避免单个节点过载。负载均衡可以基于请求量、节点性能和网络延迟进行调整。负载均衡提升了系统的性能和可靠性，通过均匀分配负载，确保系统能够处理大量并发请求，优化用户体验
故障检测与容错处理	故障检测	实时监控系统各个节点的健康状态，及时检测节点故障或性能下降。通常采用心跳机制、健康检查和监控工具。故障检测机制能够迅速识别和响应系统问题，减少故障对整体系统的影响，保持服务的连续性和稳定性
	容错处理	设计系统以自动应对节点故障或数据丢失，包括数据冗余、任务重试和自动恢复等机制。容错处理确保系统在节点或服务故障时能够自动恢复，维持数据的一致性和可用性，降低业务中断和数据丢失的风险
事务管理	事务管理	处理涉及多个操作的事务，确保事务的原子性、一致性、隔离性和持久性。事务管理确保用户操作的完整性和数据的一致性，使得复杂的业务逻辑能够正确处理并保持系统的稳定性

数据分片和分布式存储提高了数据处理能力和存储可扩展性，同时降低了单点故障的风险。计算分发允许将任务并行处理，提升了系统的处理速度和效率。负载均衡确保了资源的合理分配，避免了瓶颈。故障恢复机制保证了系统在节点故障时能迅速恢复，保持高可用性。综合这些优势，分布式计算架构支持社交网络应用的大规模用户和高并发场景，确保了系统的稳定性和性能。

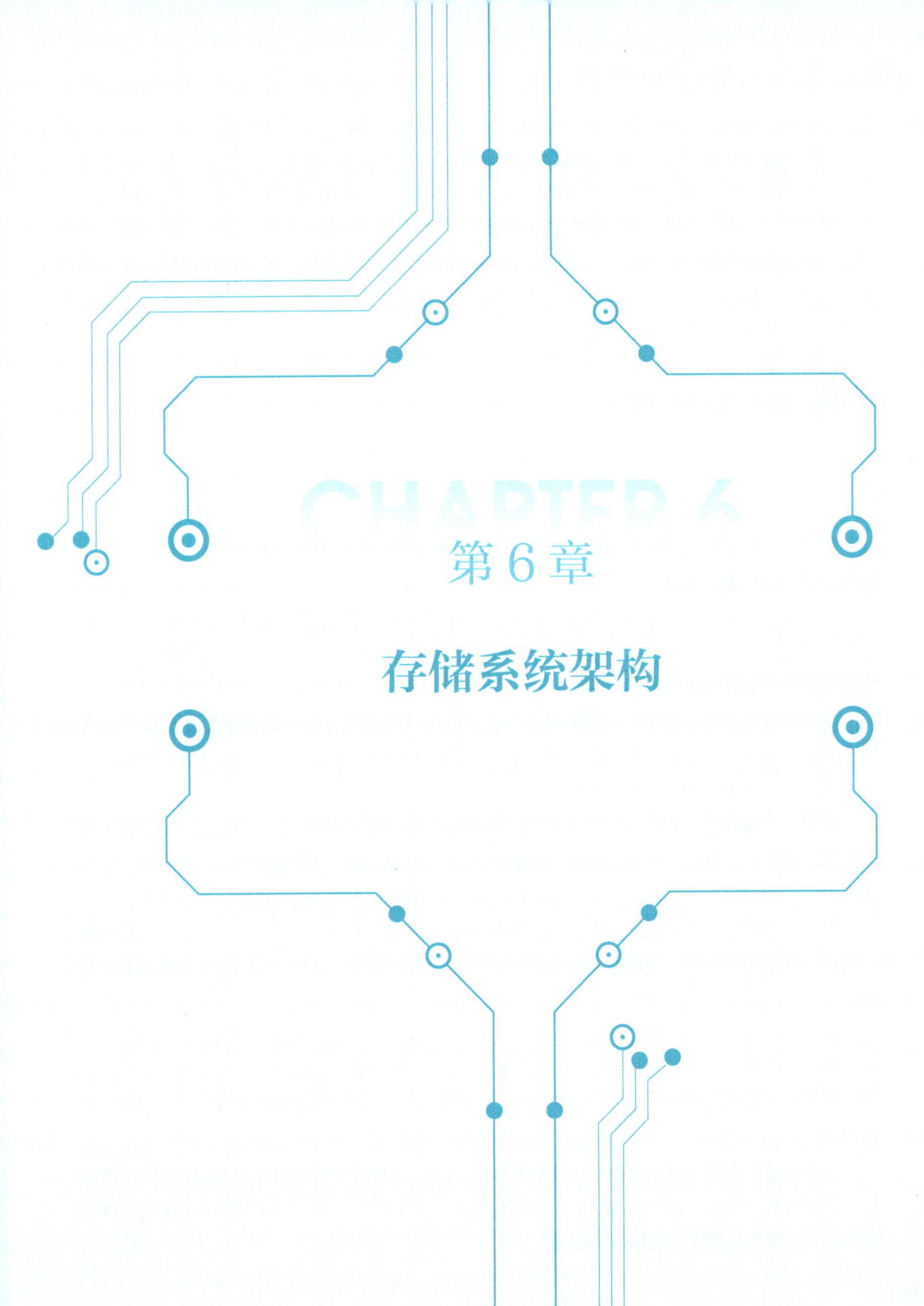

第 6 章

存储系统架构

数据存储架构通过分层设计（缓存层加速访问、持久层保障存储、分布式扩展层突破容量限制）构建高性能、高可用的底层基础设施。关系数据库以 ACID 特性和结构化模型解决复杂业务场景的数据一致性问题，成为对数据准确性要求严苛系统的核心支撑；非关系数据库则凭借灵活的数据模型和横向扩展能力，在对海量数据和数据灵活性要求高的场景中实现海量数据的高效处理。备份恢复机制作为数据安全的底线，通过备份恢复架构确保硬件故障、人为误操作等极端情况下的数据可恢复性，保障业务的连续性。

6.1 存储系统架构概念

存储系统架构是一个复杂且多层次的体系，旨在高效、安全地存储和管理数据，以满足不同应用场景下对数据访问速度、可靠性和容量的多样化需求。它主要由缓存层、持久层等关键部分构成，其中，持久层又涵盖了文件存储和数据库存储等多种存储方式，各部分相互协作，共同保障数据的有效存储与使用。

缓存层处于存储系统架构的最前端，其主要作用是临时存储经常被访问的数据，以减少对下层存储设备的访问次数，从而显著提高数据的访问速度。缓存通常采用高速的存储介质，其读写速度远高于硬盘等传统的存储设备。

文件存储是一种基于文件系统的存储方式，它将数据以文件的形式存储在硬盘等存储设备上，并通过文件系统对文件进行组织和管理。文件系统为用户提供了一个层次化的目录结构，用户可以方便地创建、删除、修改和访问文件。

数据库存储则是一种专门用于存储和管理结构化数据的存储方式，它通过数据库管理系统对数据进行组织、存储、查询和修改。数据库存储将数据按照一定的逻辑结构进行组织，通常采用表、行和列的形式，用户可以通过结构化查询语言等方式对数据库中的数据进行操作。

数据库存储的优点是数据的组织和管理更加高效，支持复杂的查询和事务处理，能够保证数据的一致性和完整性。但数据库存储的配置和管理相对复杂，需要专业的数据库管理员进行维护。

缓存层和持久层之间通过一定的机制进行协作和交互。当应用程序需要访问数据时，首先会在缓存层中查找，如果缓存中存在所需的数据，则直接从缓存中获取，以提高访问速度；如果缓存中不存在所需的数据，则会从持久层中读取数据，并将数据存储到缓存中，以便后续的访问。

在数据更新方面，当应用程序对数据进行修改时，需要同时更新缓存层和持久层中的数据，以保证数据的一致性。为了提高性能，通常会采用异步更新的方式，即先更新缓存层中的数据，然后在后台异步地更新持久层中的数据。

存储系统架构通过缓存层和持久层的协同工作，以及文件存储和数据库存储等多种存储方式的综合应用，为不同的应用场景提供了高效、可靠的数据存储解决方案。

从文件系统到数据库系统的演进，本质上是为解决数据管理复杂度与业务需求升级之间的矛盾。文件系统以文件和目录为单位组织数据，在早期单机环境下尚能满足简单存储需求，但随着数据规模扩大和应用场景复杂化，逐渐暴露出数据冗余高、一致性维护困难、查询效率低下、缺乏并发控制等痛点。数据库系统通过引入数据模型、集中式数据管理、索引优化机制和事务处理能力，有效解决了这些问题。它通过模式定义消除冗余，利用 ACID 特性保障数据一致性，借助 SQL 语言实现高效查询，同时支持多用户并发访问和权限控制。相较于文件系统，数据库系统在数据共享性、完整性、安全性和复杂查询处理能力方面具有显著优势，尤其适合需要处理大量关联数据、高并发访问和事务性操作的系统。

6.2 关系数据库

关系数据库是基于关系模型构建的数据库，使用表格来组织数据，并通过关系进行连接。关系数据库的特点有结构化数据、表间关系、ACID 事务，以及结构化查询语言（SQL）。

关系数据库存储结构化的数据，数据以表格的形式组织，每行代表一条记录，每列代表一个属性。数据可以通过主键和外键在不同表之间建立关系，这是关系数据库的核心特点，能够支持复杂的数据模型。关系数据库支持事务处理，保证事务的原子性、一致性、隔离性和持久性，确保数据库数据的完整性和可靠性。关系数据库使用结构化查询语言（SQL）进行数据查询等操作。SQL 是一种强大的标准化查询语言，易于学习和使用。

关系数据库具有数据一致性、使用标准化查询语言、支持复杂查询、保障数据完整性等优势。关系数据库如图 6-1 所示。

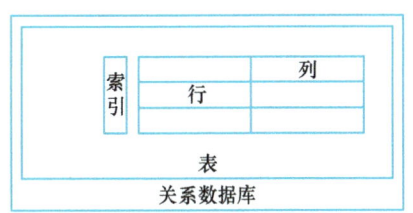

● 图 6-1　关系数据库

6.2.1 关系数据库基础理论

关系数据库通过 ACID 事务保证数据的一致性，任何时候数据库都处于一个合法的状态。SQL 支持复杂的查询等数据操作，方便开发人员进行数据管理。关系数据库支持复杂的查询和多表关联，便于用户进行灵活的数据分析和提取。关系数据库通过主键、外键等约束确保数据的完整性，防止不符合规范的数据插入和修改。关系数据库的元素、元素属性及其相互关系见表 6-1。

表 6-1 关系数据库的元素、元素属性及其相互关系

元素	元素属性	相互关系
数据库	数据库是整个关系数据库系统的容器，包含多个表、视图、存储过程等。每个数据库具有唯一的名称	一个数据库中可以包含多个表，它们在同一个数据库中协同工作
表	表是关系数据库中的核心元素，用于存储数据。表由列和行组成，每列定义了数据的属性，每行包含具体的数据	表之间可以建立关联，形成复杂的数据结构
行	行代表表中的一条记录或元组，包含一组相关的数据	表中的每一行都相互独立，但通过索引或键可以建立行与行之间的关联
列	列定义了表中每个数据项的属性，具有特定的数据类型。每列对应一种属性	列组成表的结构，通过列名标识每个属性
索引	索引是一种数据结构，用于加速数据检索操作。它存储特定列值的指针，允许数据库系统更快地找到匹配的行	索引通常与特定列关联，提高特定列的检索性能
主键	主键是表中的一列或多列，用于唯一地标识表中的行。主键不允许包含空值	可以与其他表的外键建立关联
外键	外键是表中的一列，它包含了另一表中的主键，用于建立表之间的关联	外键与其他表的主键建立关系，用于实现表之间的引用完整性
视图	逻辑上的虚拟表，不存储实际数据，其数据来源于表或其他视图	视图完全依赖表的数据和结构，普通视图无法直接创建索引

这些元素之间的相互关系构成了关系数据库的架构，通过这些关系，数据可以被有效地组织、存储和检索。关系数据库通过表的形式提供了一种强大的结构化数据管理机制。

关系数据库设计通常采用规范化原则，目的是减少数据冗余、提高数据一致性，并更好地支持数据的修改和维护。规范化的过程包括将表拆分为更小的、关联性更强的表。关系数据库采用关系模型，数据被组织成表。每个表都有明确定义的列，每一行都表示一条记录，这种结构使得数据的组织和查询更为灵活。

关系数据库强调事务的 ACID 特性，确保数据库操作是原子的、一致的、隔离的和持久的。这有助于保证数据的完整性和可靠性。

SQL 是关系数据库的标准查询语言，它提供了丰富的语法和功能，可以执行数据查询、更新、插入和删除等操作。SQL 允许用户以声明性的方式描述所需的数据，而不必关心底层实现。

主键用于唯一地标识表中的行，外键用于建立表与表之间的关系。这些键有助于实现数据的引用完整性，确保关联表之间的一致性。索引是关系数据库中的重要概念，用于加速数据的检索操作。通过在特定列上创建索引，数据库系统能够更快地定位符合查询条件的行。关系数据库支持事务，允许将一系列数据库操作组织在一起，以确保它们要么全部执行，要么全部回滚。这有助于维护数据的一致性和可靠性。

视图是虚拟表，它基于一个或多个表的查询结果。视图提供了一个抽象层，用户可以通过视图查询数据，而不必直接访问底层表。

关系数据库通过定义约束来确保数据的完整性，这有助于防止无效或不一致的数据存储。关系数据库旨在提供一种结构化的、灵活的、可靠的数据管理机制，以满足各种应用场景的需求。常见的关系数据库及其特征和应用情况见表 6-2。

表 6-2　常见的关系数据库及其特征和应用情况

数据库	特征和应用情况
MySQL	一种开源的关系数据库管理系统，具有高性能、稳定性和广泛的社区支持，适用于中小型应用和 Web 应用
PostgreSQL	一种开源的关系数据库，具有强大的可扩展性，支持复杂查询，常被用于大规模和高要求的数据应用
Oracle Database	由 Oracle Corporation 开发的商业关系数据库系统，具有强大的事务支持、高性能和广泛的企业应用，常用于大型企业级系统
Microsoft SQL Server	由 Microsoft 开发的商业关系数据库系统，支持 Windows 和 Linux 平台，与 Microsoft 的其他产品整合度高，适用于 Microsoft 生态系统中的应用
SQLite	一种轻量级的嵌入式关系数据库，适用于嵌入式系统、移动应用和小型项目
IBM DB2	由 IBM 开发的关系型数据库管理系统，支持复杂查询和大规模的企业级应用，尤其在大型企业环境中得到广泛应用
MariaDB	MariaDB 是 MySQL 的一个分支，由 MySQL 的创始人之一创建，它保持了与 MySQL 的高度兼容，同时引入了一些改进和扩展
MS Access	Microsoft Office 套件中的一个关系数据库系统，主要用于小型项目和桌面应用

这些关系数据库系统在不同的场景和需求下都有其独特的优势。选择合适的关系数据库通常取决于应用的规模、性能需求、数据复杂性和特定的功能要求。

6.2.2　MySQL 中存储引擎 InnoDB 架构分析

（1）InnoDB 引擎执行查询时的步骤

InnoDB 引擎在 MySQL 中执行 SQL 查询时的步骤包括词法分析、语法分析、语义分析、查询优化、表锁定、执行查询、日志记录、事务提交或回滚、释放锁定等。InnoDB 引擎支持 ACID 事务，能够确保数据的一致性；采用行级锁定，有效提升并发性能；维护外键约束，以保证数据的完整性；提供崩溃恢复功能，以保护数据的持久性。此外，它还利用自适应哈希索引加速查询，支持数据压缩以节省存储空间，并通过多版本并发控制实现高效的并发读操作。MySQL 中 InnoDB 引擎执行 SQL 查询的步骤如图 6-2 所示。

(2) InnoDB 的索引

InnoDB 支持主键索引、唯一索引和非唯一索引，通过聚簇索引优化数据检索，提升查询效率。InnoDB 引擎能够显著提升数据的访问速度，优化性能，并支持高并发环境中的高效数据操作。InnoDB 使用 B+ 树作为索引的数据结构。B+ 树是一种平衡树结构，具有良好的查询性能和维护效率。B+ 树中的每个节点通常包含多个关键字和对应的指针，其中叶子节点存储实际的数据记录，而非叶子节点用于索引搜索和导航。B+树保持了树的平衡，确保所有叶子节点的深度相同，从而提供了对数时间复杂度的操作效率。B+树通过在内部节点中存储索引值而非数据本身，降低了树的高度，使查找操作更为快速。同时，所有的数据都存储在叶子节点

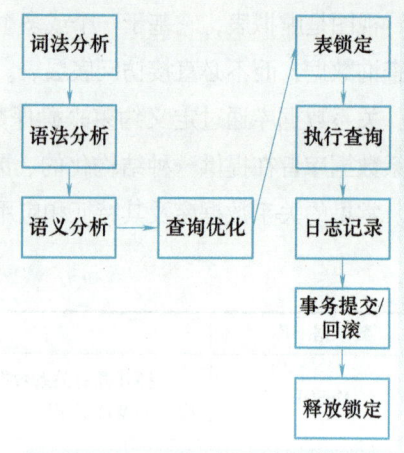

- 图 6-2 InnoDB 引擎执行 SQL 查询的步骤

上，这使得范围查询和顺序访问更加高效。B+树的节点通常包含多个子节点，这减少了磁盘 I/O 操作，提高了数据库的性能。B+树的操作时间复杂度见表 6-3。

表 6-3 B+树的操作时间复杂度

操作	平均时间复杂度	最差时间复杂度
空间	$O(n)$	$O(n)$
搜索	$O(\log n)$	$O(\log n)$
插入	$O(\log n)$	$O(\log n)$
删除	$O(\log n)$	$O(\log n)$

InnoDB 支持多种类型的索引，包括主键索引、唯一索引、普通索引等。

主键索引是一种特殊的唯一索引，用于唯一地标识每条记录，且主键索引的叶子节点存储的是数据记录本身，而非指向数据记录的指针。在 InnoDB 中，如果表定义了主键，则主键索引会成为表的聚簇索引。通过聚簇索引可直接快速定位到数据记录。

如果表定义了非主键索引，则这些索引被称为辅助索引。辅助索引的叶子节点存储的是指向对应数据记录的主键值，查询时需要先通过辅助索引定位到主键值，然后再通过主键索引获取数据记录。

在数据插入、更新或删除时，InnoDB 存储引擎会自动维护索引结构，保持索引的有序性和一致性。插入数据时，InnoDB 会根据 B+ 树的特性，将新记录插入到适当位置，并调整索引结构以保持平衡。更新或删除数据时，InnoDB 会更新或删除相应的索引节点，以反映数据的变化。

InnoDB 引擎的索引实现主要依赖于 B+ 树结构，通过聚簇索引和辅助索引来实现对数据的快速定位和检索，并自动维护索引结构以保证数据的一致性和有效性。

（3）InnoDB 的缓存机制

InnoDB 的核心缓存机制是缓冲池，它是一个内存区域，用于缓存数据库中的数据页。数据页是 InnoDB 中存储数据的最小单位，大小通常为 16KB。缓冲池会尽可能缓存最近被访问的数据页，以提高数据的访问速度。

InnoDB 优先缓存经常被访问的热点数据，即经常被查询或更新的数据，通过缓存热点数据可以减少磁盘 I/O 操作，提高数据库的性能。InnoDB 使用 LRU（最近最少使用）替换算法来管理缓冲池中的数据页。当缓冲池空间不足时，InnoDB 会根据数据页的最近访问时间，淘汰最不常用的数据页，为新数据页腾出空间。InnoDB 使用脏页机制来管理缓冲池中已修改但尚未写回磁盘的数据页。当数据页被修改后，InnoDB 会将其标记为脏页，并定期将脏页写回磁盘，以确保数据的持久性和一致性。InnoDB 使用适应性哈希索引来加速对缓冲池中数据页的访问。适应性哈希索引会根据数据页的使用频率和访问模式，动态调整数据页在缓冲池中的位置，以提高数据的访问效率。

（4）InnoDB 存储数据的方式

每个 InnoDB 表都有自己的表空间文件，这些文件包含表的数据、索引和其他元数据。表空间文件的扩展名通常为 .ibd。InnoDB 存储引擎使用重做日志（redo log）和回滚日志（undo log）来实现事务的持久性和回滚功能。InnoDB 存储引擎还有一个被称为"系统表空间"的文件，其中包含全局数据字典、数据定义语言操作的元数据等。这个文件的文件名通常为 ibdata1。

6.2.3 NoSQL 架构分析

NoSQL（Not Only SQL）即非关系数据库，主要用于处理大规模和非结构化数据，与传统的关系数据库有所不同。NoSQL 数据库一般具有以下特点：高性能和低延迟、无事务处理、多模型支持。

- 模式灵活：通常采用无模式或者灵活模式，不要求严格的表结构，能够存储不同结构和类型的数据。
- 分布式处理：天生支持横向扩展，可以轻松地在多个节点上进行分布式部署，以满足大规模数据存储和处理需求。
- 大数据处理：适合存储和处理大规模数据，支持快速读写和复杂的查询操作。
- 高性能和低延迟：针对读写性能进行了优化，适用于高并发和低延迟的应用场景。
- 无事务处理：部分 NoSQL 数据库放弃了 ACID 事务支持，采用更灵活的 CAP 理论，以满足高可用性和分区容错性。

- 多模型支持：支持多种数据模型，包括文档型、键值型、列族型、图型等，以满足不同数据结构的存储需求。

NoSQL 数据库对比关系数据库具有以下优势。

- 支持横向扩展：能轻松应对大规模数据和高并发的情况。
- 灵活性：适应数据模型的灵活性，能够存储和处理半结构化或非结构化数据。
- 高性能：针对读写性能进行了优化，适用于处理大量数据和复杂查询的应用场景。
- 适应大数据：适用于大规模数据存储和处理，能够应对快速增长的数据量。
- 低成本：对于一些特定场景，NoSQL 数据库通常能够提供更低的成本。

NoSQL 数据库适用于多种场景：需要处理大规模数据集的应用，例如分布式文件系统、日志分析等；需要实时处理和分析大量数据的应用，例如实时数据仓库、实时推荐系统等；需要灵活存储和检索各种类型文档的应用，例如博客、新闻网站等；需要高读写速度的基础设计和应用，例如分布式缓存系统、网上商城应用等；需要处理复杂关系和图结构的应用，例如社交网络分析、推荐系统等。

NoSQL 数据库在面对大规模、高并发、半结构化或非结构化数据的应用场景下表现优异。然而，选择 NoSQL 还是关系数据库，通常依赖于具体应用的需求和数据特性。

NoSQL 数据库的某些类型（如键值存储、文档数据库）在处理高并发读写操作时性能较高，适用于需要大量并发操作的应用场景。NoSQL 数据库更灵活，能够处理半结构化和非结构化数据，适用于数据模型频繁变化的情况，如文档数据库可存储 JSON 或 XML 数据。NoSQL 数据库设计时考虑了水平扩展的可能性，可以轻松通过添加节点来提高系统性能，适用于需要弹性伸缩的场景。

部分 NoSQL 数据库专注于简单的查询和写入操作，适用于需要高效地执行这些基本操作的应用。NoSQL 数据库允许灵活的模式设计，不需要严格的预定义模式，适合不断变化的数据结构。

部分 NoSQL 数据库针对实时数据处理和分析提供了更好的性能，适用于需要实时处理和响应的应用场景。NoSQL 数据库常设计为分布式系统的一部分，适用于需要分布式计算和数据存储的复杂任务。

NoSQL 数据库包括多种数据模型，如键值对、文档、列族、图等，能够更好地满足不同应用场景的需求。部分 NoSQL 数据库提供相对简单的数据模型和查询语言，适用于项目复杂性较低的场景。

不过，NoSQL 数据库也存在一些局限性。部分 NoSQL 数据库对一致性和事务处理的支持不如关系数据库，这可能在某些应用场景下要面对数据一致性的挑战。NoSQL 数据库领域缺乏统一的标准，每个 NoSQL 数据库有其独特的 API 和查询语言，这可能导致开发者需要学习和适应不同的技术栈。

由于 NoSQL 数据库多样化且技术栈不一致，开发人员可能需要花费更多时间学习和适应新的数据库技术，维护也可能更为复杂。

某些类型的 NoSQL 数据库，尤其是键值对和文档数据库，可能在复杂查询方面表现较弱，与关系数据库相比存在差距。不同类型的 NoSQL 数据库采用不同的数据模型，这可能使得在更改数据库时需要重新设计和迁移数据模型。

常见的 NoSQL 数据库有多种类型，包括文档、键值、列族、图等类型，见表 6-4。

表 6-4 常见的 NoSQL 数据库

数据库类别	代表数据库	特 征	优 势	应 用 场 景
文档数据库	MongoDB	使用 BSON 格式存储数据，支持动态模式，可以存储复杂的文档	灵活的数据模型，支持复杂的查询，适用于半结构化数据	内容管理系统、博客平台、实时分析等
键值数据库	Redis	使用键值对存储，支持字符串、列表、集合等数据结构，内存中进行高速读写	高性能、低延迟	分布式缓存、实时计数器、会话存储等
列族数据库	Cassandra	基于列族存储模型，支持水平扩展，分布式架构	高可用性、线性扩展	大规模数据存储、日志处理、时序数据等
图数据库	Neo4j	以图结构存储数据，节点和关系是数据的核心概念	支持复杂的图形数据模型，支持高效的图查询	社交网络分析、推荐系统、网络关系图等
多模型数据库	Couchbase	支持多种数据模型，包括文档、键值、图等，具有灵活性	高性能、水平扩展，支持多样化的应用场景	缓存、实时分析、用户个性化推荐等

总之，应该根据具体的应用需求和数据特性进行权衡，选择使用关系数据库还是 NoSQL 数据库。在某些情况下，混合使用关系数据库和 NoSQL 数据库也是一种有效的策略。

6.2.4 关系数据库在自定义架构设计中的设计方法

在自定义关系数据库架构设计中，首先需要进行全面的需求分析。此阶段需要深入理解业务需求和数据需求，确保数据库设计能够有效地支持业务流程。通过与相关人员沟通，识别出数据实体及其属性，并明确各实体之间的关系。这一阶段的目标是构建概念模型，通常使用 E-R 图（实体-联系图）来可视化实体、属性及其关系，从而为后续的数据库设计奠定基础。

然后，进入逻辑设计阶段。此阶段需要将概念模型转化为关系模型。这个过程包括定义数据库中的表结构、字段类型、主键和外键等。在设计过程中，需要遵循规范化原则，如第一范式、第二范式和第三范式,以减少数据冗余,并确保数据的一致性。同时,还需要考虑表的关系及其完整性约束,如唯一性约束、外键约束等,以保证数据的准确性和完整性。逻辑设计的最终目标是构建一个结构合理、数据一致的数据库模型。

最后,进入物理设计阶段。此阶段的重点在于优化数据库的存储和访问性能。这包括选择适当的数据存储引擎、设计索引以加速查询、制定数据分区策略来应对大数据量等。数据库创建完成后,还需要进行性能测试与优化,监控系统性能并根据实际使用中出现的问题调整数据库设计。此外,确保数据库的安全性和制定数据备份策略也是关键任务。通过这些举措,确保数据库既能满足业务需求,又具备高效的存储和处理能力。

6.2.5 存储系统架构设计实践

(1) 需求分析

社交网络应用功能需求与 2.1.6 小节中所描述的相同,其架构要能支持复杂的关系查询及热点数据的高性能读写。社交网络应用的需求见表 6-5。

表 6-5 社交网络应用的需求

功　能	详　细　描　述
用户管理	用户可以注册、登录、管理个人信息、并能进行好友的添加和删除等操作
内容发布	用户能够发布文本、图片、视频等内容,并对这些内容进行评论和点赞
社交互动	实现用户之间的即时消息传递、评论、点赞等互动功能
数据存储和检索	存储用户数据、帖子、评论等,并支持高效的数据检索
支持复杂关系查询	需要使用关系性数据库 MySQL
支持热点数据高性能读写	使用非关系数据库 Redis

(2) 存储系统架构设计思想

在社交网络应用中同时采用 MySQL 和 Redis,设计思想着重于充分发挥两者各自的优势,以实现高效的数据处理和系统性能优化。MySQL 作为传统的关系数据库,擅长处理复杂查询和事务管理,能保证数据的一致性和完整性。Redis 则是一种内存数据库,专注于高速缓存和快速数据访问,能够显著提升系统的响应速度和处理能力。结合这两者的设计思想,通过明确分工、协同配合,能够很好地满足社交网络应用的性能和功能需求。

数据持久化与缓存优化是该架构的核心设计要点之一。MySQL 用于存储应用中的核心数据,如用户资料、社交关系、消息记录等,这些数据需要持久化存储,且常涉及复杂的关系和查询操作。MySQL 的强一致性和事务管理特性确保了数据的可靠性和完整性。然而,由于社交网络应用的数据量大且访问频繁,直接从 MySQL 中读取数据可能会引发性能瓶颈。因此,Redis 被用作缓存层，存储高频访问数据，如用户会话信息、热门帖子和实时统计数据。通过将这些数据缓存在 Redis 中，能够大幅提高数据的访问速度，减轻数据库的负载，优化用户体验。

性能优化与扩展性是该架构设计的又一关键方面。Redis 的内存存储机制使数据读写速度极快，适合处理大规模的并发请求。为实现高性能和低延迟，Redis 被用来缓存热点数据和实时数据，减少对 MySQL 的直接访问。这种设计不仅提高了系统的响应速度，还降低了 MySQL 的压力。MySQL 数据库通常需要通过水平分片或主从复制进行扩展，以支持更多的读写操作。Redis 也支持水平扩展，可通过增加缓存节点来处理更大的数据量。这种分布式设计能够确保系统在处理高负载时仍然保持稳定和高效的运行。

数据一致性与同步管理也是重要的设计要点。需要解决 MySQL 和 Redis 之间的数据同步和一致性问题。虽然 Redis 提供了快速的数据访问，但它的数据是存储在内存中的，存在数据丢失的风险。因此，需要设计合理的缓存失效策略和数据同步机制，确保 Redis 中的缓存数据能够及时更新，并与 MySQL 中的持久数据保持一致。此外，应用程序需要定期将 Redis 中的重要数据同步回 MySQL，以防止数据丢失，保障数据的长期一致性。这种数据同步机制既能充分利用 Redis 的高性能缓存优势，又能确保 MySQL 中数据的持久性和可靠性，从而提供一个高效、稳定且一致的数据管理方案。

（3）存储系统架构核心元素的定义

MySQL 用于持久化存储用户数据、关系，以及进行事务管理，具备强一致性和复杂查询能力。Redis 作为缓存层，主要用于处理高频访问的数据，如用户会话、热点内容和实时统计数据，以提升系统的性能和响应速度。两者结合，借助 MySQL 的稳定存储和 Redis 的快速缓存，实现了高效的数据处理，提升了用户体验，优化了系统的可扩展性和负载均衡。同时采用关系数据库及非关系数据库的社交网络应用的存储系统架构核心元素定义见表 6-6。

表 6-6 社交网络应用的存储系统架构核心元素定义

核心元素	MySQL	Redis
数据存储	持久化存储用户数据、关系信息、事务记录等	缓存高频访问的数据，如用户会话、热点内容、实时统计数据
数据模型	支持复杂查询和关系数据建模，使用结构化数据表	采用键值对数据模型，适用于快速读写和简单的数据存储
一致性	采用强一致性，确保数据的准确性和完整性	采用最终一致性，优化性能，适合短期数据存储和缓存
性能优化	通过索引和查询优化提高数据检索效率，适合复杂查询	提升读取和写入性能，减轻数据库的负载
扩展性	水平扩展较为复杂，通常需要分片或主从复制	支持水平扩展，可轻松添加更多节点以增加缓存容量和提升处理能力

(续)

核心元素	MySQL	Redis
备份与恢复	提供数据备份和恢复机制，确保数据安全	数据通常是临时的，不作为长期备份方案，但可结合持久化选项
适用场景	用于存储长期数据和执行复杂查询，如用户资料、社交关系等	用于缓存和加速访问，处理高并发请求，如用户会话管理和实时数据更新

6.3 文档数据库

文档数据库架构拥有灵活的 JSON/BSON 格式及分布式架构，能够动态扩展字段无须预定义表结构、通过分片技术进行线性扩容，以及通过嵌套文档减少跨表操作。以提升水平扩展能力、可用性和开发效率，进而支持海量数据高并发访问、多活容灾和快速迭代，以适应业务变化，例如 MongoDB 等文档数据库，尤其适合动态属性存储、日志实时分析等数据密集型系统。

6.3.1 文档数据库基础理论

文档数据库是 NoSQL 数据库，它以文档形式存储数据，每个文档可以是一个独立的数据单元，通常使用 JSON 或 BSON 格式进行表示。

文档数据库采用文档模型，数据以文档的形式存储，每个文档可以包含不同的字段和值，具有灵活的结构。文档之间可以相互嵌套，形成复杂的数据结构。文档数据库通常支持丰富的查询语言，不仅能对文档中的字段进行灵活的查询和检索，支持类似于 SQL 的查询语法，还具备特定于自身的查询操作。大多文档数据库采用分布式架构，可以将数据分布存储在多个节点上，实现分布式的数据处理和查询，满足大规模数据存储和处理需求。文档数据库通常具有高可用性和可扩展性，支持数据的自动复制和分区，以实现数据的备份和故障恢复；同时，支持水平扩展，可动态添加节点应对数据增长。

文档数据库适用于存储和处理半结构化或非结构化数据的场景，例如 Web 应用程序、内容管理系统、博客平台等。凭借灵活的数据模型和强大的查询能力，能够有效地处理不断变化和增长的数据。

常见的文档数据库有 MongoDB、CouchDB、RavenDB、Couchbase 等，它们在数据结构的灵活性、复杂性和存储格式方面存在差异，详情见表 6-7。

表 6-7　常见的文档数据库

数据库	数据模型	查询语言	事务支持	适用场景
MongoDB	使用 BSON 格式存储数据，支持动态模式	使用 JSON 风格查询语言，支持复杂的查询和索引	支持	适合存储文档型数据、半结构化数据，适用于内容管理系统、博客平台等
CouchDB	使用 JSON 格式存储数据，每个文档都有一个唯一的标识	MapReduce	支持原子操作	分布式数据同步、离线应用，移动端应用等
RavenDB	使用 JSON 格式存储数据，支持复杂的数据结构	LINQ	支持	大规模应用、企业级应用，需要 ACID 事务支持的场景
Couchbase	使用 JSON 格式存储数据，还支持键值对、图等多种数据存储格式	N1QL	支持原子操作	多模型支持、缓存、实时分析等

文档数据库架构如图 6-3 所示。

文档数据库是非关系数据库，专注于文档数据的存储和管理，通常采用 JSON 或 BSON 格式。其核心特性是模式自由，同一集合中的文档可具有不同结构，能灵活地处理复杂和动态的数据。每个文档由键值对构成，能够嵌套数组和对象等多种数据类型。文档数据库具

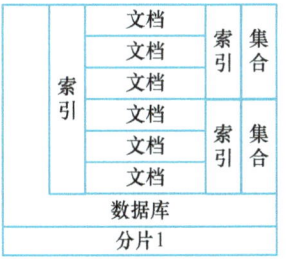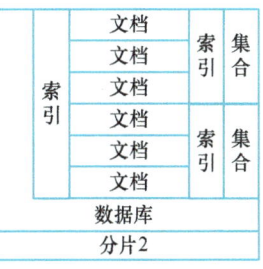

● 图 6-3　文档数据库架构

备丰富的查询功能，包括对文档字段的复杂查询和全文检索，并通过索引机制优化查询性能。在数据一致性方面，通常采用最终一致性，以提高系统的可扩展性和性能。同时，借助复制和分片技术，增强数据的高可用性，实现大规模数据的高效处理。文档数据库适用于需要灵活数据模型和高吞吐量的应用场景，如内容管理系统和实时数据分析等。文档数据库架构的元素、元素属性及其相互关系见表 6-8。

表 6-8　文档数据库架构的元素、元素属性及其相互关系

元素	元素属性	相互关系
文档	文档是数据库中的基本单元，以类似 JSON 格式的文档形式存储数据。每个文档都有一个唯一的标识符，可以包含不同类型的字段和值，具有灵活的结构	文档之间可以相互嵌套，形成复杂的数据结构。文档之间的关系通常是松散的，可以根据需要进行嵌套和引用
集合	集合是文档的逻辑分组，类似于关系数据库中的表。每个集合包含多个文档，可以根据需要创建多个集合来组织和管理数据	集合之间通常是独立的，每个集合都有自己的命名空间和索引，可以对集合中的文档进行独立的增删改查操作

(续)

元素	元素属性	相互关系
数据库	数据库是集合的容器，包含多个集合，用于组织和管理数据。一个数据库通常对应一个应用程序或系统	数据库之间是相互独立的，每个数据库都有自己的命名空间和控制权限，可以独立地管理数据和访问权限
索引	索引是提高查询性能的关键，用于加速数据的检索和查询。文档数据库通常支持多种类型的索引，包括单字段索引、复合索引、全文索引等	索引可以在集合级别或数据库级别进行管理，每个索引通常对应一个或多个字段，可以根据查询需求灵活创建和管理索引
分片	分片是实现数据库水平扩展的一种技术，将数据分布存储在多个节点上，以实现数据的分布式存储和处理	分片由多个分片节点组成，每个节点负责存储和处理一部分数据，通过分片键将数据分配到不同的节点上，以实现负载均衡和数据的水平扩展

6.3.2 MongoDB 架构分析

MongoDB 是开源的文档数据库，采用分布式架构，旨在提供高性能、可用性和可伸缩性。

MongoDB 以文档的形式存储数据，文档是一个键值对的集合，类似于 JSON 格式。每个文档可以包含不同数量和类型的字段。MongoDB 支持面向文档的数据模型，文档之间可以相互嵌套和引用，以构建复杂的数据结构。这种模型适合存储半结构化或非结构化数据。MongoDB 支持分布式架构，可以将数据分布存储在多个节点上，以提高系统的可用性和可伸缩性。它支持自动数据分片和复制，实现数据的负载均衡和故障恢复。

MongoDB 提供丰富的查询语言和灵活的查询功能，支持类似于 SQL 的查询语法，同时还支持特定于文档数据库的查询操作，如嵌套查询、范围查询等。MongoDB 具有优秀的性能和可用性，能够处理大规模数据存储和查询。它采用内存映射文件和索引等技术，实现快速的数据访问和查询。MongoDB 具有良好的易用性和开发效率，提供丰富的工具和驱动程序，支持多种编程语言和开发环境，能够快速搭建和部署应用程序。MongoDB 适用于各种场景，包括 Web 应用程序、内容管理系统、日志分析、实时分析等，能够满足快速增长和变化的数据需求，支持大规模数据存储和处理。

(1) MongoDB 的读写流程

MongoDB 的写入流程：客户端发送写入请求到 MongoDB 服务器；数据被写入到内存中的操作日志中，同时更新到内存中的写入缓冲区；MongoDB 将数据刷新到磁盘上的数据文件中，以确保持久性；数据变更会被记录在副本集的日志中，供其他副本节点同步。MongoDB 的写入流程如图 6-4 所示。

MongoDB 的读取流程：客户端发起查询请求；MongoDB 服务器首先在内存中查找数据，如果数据存在于内存的缓存中，则直接返回结果；若数据不在缓存中，服务器会从磁盘中的数据文件读取数据，并将其加载到内存缓存中以提高未来访问的速度。读取操作可能会从主节点或副本节点中获取数据。MongoDB 的读取流程如图 6-5 所示。

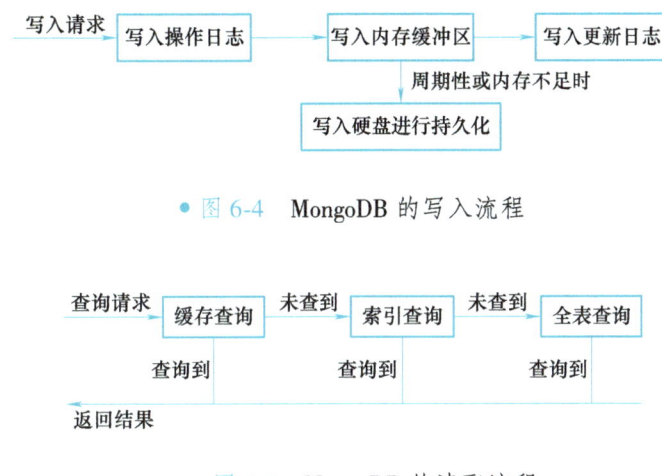

- 图 6-4 MongoDB 的写入流程

- 图 6-5 MongoDB 的读取流程

（2）MongoDB 的索引机制

单键索引是 MongoDB 中最简单的索引类型，用于对单个字段进行索引。可以对集合中的一个或多个字段创建单键索引，以提高对这些字段的查询性能。

复合索引是 MongoDB 中一种组合索引类型，用于对多个字段的组合进行索引。可以通过将多个字段组合在一起创建复合索引，能提高多字段组合查询的性能。

文本索引是 MongoDB 中用于支持全文搜索的一种特殊索引类型。通过创建文本索引可对包含文本字段的集合进行全文搜索，以提高文本查询的性能。

地理空间索引是 MongoDB 中用于支持地理空间查询的一种特殊索引类型。通过创建地理空间索引可对包含地理位置信息的字段进行索引，以支持地理位置的查询和分析。

哈希索引是 MongoDB 中的一种特殊索引类型，用于对字段进行哈希索引。通过创建哈希索引可对字段进行快速哈希查找，适用于需要快速查找的场景。

TTL 索引是 MongoDB 中的一种特殊索引类型，用于设置文档的过期时间。通过创建 TTL 索引可自动删除指定时间之前的过期文档，用于管理数据的生命周期。

（3）MongoDB 的缓存机制

MongoDB 使用内存映射文件技术来管理数据文件和索引文件，将磁盘上的数据映射到内存中进行读取和写入操作。通过内存映射文件，MongoDB 可以利用操作系统的文件缓存来缓存常用的数据和索引，提高数据的访问速度。MongoDB 使用数据缓存来缓存常用的数据文档，以减少对磁盘的访问。数据缓存会将最近被访问的数据文档缓存到内存中，以提高对这些数据文档的查询性能。MongoDB 使用索引缓存来缓存常用的索引数据，以提高索引的查询性能。索引缓存会将最近被访问的索引数据缓存到内存中，以加速对这些索引的查询操作。MongoDB 使用 LRU 替换算法来管理数据缓存和索引缓存中的数据。当内存空间不足时，MongoDB 会根据数据的最近访问时间，淘汰最不常用的数据，为新数据腾出空间。

6.3.3 文档数据库在自定义架构设计中的设计方法

在自定义文档数据库架构设计中，首先要进行详细的需求分析。这包括理解业务需求和数据处理需求，明确系统需要存储的数据类型和结构。文档数据库的灵活数据模型允许不同文档具有不同的结构，因此在设计阶段要确定每个文档的字段和数据类型，并考虑如何利用这种灵活性来满足业务需求。需要特别注意的是，文档结构设计应考虑到未来的可扩展性和变更需求，确保数据库能够适应不断变化的业务要求。

接下来进行文档模型的设计。在文档数据库中，文档是主要的数据单元，通常采用 JSON 或 BSON 格式。设计时，需要定义文档的格式和结构，包括字段名称、数据类型、嵌套层次和关联数据。为了优化性能和查询效率，设计合理的索引策略非常重要。通过为常用字段创建索引，可以显著提高数据检索的速度。此外，设计时应权衡数据的规范化与非规范化问题，根据实际应用场景选择适合的策略。例如，在某些情况下，适度的非规范化可以减少查询时的复杂性，提高系统性能。

同时，要关注数据库的性能优化和维护策略。文档数据库的性能不仅取决于文档结构和索引，还受数据分布和负载均衡的影响。在设计阶段，需要规划数据的分片策略，以应对大规模数据的存储和查询需求，同时确保系统的高可用性和可扩展性。数据复制机制也是重要的关注点，它有助于实现数据备份和故障恢复。在系统上线后，定期进行性能监控和调优，及时调整索引并优化查询，可以确保数据库持续高效的运行。

通过上述这些方法，可以设计出一个既灵活又高效的文档数据库架构，满足各种业务需求。

6.3.4 文档数据库架构设计实践

（1）需求分析

社交网络应用功能需求见 2.1.6 小节中所描述，其架构要求支持全文检索功能，允许对内容进行高级搜索和分析，保障用户体验和数据访问效率。社交网络应用的需求见表 6-9。

表 6-9 社交网络应用的需求

功　能	详 细 描 述
用户管理	用户可以注册、登录、管理个人信息，以及进行好友添加和删除等操作
内容发布	用户能够发布文本、图片、视频等内容，并对这些内容进行评论和点赞

(续)

功　能	详　细　描　述
社交互动	实现用户之间的即时消息传递、评论、点赞等互动功能
数据存储和检索	存储用户数据、帖子、评论等，并支持高效的数据检索
支持全文检索功能	需要使用文档数据库

（2）文档数据库架构核心元素的定义

采用文档数据库的社交网络应用的自定义架构核心元素定义见表6-10。

表6-10　采用文档数据库的社交网络应用的自定义架构核心元素定义

核 心 元 素	定　　义
数据存储	采用文档数据库存储用户资料、帖子、评论等数据，支持多种数据格式和嵌套结构
索引机制	通过创建索引提高数据查询和检索速度，支持高效的搜索和过滤操作
灵活的数据模型	文档数据库允许动态模式更改，以适应不断变化的应用需求和数据结构
水平扩展	采用分片和分布式架构实现大规模数据存储和处理，支持高并发请求和数据扩展
数据一致性	采用分布式事务或最终一致性策略，确保数据在多节点间的一致性和可靠性

综上，文档数据库灵活的数据模型允许存储和管理多样化用户数据和动态结构，以适应频繁变化的需求；索引机制提升了查询和检索速度，优化了用户体验；通过水平扩展，文档数据库支持大规模数据存储和高并发访问，确保了系统的稳定性和扩展性；此外，数据的一致性策略确保在分布式环境中数据的可靠性和准确性。文档数据库非常适合处理复杂和大规模的社交网络数据。

6.4 键值数据库

键值数据库架构以键值对（Key，Value）存储模型为核心，通过极简的数据结构实现超高性能的读写操作。其核心优势在于拥有极致的查询速度，具备 $O(1)$ 时间复杂度，以及线性扩展能力。通过内存存储、分布式分片和异步持久化技术，解决了传统数据库在高并发低延迟场景下的性能瓶颈。

键值数据库，例如 Redis 内存数据库，能够应对实时数据访问压力，借助内存加速来提高响应速度，满足简单数据结构的快速响应需求，无须复杂查询解析，并降低水平扩展成本，通过分片技术降低扩容难度。

6.4.1　键值数据库基础理论

键值数据库是一种 NoSQL 数据库，使用键值对的形式存储和检索数据。在这种数据库中，每个数据项都由唯一的键和与之关联的值构成。这种简化的数据存储模型非常适用于对读写速度要求高的场景。

键值数据库具有以下特点有简单数据模型、高性能、支持水平扩展、灵活性、分布式架构等。

- 简单数据模型：数据以键值对的形式存储，每个键对应一个唯一的值，这使得数据模型相对简单。
- 高性能：基于简单的存储模型，键值数据库通常能够实现快速的读写操作，适用于高并发场景。
- 支持水平扩展：多数键值数据库都支持水平扩展，可按需轻松添加节点以应对更多的负载。
- 灵活性：适用于多种数据形式，如简单的键值对、复杂的 JSON 对象等，具有一定的灵活性。
- 分布式架构：能够在多个节点上存储和处理数据，增强了系统的可扩展性和容错能力。

键值数据库适用于多种场景，如缓存系统、会话存储、实时计数器、分布式存储、配置管理等。键值数据库因其高性能的特点，常用于构建缓存系统，有效提高了读取速度；适用于存储用户会话信息，例如 Web 应用中的用户登录状态；适用于存储计数器、统计信息等，支持快速的增加和查询操作；键值数据库的分布式特性使其适用于大规模分布式存储系统；适用于存储配置信息，进行系统配置管理和动态配置更新。键值数据库支持简单的原子操作，这使得它们适用于实现分布式锁、同步和协调任务执行；键值数据库对于存储计数器和计量数据（如访问次数、点击次数）非常有效，可以实现快速的增加和读取操作；当数据模型相对简单、不需要复杂的查询语言时，键值数据库提供了轻量级的存储解决方案。

键值数据库的元素、元素属性及其相互关系见表 6-11。

表 6-11 键值数据库架构的元素、元素属性及其相互关系

元 素	元 素 属 性	相 互 关 系
键	唯一性，每个键在数据库中是唯一的，确保数据项可以通过唯一的标识进行检索	键通过哈希或其他索引结构进行组织，这样，通过键可快速检索到对应的值，提高了检索性能
键	可变性，有些键值数据库允许键的值是可变的，而有些可能是不可变的	一些键值数据库具备分布式存储能力，可以在多个节点上存储数据，提高了可扩展性和容错性
值	可以是任意类型的数据，如字符串、数字、二进制数据等	键值数据库的基本设计思想是简化数据模型，不强调数据之间的复杂关系，每个键值对之间相互独立，没有直接的关联
值	键值数据库通常对值的格式没有特定的限制，具有较高的灵活性	由于键值数据库通常对数据模型和查询进行了简化，具有较高的性能，适用于高速读取和写入操作

键值数据库也存在一些局限性。它通常不提供复杂查询功能，无法支持像关系数据库那样复杂的查询语言，不适用于需要复杂数据分析和查询的应用场景。一些键值数据库在追求高性

能和分布式特性时，可能牺牲一致性，这会导致在某些情况下数据的最终一致性不能即时保证。键值数据库通常在事务支持上较弱，难以满足对强一致性和原子性要求较高的应用场景。键值数据库的数据模型相对简单，不支持复杂的关联性和嵌套结构，对于有此类需求的应用，需要考虑选择其他类型的数据库。由于键值数据库通常专注于基本的键值存储和检索，处理复杂的业务逻辑可能需要在应用层实现，这增加了应用程序的复杂性。

在选择键值数据库时，应综合权衡具体的应用需求、查询模式和数据特性，以确保选择的数据库符合应用场景的要求。

▶ 6.4.2 Redis 架构分析

Redis 作为一款功能强大的内存数据库，支持多种数据结构，如字符串、列表、集合等，广泛应用于缓存和实时计数器等场景。

Redis 集群架构通过将数据分布在多个节点上，实现了高可用性和水平扩展。集群采用分片技术，将数据分散存储在多个主节点中，每个主节点负责存储一部分数据。同时，通过副本机制，每个主节点都有一个或多个从节点，用于数据备份和故障恢复。Redis 集群能够自动管理节点之间的数据分布，并支持动态添加或删除节点。这显著提高了系统的性能、可靠性和可扩展性，确保在高负载情况下系统也能稳定运行。Redis 集群架构如图 6-6 所示。

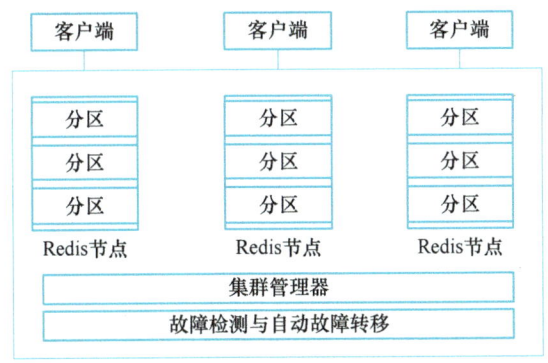

● 图 6-6 Redis 集群架构

1. Redis 集群架构的定义

Redis 集群架构拥有高可用性、水平扩展性和故障恢复能力。借助数据分片技术，Redis 集群将数据分散存储在多个节点上，提高了系统的处理能力和存储容量。副本机制确保了数据的冗余备份，即使主节点出现故障，从节点也能迅速接管工作，保持系统的高可用性。集群的动态扩展功能支持在负载增加时可增加新节点，从而优化系统性能。Redis 集群架构在应对大规模数据存储和高并发请求时表现出色,能提供稳定和可靠的服务。Redis 集群架构的元素、元素属性及其相互关系见表 6-12。

表 6-12 Redis 集群架构的元素、元素属性及其相互关系

元素	元素属性	相互关系
Redis 节点	每个节点是一个 Redis 实例,负责存储部分数据,可以是主节点或从节点	Redis 集群由多个节点组成,节点之间通过 Gossip 协议或者集中式管理节点进行通信和协调。主节点负责接收写入请求,并将数据同步给从节点;从节点负责复制主节点的数据,以提供读取服务。节点之间通过心跳检测和数据同步保持一致性
分区	将数据划分为多个分区,每个分区由一组连续的槽位组成	分区决定了数据在集群中的分布方式,每个节点负责存储其中一部分数据。分区可以通过哈希算法将键映射到对应的节点上,实现数据的分布式存储和负载均衡
故障检测与自动故障转移	负责监测节点的健康状态,及时发现节点故障并进行故障转移	故障检测组件会定期检测节点的可用性,如果发现节点故障,会触发自动故障转移机制,将故障节点的角色重新分配给其他节点,以保证系统的可用性和稳定性
集群管理器	用于管理和协调集群中的各个节点和分区,负责节点的动态扩缩容、故障处理等	集群管理器与所有节点和分区都有关联,通过集中式或分布式的方式管理集群的状态和配置。它可以根据需要动态调整集群的大小和结构,以适应不同的负载和故障情况
客户端	与 Redis 集群进行通信的应用程序或者客户端库	客户端通过连接到集群中的任意一个节点来访问数据,可以进行读写操作。客户端库通常会实现自动路由和故障转移等功能,以提供高可用性和可靠性的服务

2. Redis 集群读取数据的流程

(1)客户端请求路由

客户端发送读取数据的请求到 Redis 集群中的任意一个节点。在集群模式下,客户端通常会使用一致性哈希算法或者其他路由算法来确定请求应发送到的节点。

(2)主节点处理请求

如果客户端发送的是读操作请求,并且请求的键所在的槽位被分配给了当前节点作为主节点,那么当前节点会直接处理这个读请求。如果请求的键所在的槽位被分配给了当前节点的从节点,那么当前节点会向客户端返回一个 MOVED 值,指示客户端应该重新发送请求到正确的节点。

(3)主节点响应请求

如果请求的键所在的槽位被分配给了当前节点作为主节点,且当前节点中存在请求的键,那么主节点会直接将请求的数据返回给客户端。

(4)从节点复制数据

如果请求的键所在的槽位被分配给了当前节点的从节点,且当前节点的复制功能正常,那

么从节点会向主节点发送复制请求,获取请求的键所对应的数据。从节点获取到数据后,会将数据保存在自己的内存中,并返回给主节点一个确认信息。

(5)客户端收到响应

如果客户端请求的键所在的槽位被分配给了当前节点作为主节点,那么客户端会直接收到主节点返回的数据。如果客户端请求的键所在的槽位被分配给了当前节点的从节点,且从节点成功复制了数据,那么客户端会收到从节点返回的数据。

3. Redis 集群写入数据的流程

在 Redis 集群中,写操作通常由主节点负责处理,并将数据同步给从节点,以保证数据的一致性和可靠性。客户端发送的写操作请求可能会被转发到集群中的任意一个主节点,然后由该主节点负责处理请求。Redis 集群写入数据的流程如图 6-7 所示。

4. Redis 的持久化

Redis 通过持久化将内存中的数据保存到硬盘,同时通过复制的方式存储多个数据副本,以保障数据的可靠性并提升系统的性能。Redis 可以使用快照和追加写两种方式进行持久化。快照是将某一时刻的数据存储至硬盘,追加写则是在执行写操作时将操作命令存储至硬盘。

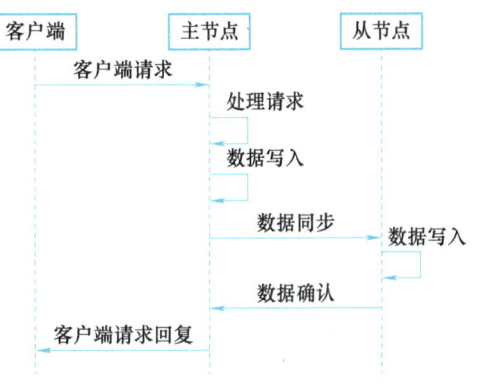

● 图 6-7 Redis 集群写入数据的流程

Redis 通过快照来获得内存中数据在某个时间点上的副本。在创建快照之后,可以利用快照将数据恢复到指定时间点。但是,在最新的快照创建之前,若 Redis 崩溃,会丢失上一次快照到最新时刻的数据。因此,当选择快照持久化方式时,需要考虑系统是否能够接受丢失一部分最新数据。

追加写持久化将所有对内存的写操作追加写到文件末尾。当 Redis 需要恢复数据时,只需要全部执行一遍 Redis 的所有写操作,即可恢复 Redis 中的全部数据。但是,随着 Redis 运行时间增长,生成的写入文件越大,可能会占满硬盘空间,而且通过如此庞大的文件对 Redis 进行恢复也会消耗相当长的时间。尽管 Redis 对此做了一些优化,如移除文件中的重复命令以减少文件的大小,但这又会带来性能问题和内存占用过多的问题。

通过快照持久化和追加写持久化,能够保障 Redis 在崩溃之后部分或者全部恢复数据。

主从复制机制实现了数据冗余,提升了系统的可靠性和容错能力。主服务器实时将数据变更复制到从服务器,从而确保数据的一致性和可用性。从服务器可以分担主服务器的读取负载,提升系统的读性能和响应速度,支持水平扩展。此外,从服务器还可以用于数据备份和灾难恢复，增强系统的安全性。Redis 的复制机制支持异步复制，确保主服务器的操作不会被阻塞，维持高性能。Redis 从服务器的复制流程提高了系统的可用性、性能和数据安全性。Redis 从服务器的复制流程如图 6-8 所示。

在复制过程中，Redis 从服务器不断更新自己的数据，最终与主服务器保持一致。需要注意的是，Redis 的复制是异步的，从服务器并不会立即反映主服务器上的每个命令变化。从服务器在进行同步时，会清空自身所有数据。从服务器在与主服务器进行初始连接时，数据库中原有的所有数据都将丢失，并被替换成主服务器发来的数据。

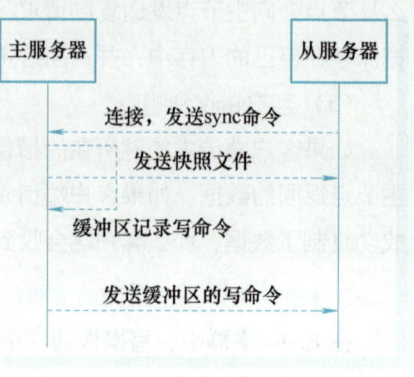

- 图 6-8 Redis 从服务器的复制流程

5. Redis 的哨兵模式

哨兵模式确保了在主服务器发生故障时，Redis 系统能够自动选择新的主服务器，从而保证高可用性。当然，哨兵自身也可能出现故障，此时可以将哨兵组成集群模式，提高哨兵的稳定性，从而提高集群整体的稳定性。Redis 哨兵模式的执行流程如图 6-9 所示。

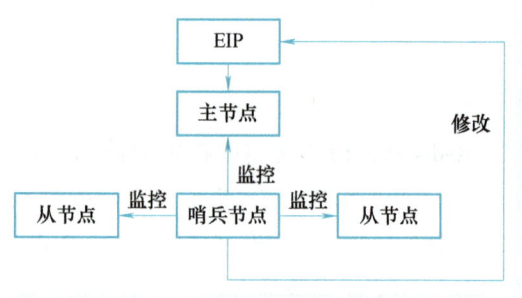

- 图 6-9 Redis 哨兵模式的执行流程

1）启动哨兵：在一个哨兵系统中，多个哨兵进程会启动并运行，它们负责监控 Redis 服务器的状态。

2）主观下线检测：每个哨兵通过向 Redis 服务器发送 PING 命令来检测主服务器的状态。如果一个哨兵在指定的时间内没有收到主服务器的响应，它将主观地认为主服务器已下线。

3）选举新的主服务器：当哨兵主观下线了主服务器时，它会与其他哨兵协商，选择一个新的主服务器。这个过程包括选举、投票等步骤，确保哨兵们达成一致。

4）通知其他哨兵：选出新的主服务器后，哨兵会通知其他哨兵和 Redis 客户端，让它们知晓主服务器发生了变化。

5）客观下线检测：新的主服务器选出来后，所有哨兵会对这个主服务器进行客观下线检测。这一步主要是为了防止误判。

6）故障转移：经过客观下线检测确认主服务器故障后，哨兵们会开始执行故障转移。它们会选择一个从服务器升级为新的主服务器，并通知其他从服务器切换到新的主服务器。

7）重新配置客户端：哨兵通知客户端主服务器变更后，客户端需要重新配置以连接到新的主服务器。

6. Redis 集群的崩溃恢复流程

Redis 集群通过数据分片和主从复制确保数据冗余。当主节点故障时，从节点可以迅速接管，提升了系统的可靠性。在恢复过程中，集群能够自动重新分配数据分片，保证服务的连续性。Redis 集群的崩溃恢复流程优化了系统的稳定性、可靠性和自动恢复能力。Redis 集群的崩溃恢复流程如下。

1）节点监测：集群中的每个节点都会定期检测其他节点的状态。
2）节点失效：如果一个节点在一定时间内没有响应，其他节点将其标记为失效。
3）选举新主节点：如果主节点失效，集群会进行选举，选择一个从节点升级为新的主节点。
4）更新槽分配：新的主节点负责失效主节点的槽，并向其他节点发送变更通知。
5）节点恢复：当失效节点重新上线时，集群会将其重新纳入，并可能恢复为从节点。

Redis 通常可以应用于记录日志、计数器和数据统计、服务配置与发现、分布式锁、计数信号量、任务队列、消息队列、搜索引擎等场景。

6.4.3 键值数据库在自定义架构设计中的设计方法

在自定义键值数据库架构设计中，首先要进行需求分析，明确应用的存储和访问需求。键值数据库以键值对的形式存储数据，每个键唯一对应一个值，这种简单的数据模型适用于快速读取和写入海量数据的场景。在需求分析阶段，需要确定应用的数据访问模式，例如是否需要频繁更新、查询，或者是否按范围检索。通过了解数据的特性和访问频率，可以设计出适合的键值对存储方案，合理选择键的格式和数据类型，从而实现高效的数据存取。

接下来要设计键值对的结构和分布策略。键值数据库设计的核心在于如何定义和管理键与值的映射关系。键一般作为唯一的标识符，值既可以是简单的数据类型，也可以是复杂的数据结构。在设计时应充分考虑键的命名规则和组织方式，以避免发生键冲突，从而提高检索效率。此外，为了优化性能，还需要规划数据的分片策略，将数据分散存储于多个节点之上。通过合理的分片和负载均衡，可以实现高可用性和可扩展性，同时也保证了系统的响应速度。

同时，要重点关注性能优化和维护策略。键值数据库的性能受多种因素影响，包括键的分布、数据的存储方式和缓存策略。在设计时应采用高效的缓存机制，如内存缓存，以减少磁盘 I/O 操作，提高数据的访问速度。同时，还要考虑数据备份和恢复策略，确保系统在发生故障时能够快速恢复。定期进行系统监控和性能评估，及时调整分片策略和优化配置，有助于保持数据库的稳定性和高效性。

通过上述这些方法，可以设计出一个高性能、可扩展的键值数据库架构，满足各种业务需求。

▶▶ 6.4.4 键值数据库架构设计实践

(1) 需求分析

社交网络应用功能需求见 2.1.6 小节中所描述,其架构要求能支持热点数据的高速读写,保障系统在高并发环境下的效率和稳定性。社交网络应用的需求见表 6-13。

表 6-13 社交网络应用的需求

功　　能	详　细　描　述
用户管理	用户可以注册、登录、管理个人信息,以及进行好友添加和删除等操作
内容发布	用户能够发布文本、图片、视频等内容,并对这些内容进行评论和点赞
社交互动	实现用户之间即时消息传递、评论、点赞等互动功能
数据存储和检索	存储用户数据、帖子、评论等,并支持高效的数据检索
热点数据高速读写	使用 Redis 数据库进行高速读写

(2) 架构设计思想

使用 Redis 缓存热点数据的设计思想旨在优化系统性能和用户体验。Redis 作为内存数据库,提供了极快的数据读取和写入速度。其设计思路是将用户频繁访问的数据,如热门帖子、实时统计信息、用户会话等,缓存到 Redis 中,这样可以大幅度减轻从主数据库读取数据的负载。Redis 的高速读写特性使得这些热点数据能够快速响应用户请求,降低延迟,显著提升系统的响应速度和用户体验。

为了确保数据的持久性和一致性,设计中还需考虑如何与主数据库进行有效的数据同步。Redis 中的数据应通过缓存失效机制与主数据库保持一致。当数据在主数据库中更新时,Redis 缓存也需要及时更新或失效,以避免缓存与实际数据不一致的情况。利用 Redis 的过期策略和消息通知机制可以自动处理这些同步任务,从而实现高效的数据一致性管理。通过这样的设计,系统不仅优化了热点数据的访问速度,还确保了数据的可靠性和一致性,为社交网络应用提供了一个高效、可扩展的解决方案。

(3) 键值数据库架构核心元素的定义

采用键值数据库的社交网络应用的自定义架构核心元素定义见表 6-14。

表 6-14 采用键值数据库的社交网络应用的自定义架构核心元素定义

核 心 元 素	定　　　义
热点数据缓存	使用 Redis 缓存用户频繁访问的数据,如热门帖子、实时统计信息、用户会话等,以提高访问速度
缓存失效策略	设置 Redis 缓存的过期时间和自动清理机制,确保缓存中的数据不会过期过久,保持与主数据库的一致性

(续)

核心元素	定义
数据同步机制	通过 Redis 的通知和更新策略，确保主数据库和缓存数据同步，防止缓存数据与实际数据不一致
高并发处理	利用 Redis 的内存存储能力应对大量并发请求，优化系统性能，减轻主数据库的负载，提升用户体验
容错与恢复	配置 Redis 的持久化选项和高可用性设置，提高系统的可靠性和数据恢复能力

综上，Redis 的高性能内存数据存储能力支持实时数据访问，优化了用户互动和动态内容的加载速度。自定义架构允许根据具体需求设计缓存策略，从而提高系统的响应速度和可扩展性。此外，Redis 的数据结构如哈希、集合和有序集合，让复杂的社交功能变得更加高效。通过精准的核心元素定义，可以充分发挥 Redis 的性能优势，提升应用的可用性和用户体验。

6.5 图数据库

图数据库是一种专门用于存储和查询图结构的数据库。图结构由节点和边构成，节点表示实体，边表示实体之间的关系。通过优化查询图结构的性能，图数据库在处理复杂关系数据时展现更高的效率。

图数据库有以下特征：数据以节点和边的形式组织，节点表示实体，边表示实体之间的关系，节点和边都可以包含属性，用于描述其特征；通常配备专门的图查询语言，如 Cypher、Gremlin 等，以便直观地表示和查询图结构；擅长处理实体之间复杂的关系，在社交网络、推荐系统、网络拓扑等领域应用广泛；能够适应不同类型和复杂度的图结构，支持为节点和边添加属性和标签等附加信息；针对图查询性能进行了优化，能够高效地执行深度遍历和复杂关系查询。

图数据库适用于诸多场景：社交网络分析，用于存储和查询社交网络中的用户关系、好友关系等；推荐系统，用于存储用户和商品之间的关系，实现个性化推荐；网络拓扑，用于存储和查询复杂网络拓扑结构，如计算机网络、物联网等；知识图谱，适用于构建和查询知识图谱，存储实体之间的关系和属性；欺诈检测，用于分析和检测复杂的交易和关系图，发现潜在的欺诈行为。

图数据库架构如图 6-10 所示。

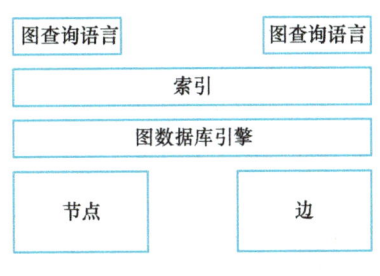

● 图 6-10　图数据库架构

▶ 6.5.1 图数据库基础理论

图数据库本质上是关系为核心，强调实体之间的连接和关系。这与传统的表格型数据库有所不同，它更注重描述和处理实体之间的相互作用。图数据库在设计上追求模型的灵活性，允许节点和边可以拥有动态属性。这使得数据模型能够适应不断变化的业务需求，不受严格固定结构的限制。图数据库架构的元素、元素属性及其相互关系见表 6-15。

表 6-15 图数据库架构的元素、元素属性及其相互关系

元　　素	元素属性	相互关系
节点	每个节点代表图数据库中的一个实体，可以包含属性和标签	节点之间可以通过边相互连接形成图结构。节点可以具有不同的属性，如节点的名称、类型、属性值等
边	边表示图数据库中节点之间的关系或连接，可以包含属性	边连接两个节点，可以有方向性和权重。边可以具有不同的属性，如边的类型、权重、方向等
属性	节点和边可以具有属性，用于描述节点和边的特征或属性值	属性以键值对形式存在，描述了节点和边的特征，用于过滤、查询和分析数据
图查询语言	用于执行图数据库中的查询操作，包括节点查询、边查询、路径查询等	可对图数据库中的节点和边进行灵活的查询和分析，支持复杂的图查询操作
索引	用于加速图数据库中节点和边的检索和查询操作	可基于节点和边的属性创建，提高查询性能。索引可以是全局的或局部的，根据需要进行创建和管理
图数据库引擎	负责管理图数据库的存储、查询和索引等功能	负责管理节点、边、属性和索引等元素，提供高效的图数据存储和查询功能。它可以与查询语言、索引和存储引擎等组件进行交互，实现图数据库的各种操作

图数据库提供语义化的关系表示，边不仅是连接两个节点的线，还携带关系的属性信息。图数据库引入了专门的图查询语言，强调以图为中心的查询和遍历。这些语言旨在提供一种直观而强大的方式，用于表达和执行图结构上的复杂查询。

为了处理大规模的图数据，图数据库通常基于分布式系统构建，支持水平扩展，这使得系统能够应对日益增长的数据规模和用户负载。图数据库不仅具备基本的存储和查询功能，还强调在图上执行算法和分析，如路径分析、社交网络分析、图聚类等。

图数据库的设计思想反映了图数据库对于关系、灵活性、语义化、分布式处理和应用场景的重视，使其成为特定问题领域的强大工具。图数据库能够有效表示实体间的复杂关系，如社交网络中的好友关系、网络拓扑结构中的设备连接等。对于个性化推荐和相似性分析，图数据库能够模拟用户与物品之间的关系，提供更精准的推荐。图数据库的能够高效处理复杂关系数据，借助图结构，能够快速查询和分析节点之间的多层级关系，特别适用于社交网络、推荐系统和知识图谱等场景。图数据库支持动态扩展和快速迭代，能够有效应对不断变化的业务需求。

然而，图数据库也面临一些挑战。图数据库在处理复杂关系时，可能导致数据模型变得复

杂，增加数据维护和查询的难度。对于大规模图数据，一些图数据库在执行复杂查询或处理大量节点和边时，可能面临性能挑战。图数据库通常需要存储额外的元数据来维护节点和边之间的关系，这可能导致存储开销较大。尽管图数据库设计为处理关系，但在处理大规模数据时，仍需要考虑系统的可扩展性，确保能够有效应对增加的负载。对于某些复杂的图查询，编写和优化查询语句可能较为复杂，需要深入理解图查询语言和图数据库的内部工作原理。一些图数据库对事务一致性的支持相对较弱，这在需要确保数据完整性和一致性的应用中可能成为问题。

在使用图数据库时，了解并应对这些问题是确保系统正常运行的关键。常见的图数据库见表 6-16。

表 6-16 常见的图数据库

图数据库	特征	优势	适用场景
Neo4j	支持图查询语言 Cypher，高性能且灵活	适用于复杂的图查询和关系数据处理	社交网络分析、推荐系统、知识图谱等
Amazon Neptune	亚马逊托管的图数据库服务，支持 Gremlin 和 SPARQL 查询语言	与 AWS 生态系统集成，提供高可用性和可伸缩性	社交网络分析、推荐系统、网络拓扑等
ArangoDB	多模型数据库，支持图、文档和键值存储	灵活的数据模型，可处理多种数据结构	社交网络、文档存储、关系图分析
JanusGraph	开源的分布式图数据库，基于 Apache TinkerPop	支持大规模图数据处理，具有高可用性和水平扩展性	知识图谱、社交网络分析
OrientDB	多模型数据库，支持图、文档和对象存储	可以处理复杂的图结构，支持事务	知识图谱、文档存储、关系图分析

在选择图数据库时，需要根据具体应用的需求和规模进行权衡。

6.5.2 Neo4j 架构分析

Neo4j 是一种高性能的图形数据库管理系统，专注于存储、查询和分析图形数据，专门用于存储和处理图形数据。图数据库的特点是能够有效地表示和处理复杂的关系数据，适用于许多现实世界的数据模型和应用场景。Neo4j 使用 Cypher 查询语言来查询和操作图数据。Cypher 是一种声明性的图查询语言，类似于 SQL，但专门用于图数据库中的节点和关系的查询和操作。

Neo4j 具备优异的性能和可扩展性，能够处理大规模的图数据，并实现高效的查询和分析。它采用了内存映射存储和索引等技术，以提高数据的访问速度和查询性能。Neo4j 支持 ACID 事务，能够确保数据的一致性和可靠性。它提供了强大的事务支持，保证对图数据的修改操作具有原子性和一致性。Neo4j 提供了丰富的图算法和图分析功能，如最短路径、社区检测、图聚类等，用于发现图数据中的模式、关系和趋势，可以帮助用户更好地理解和利用图数据。

总的来说，Neo4j 是一种高性能、高可靠性的图数据库系统，具有丰富的功能和灵活的查询语言，适用于各种图数据分析和应用场景，如社交网络分析、推荐系统、网络安全和知识图谱等。

图数据库模型专注于数据间的关系，能够高效地处理复杂查询，如遍历和关联查询，可提供极快的响应速度。Neo4j 灵活的数据模型支持动态模式，能适应变化的数据结构，无须预定义复杂的表结构。其图遍历算法优化了连接查询的性能，特别是在处理高度连接的数据时，查询效率显著提升。Neo4j 支持索引和缓存机制，进一步加快了数据读取过程。整体而言，Neo4j 的数据读取流程通过图结构和高效算法，具备高性能、灵活性和快速响应的优势。

1. Neo4j 的数据读取流程

（1）Cypher 查询

数据读取使用 Cypher 查询语言描述所需的数据模式和条件。

（2）查询解析和优化

Neo4j 会对 Cypher 查询语句进行解析和优化，以生成查询计划。查询优化的目标是尽量减少查询的时间复杂度和空间复杂度，提高查询的效率和性能。

（3）图遍历

查询计划通常涉及图遍历操作，即沿着图中的节点和关系进行遍历，根据查询条件和数据模式筛选出符合条件的数据。图遍历是 Neo4j 数据读取的核心操作，通过遍历图中的节点和关系，可以高效地获取所需的数据。

（4）结果返回

遍历完成，Neo4j 将根据查询语句和查询计划生成的结果返回给客户端应用程序。查询结果通常包括符合查询条件的节点、关系和属性等数据，以及与之相关的其他元数据信息。

图数据库结构天然适合处理高度关联的数据，写入操作能够高效地更新节点和关系，减少复杂的表连接。Neo4j 采用事务处理机制，确保数据一致性和原子性，每个写入操作在事务中进行，便于回滚和错误处理。其写入流程还支持批量操作和并行写入，提升了处理大规模数据的效率。Neo4j 提供的高效索引机制和缓存策略进一步加快了写入速度。Neo4j 的数据写入流程通过优化的图结构和事务管理，实现了高效、可靠的数据更新。

2. Neo4j 的数据写入流程

（1）事务管理

在写入数据之前，通常需要创建一个事务来管理写操作的原子性和一致性。Neo4j 提供了事务管理功能，可通过事务来批量执行数据写入操作，以确保数据的完整性和一致性。

（2）创建节点

数据写入流程通常从创建节点开始。节点是 Neo4j 中存储数据的基本单元，用于表示实体或对象。可以使用 Cypher 查询语言中的 CREATE 命令创建节点，并指定节点的标签和属性。

(3)创建关系

节点创建完成，接下来创建节点之间的关系。关系用于表示节点之间的连接或关联。同样可以使用 Cypher 查询语言中的 CREATE 命令来创建关系，并指定关系的类型和属性。

(4)设置属性

在节点和关系创建完成后，可以设置节点和关系的属性，用于描述节点和关系的属性特征。可以使用 Cypher 查询语言中的 SET 命令来设置节点和关系的属性。

(5)提交事务

当所有的节点、关系和属性都创建和设置完成后，需要提交事务来确认数据写入操作的完成。Neo4j 提供了提交事务的接口，用于将写入的数据持久化到磁盘，并释放事务资源。

3. Neo4j 的索引结构

Neo4j 通过使用 B+ 树结构，使索引加速了节点属性的查找和图数据的查询，显著提高了检索效率。它支持单属性和全文索引，优化了特定属性值的快速定位及复杂文本搜索。这种机制减少了全图遍历的需求，使 Neo4j 能有效处理大规模和复杂的图数据集，显著提升了查询性能和响应速度。

节点索引用于加速对节点的查找操作。可针对节点的一个或多个属性创建索引，以便快速定位符合条件的节点。可以使用 Cypher 查询语言中的 CREATE INDEX 命令来创建节点索引，并在查询时使用 USING INDEX 子句指定索引。节点索引可以加速通过节点属性进行的等值查询和范围查询等操作。

关系索引用于加速对关系的查找操作。可针对关系的一个或多个属性创建索引，以便快速定位符合条件的关系。关系索引可以加速通过关系属性进行的等值查询和范围查询等操作。

全文索引用于支持全文搜索功能。可针对节点的一个或多个文本属性创建全文索引，以便快速查找包含指定关键词的节点。全文索引可以加速包含文本属性的节点的模糊查询和全文搜索等操作。

4. Neo4j 的复制和同步机制

通过主从复制，Neo4j 确保数据冗余和高可用性，主节点的变更会实时同步到从节点，提升了系统的容错能力。这种机制支持读写分离，从节点可以处理读取请求，减轻主节点的负载，优化系统性能。Neo4j 的同步机制能够快速进行数据恢复和故障转移，从而保持服务的连续性和数据的一致性。其高效的复制流程还支持数据备份和灾难恢复，进一步增强了系统的可靠性和稳定性。Neo4j 的复制和同步机制提高了系统的可用性、性能和数据的安全性。

(1)复制日志生成

当主节点上的数据发生变更，如有新节点创建、关系建立或属性更新等操作时，主节点会将这些变更记录到自己的复制日志中。复制日志包含所有的写操作及相关的数据变更信息，如节点 ID、关系 ID、属性名称和值等。

（2）复制日志传输

复制日志生成后，主节点会将其传输给所有的从节点。通常采用基于网络的传输机制，如 **TCP/IP**。从节点会定期轮询主节点，检查是否有新的复制日志需要传输。如果有，则从主节点获取复制日志，并将其应用到自身的数据副本中。

（3）复制日志应用

当从节点收到复制日志后，会将其应用到自己的数据副本中，以保持数据的一致性和同步。从节点会按照复制日志中的操作顺序逐条应用变更，确保从节点上的数据与主节点保持一致。

（4）确认机制

从节点成功应用复制日志中的所有变更后，会向主节点发送确认消息，表示自己已经完成了数据同步。主节点收到从节点的确认消息后，将该节点标记为可用，并在需要时将读请求转发给该节点。

5. Neo4j 的适用场景

Neo4j 可用于构建和分析社交网络，如社交媒体平台、在线社区和专业网络等。它能够有效地表示和分析用户之间的关系、兴趣和互动，帮助企业和组织了解用户行为和社交网络结构，从而进行个性化推荐和社交分析等。

Neo4j 可用于构建个性化推荐系统，如电子商务平台、音乐和视频推荐服务等。它能够分析用户的行为和偏好，发现用户之间的共同兴趣和相似性，从而提供个性化的推荐和建议，增强用户体验和提高销售转化率。

Neo4j 可用于构建和管理知识图谱，如企业知识库、智能问答系统和语义搜索引擎等。它能够将不同类型的数据和知识以图形结构进行组织和关联，帮助用户快速获取和理解相关知识，支持复杂的查询和分析操作。

Neo4j 可用于网络安全分析和威胁检测，如入侵检测系统、网络流量分析和漏洞扫描等。它能够分析网络拓扑结构、设备关系和事件数据，发现潜在的威胁和异常行为，及时响应和阻止安全事件。

Neo4j 适用于需要处理复杂关系数据和图数据的各种应用场景，具有丰富的功能和灵活的查询语言，可帮助用户发现隐藏在数据背后的模式、关系和趋势，支持智能决策和业务创新。

6.5.3 图数据库在自定义架构设计中的设计方法

在自定义图数据库架构设计中，首要步骤是进行详细的需求分析。图数据库专注于处理复杂的关系数据。在需求分析阶段，需要深入了解数据的结构、关系和查询需求。要识别出数据中的主要实体和它们之间的关系，并确定这些实体和关系的属性。通过与业务团队沟通，明确应用的核心功能和数据处理逻辑，从而为图模型的设计奠定基础。

在设计图模型时，必须对节点、边和属性进行明确的定义，要考虑如何将业务数据映射到图模型中，选择适合的节点类型和边类型，并为每个节点和边定义合适的属性。构建一个清晰的图模式是关键，这包括确定节点和边的类型、属性的结构，以及关系的方向和语义。此外，合理设计索引也是提高查询效率的关键，例如对常用查询字段建立索引，以加速遍历和路径查询操作。

同时，要关注性能优化和维护策略。图数据库的性能往往取决于图的规模和复杂性，因此在设计时应考虑数据的分布和负载均衡策略。使用合适的图存储引擎和缓存机制可以显著提升查询性能。要定期进行性能监控，优化图查询和图遍历操作，确保系统能够高效处理大规模数据。此外，制定数据备份和恢复策略，确保数据的持久性和可靠性。

通过这些方法，可以设计出一个高效、可扩展的图数据库架构，满足复杂关系数据的处理需求。

6.5.4 图数据库架构设计实践

（1）需求分析

社交网络应用功能需求与 2.1.6 小节中所描述的相同，其架构需要复杂的关系查询，以支持高效的用户关系分析，进而进行社交网络分析。这就需要架构提供关系建模能力，以对用户关系和互动数据进行管理与分析。社交网络应用的需求见表 6-17。

表 6-17 社交网络应用的需求

功　　能	详　细　描　述
用户管理	用户可以注册、登录、管理个人信息，以及进行好友添加和删除等操作
内容发布	用户能够发布文本、图片、视频等内容，并对这些内容进行评论和点赞
社交互动	实现用户之间的即时消息传递、评论、点赞等互动功能
数据存储和检索	存储用户数据、帖子、评论等，并支持高效的数据检索
用户关系分析	使用图数据库

（2）架构设计思想

图数据库以图形结构为核心，适合存储和查询用户间的多样化关系和互动。设计思想首先关注图数据模型的应用，利用节点表示用户、帖子等实体，边表示用户之间的关系，如好友关系、评论和点赞等。这种模型天然适应社交网络应用的需求，因为社交关系本质上是高度连接的，图数据库能够直观地表示这些复杂的关系，并支持高效的关系查询和分析。通过图数据库，应用能够快速执行如路径查找、社区检测和关系网络分析等操作，发现潜在的社交模式和用户行为。

社交网络数据是高度动态的,用户关系和互动频繁变化。图数据库允许实时更新数据,使得应用可以及时反映最新的社交动态。例如,当用户添加新朋友或发布新帖子时,图数据库可以迅速更新相应的节点和边,确保数据的即时性和准确性。图数据库架构通常支持水平扩展,通过分布式存储和计算提高系统的处理能力和性能,可应对大规模用户和高并发访问的挑战。这种设计思想确保了系统在面对大规模数据和高访问量时,能够保持稳定和高效的运行。

社交网络应用需要保证数据的完整性和一致性,特别是在高并发操作下。图数据库通过事务管理和一致性保障机制,确保数据操作的准确性和可靠性。图数据库特有的索引机制和优化策略,能够加速节点和边的查询,提升整体的查询性能。图数据库能够支持复杂的社交网络分析和实时数据处理,满足用户对快速响应和高效数据访问的需求。图数据库的设计思想不仅提升了数据处理能力,还优化了用户体验,为社交网络应用提供了强大的技术支持。

(3) 自定义图数据库架构核心元素的定义

使用图数据库的社交网络应用架构核心元素包括图数据模型、关系查询、动态更新、数据索引、高扩展性、数据一致性等,具体见表 6-18。

表 6-18 使用图数据库的社交网络应用架构核心元素的定义

核心元素	定 义
图数据模型	以节点(用户、帖子)和边(关系、互动)为基础,建模社交网络的复杂关系和交互
关系查询	支持高效的图查询操作,如路径查找、关系遍历和网络分析等,有助于发现用户之间的连接和社交模式
动态更新	允许实时更新和修改图数据,支持社交网络中的动态变化,如用户关系的添加或删除
数据索引	采用图数据库特有的索引机制,优化节点和边的检索性能,加速关系和路径查询
高扩展性	支持图数据的水平扩展,通过分布式存储和处理,能应对大规模社交网络数据和高并发请求
数据一致性	确保图数据库中数据的一致性和完整性,防止在高并发操作下出现数据不一致的情况

总之,图数据库采用节点和边的模型,能够快速处理复杂的用户关系和互动。它支持动态变化的社交数据,从而确保数据的即时性。其特有的索引机制优化了路径查找和关系分析操作。通过分布式存储和计算,图数据库能够处理大规模数据和高并发请求,提升了社交网络应用的数据处理能力,改善了用户体验。

6.6 数据备份及恢复机制

备份是指将计算机系统中的数据复制到另一个位置,以防止数据丢失、损坏或不可用。计算机系统中的数据面临各种潜在的风险,如硬件故障、恶意软件侵袭、自然灾害及人为错误等。这些风险可能导致数据丢失或损坏。对于企业和组织来说，数据是业务运作的核心要素。数据一旦丢失或不可用，会对业务造成严重影响，甚至导致业务中断。在某些行业和地区，法规明确要求对关键数据进行备份，以确保数据的完整性和可用性。若未能满足法规要求，可能面临警告等不良后果。鉴于计算机系统的复杂性和多样性，各种技术故障时有发生，备份是一种应对技术故障的基本策略。

备份的主要目的是当数据丢失或损坏时能够迅速、可靠地恢复数据。通过备份，可以还原到之前的状态，从而降低数据丢失对业务和用户的影响。通过备份，可以确保在遭遇数据问题时业务依然可以继续运行。有了可靠的备份，组织可以更快地从灾难中恢复，缩短系统故障时长。备份还有助于保障数据的完整性，防止数据被篡改或损坏。可靠的备份是防范数据被病毒、恶意攻击等威胁的有效手段。许多行业和地区的法规规定组织必须对数据进行备份，以确保数据的长期保存和合规性，涵盖了数据保密性、可追溯性等多方面的要求。

由此可见，备份是信息管理和计算机安全中的基本实践，是保障数据安全和业务连续性的重要手段。

在制定备份策略时，需要根据业务需求、数据敏感性和法规合规性等因素进行合理规划。定期备份是关键的架构备份机制。常见的备份方式包括完整备份、主从架构备份、对等架构备份、集群架构备份、增量备份或差异备份、事务日志备份、快照备份、异地备份、逻辑备份、在线备份和离线备份等，以保障数据库数据的可靠性。

完整备份通过复制整个数据集实现基础恢复能力；主从架构备份依赖主库数据同步至从库，支持从节点离线备份以避免影响业务；对等架构备份需确保所有节点数据一致，多采用多活复制机制；集群架构备份则通过分布式协调工具实现分片数据的并行备份；差异备份基于上次完整备份仅复制变化数据，显著减少备份时间与存储；快照备份利用存储层技术创建秒级时间点副本；逻辑备份通过导出可读格式实现跨平台迁移；事务日志备份持续记录所有操作，支持时间点恢复与灾难重建。不同备份策略需结合业务场景选择，如对数据一致性要求高的系统需同时依赖事务日志与差异备份确保零数据丢失，而对数据库恢复速度要求高的系统更倾向快照与集群备份的高效组合。

6.6.1 主从架构备份

主从架构是一种常见的分布式系统架构，常用于提高系统的可靠性、可用性和性能。在主从架构中，系统由一个主节点和多个从节点组成，主节点负责处理客户端的请求和管理数据，而从节点则负责复制主节点的数据，并且可以用于读取操作。主从架构如图 6-11 所示。

● 图 6-11　主从架构

主从架构通过将主节点的数据复制到多个从节点，实现数据的备份和冗余。当主节点发生故障时，可以快速切换到从节点，保证系统持续可用。同时，主从架构通过将读操作分发给多个从节点处理，分担主节点的负载，提高系统的读取性能和吞吐量，实现读写分离和负载均衡。主从架构的元素、元素属性及其相互关系见表 6-19。

表 6-19 主从架构的元素、元素属性及其相互关系

元 素	元素属性	相互关系
主节点	负责处理客户端的请求和管理数据，是系统的核心节点，负责维护整个系统的状态和一致性	与从节点之间建立通信通道，用于数据复制和同步；接收客户端的写操作请求，并更新数据状态；向从节点发送心跳检测状态；负责分配任务和管理从节点的状态。从节点定期从主节点同步数据，以确保数据的一致性和可靠性
从节点	备份主节点的数据，并用于处理读操作。通常用于提供冗余、负载均衡和故障转移	与主节点之间建立通信通道，用于接收数据更新和同步主节点的数据；处理客户端的读操作请求，并返回数据；可以被选举为新的主节点，以保证系统的高可用性和故障恢复能力
数据复制和同步机制	负责主节点数据的复制和从节点的同步。基于日志记录和传输机制来实现数据的同步	主节点将数据变更操作记录在日志中，并传输给从节点。从节点根据主节点的日志进行数据复制和同步，保持数据的一致性。数据复制和同步机制需要保证数据的完整性和一致性，确保系统的稳定性和可靠性
读写分离机制	将读操作分发给从节点处理，以减轻主节点的负载并提高系统的性能。主节点负责处理写操作，从节点负责处理读操作	读写分离机制可以通过路由策略或负载均衡算法实现，根据客户端的请求类型将请求分发给不同的节点处理。主节点和从节点之间需要保持数据同步，以确保从节点能够提供最新的数据读取服务。读写分离机制需要保证数据的一致性和可靠性，以提供稳定和高效的服务。从节点可以处理读操作，但写操作必须由主节点执行，以确保数据的一致性

主从架构可以通过自动故障转移机制，将从节点提升为新的主节点，实现系统快速故障恢复和自动切换，缩短系统的停机时间。主从架构通过将主节点的数据复制到多个从节点，实现数据的备份和冗余，保护数据免受意外损坏和丢失，提高了数据的可靠性和安全性。

主从架构通过读写分离机制，将读操作分发给多个从节点处理，减轻了主节点的负载，提高了系统的读取性能和吞吐量，优化了系统的性能和响应速度。主从架构可以将主节点和从节点部署在不同的物理服务器或数据中心，实现跨地域容灾备份，保障系统在灾难发生时的数据安全和业务持续性。主从架构可以通过增加从节点实现系统的水平扩展，提高系统的处理能力和容量，应对不断增长的数据和用户需求，保证系统的可伸缩性和可扩展性。

6.6.2 对等架构备份

对等架构中，各个节点处于平等地位，相互通信与协作，不存在中心化的控制节点。每个节点兼具客户端和服务器的功能，能够直接与其他节点进行通信并交换数据，实现资源共享、协作

计算等功能。对等架构如图 6-12 所示。

对等架构不依赖于中心节点，各个节点之间处于平等地位，可以自组织、自管理和自调节，降低了单点故障的风险，提高了系统的可靠性和容错性。对等架构中的节点之间直接通信，无须经过中心节点转发，可以实现点对点的快速通信和数据交换，减少了网络拥塞和延迟，提高了通信效率和响应速度。对等架构的元素、元素属性及其相互关系见表 6-20。

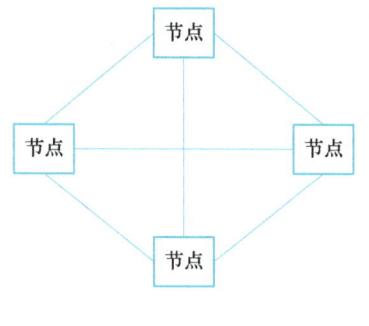

● 图 6-12　对等架构

表 6-20　对等架构的元素、元素属性及其相互关系

元素	元素属性	相互关系
对等节点	每个节点地位平等，可以充当客户端和服务器，有独立的标识符和地址	对等节点之间建立直接通信通道，可以相互发送和接收数据。通过协议进行数据交换和信息传递，实现点对点的通信和协作。每个节点之间无主从关系。通过网络连接进行通信，可以直接发送和接收数据。每个节点都可以处理请求和提供资源
通信协议	定义了节点之间数据交换和通信的规则和格式，包括消息格式、数据传输方式等	对等节点之间通过通信协议进行数据交换和信息传递。通信协议规定了数据交换的格式和内容，确保数据的可靠传输和正确处理

对等架构可以实现端到端的加密和匿名通信，保护用户的隐私和数据安全，提高了系统的抗审查性和安全性，适用于对隐私保护要求较高的场景。对等架构不需要中心化的服务器和专门的设备，可以利用现有的计算资源和网络设备，降低了系统的建设和维护成本，适用于资源有限和对成本敏感的环境。对等架构具有较好的扩展性和可伸缩性，可以通过增加节点来扩展系统的容量和性能，应对不断增长的数据和用户需求，保证系统的可扩展性和性能。

▶▶ 6.6.3　集群架构备份

集群架构是一种将多台计算机或服务器组合在一起，共同提供服务和资源的计算机系统架构。在集群架构中，多台计算机通过网络连接在一起，共同工作以实现高可用性、负载均衡、容错性和可扩展性等目标。集群架构如图 6-13 所示。

集群架构通过将任务和数据分布到多个节点上，实现节点之间的冗余和备份，从而提高系统的可用性。当某个节点发生故障时，系统可以自动切换到其他正常节点，保证服务的持续性。通过负载均衡器集群架构可以根据节点的负载情况和性能特征请求分发到不同的节点来优化请求处理，实现负载均衡，提高系统

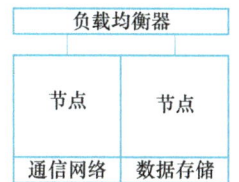

● 图 6-13　集群架构

的性能和吞吐量,防止单一节点负载过重。集群架构的元素、元素属性及其相互关系见表6-21。

表6-21 集群架构的元素、元素属性及其相互关系

元 素	元素属性	相互关系
节点	每个节点都是集群中的一个成员,可以是物理服务器或虚拟机。每个节点都有自己的计算资源、存储资源和网络资源	节点之间通过网络连接在一起,它们相互通信和交换数据,协同工作以提供服务和资源。节点之间可以根据负载情况进行任务分配和负载均衡,实现系统的高性能和可用性
负载均衡器	负载均衡器是集群中的一个组件,负责分发请求到不同的节点上。负载均衡器可以根据节点的负载情况和请求特性进行请求分发和流量控制	负载均衡器与所有节点之间建立连接,监控节点的负载情况和状态。负载均衡器根据负载情况和请求特性,将请求分发到最合适的节点上,实现负载均衡和性能优化。负载均衡器可以通过心跳检测和健康检查来检测节点的状态和可用性,确保请求被正确地转发到正常节点上
数据存储	数据存储是集群中的一个组件,负责存储和管理数据,形式包括分布式文件系统、分布式数据库、分布式缓存等	数据存储与所有节点连接,接收并处理节点的数据读写请求。数据存储通过数据复制和备份机制来确保数据的可靠性和一致性。数据存储可以与负载均衡器和节点之间进行数据交换和同步,实现数据的分布式存储和访问
通信网络	通信网络是集群中的一个基础设施,负责连接集群中的各个节点和组件。通信网络可以是局域网、广域网或互联网等形式	通信网络连接所有节点和组件,实现节点之间的通信和数据交换。通信网络的性能和带宽直接影响集群的性能和吞吐量,需要保证网络的稳定性和可靠性。通信网络可以通过路由器、交换机和防火墙等设备来管理和控制数据流量和通信安全

集群架构具有良好的可扩展性,可以通过增加节点来扩展系统容量和提升性能,满足不断增长的数据和用户需求。这使得系统能够灵活地适应不同规模和复杂度的应用场景。通过数据复制、备份和故障转移等机制,集群架构实现了容错性。当一个节点发生故障时,系统可以自动切换到其他正常节点,确保服务的可靠性和稳定性,防止数据丢失和服务中断。

集群架构可以利用多个节点的并行处理能力和分布式存储能力,实现任务并行执行和数据并行处理,从而提高系统的性能和效率,加快数据处理和计算速度,提高用户体验和响应速度。集群架构中的节点可以共享各种资源,包括计算资源、存储资源和网络资源等,优化资源利用率,提高系统的效率和成本效益。

集群架构具有较高的灵活性和可配置性,可以根据应用需求和业务场景进行灵活配置和定制,满足不同用户和应用的多样化需求,具有更强的适应性和可定制性。集群架构通过多节点协同工作和资源共享,实现了高可用性、负载均衡、可扩展性、容错性、性能优化、资源共享和灵活性等优势,适用于各种大规模分布式系统和应用场景。

当应用对可用性和容错性有较高要求时,集群架构可以通过在多个节点上部署应用实例来

提高系统的可用性和容错能力。通过负载均衡和故障转移机制，集群可以自动调整和恢复，保证业务的持续运行。对于需要处理大规模数据的应用，集群架构可以利用多个节点的计算资源并行处理数据，提高数据处理的速度和效率。诸如 Hadoop、Spark 等集群计算框架，适用于在分布式集群上进行大规模数据处理和分析的场景。集群架构通过负载均衡将请求分发到多个节点上，实现请求的并行处理和性能扩展，适用于需要处理大量请求和高并发访问的应用，如 Web 服务器、应用服务器等。集群架构具有很强的弹性和可扩展性，可以根据业务需求随时增加或减少节点，以适应业务量的变化，适用于需要动态调整资源和容量的场景，如云计算平台、SaaS 应用等。集群架构可以用于构建分布式数据存储系统和分布式数据库，将数据分布存储在多个节点上，提高数据的可用性和可靠性，适用于需要处理大规模数据和提供高可用性的数据存储场景，如分布式文件系统、NoSQL 数据库等。此外，集群架构还可以用于部署分布式应用，将应用的不同模块部署在多个节点上，实现模块化和分布式部署，适用于需要实现模块化和微服务架构的应用，如微服务架构、分布式任务调度等。

综上，集群架构适用于需要高可用性、大规模数据处理、负载均衡和性能扩展、高弹性和可扩展性、分布式存储和数据库，以及分布式应用部署等各种场景。

6.6.4 差异备份

差异备份记录的上一次完整备份之后发生变化的数据，它只包含自上次完整备份以来被更改的数据部分。相比完整备份，差异备份的备份和还原速度更快，不过相对占用的存储空间也较多。差异备份架构的元素、元素属性及其相互关系见表 6-22。

表 6-22 差异备份架构的元素、元素属性及其相互关系

元素	元素属性	相互关系
完整备份集	包含指定时间点的所有数据并作为后续增量恢复的基准	作为增量日志生成起点，与差异备份形成版本链，需结合增量日志实现完整恢复
增量日志	实时捕获数据变化并仅记录行级/文档级差异，降低存储开销	基于完整备份生成并与后续增量日志构成版本链，通过时间戳标记变更顺序
版本索引	记录所有备份版本的时间戳、哈希值及依赖关系，支持精确时间点恢复	管理完整备份与增量日志的关联关系，建立版本链依赖并通过哈希校验确保恢复一致性

差异备份通常始于一个完整备份，该完整备份涵盖整个数据库的所有数据和对象，它可以是数据库的初始备份或定期执行的备份。在完成完整备份后，系统会记录数据库中发生变更的数据，通常涉及维护一个变更日志或标记数据的机制。变更包括新增、更新和删除等。已备份的数据会被标记，防止在后续备份中重复备份相同的数据。这可以通过记录备份的时间戳、事务 ID 或其他标识符来实现。

当需要执行差异备份时，系统会比较上一次完整备份后标记的变更数据，仅备份这些变更，可以通过查询变更日志、比较时间戳或其他标识符来确定哪些数据发生了变更。差异备份生成的备份文件可以存储在本地磁盘、远程服务器或云存储中，以便在需要时进行还原。差异备份的一般流程如图 6-14 所示。

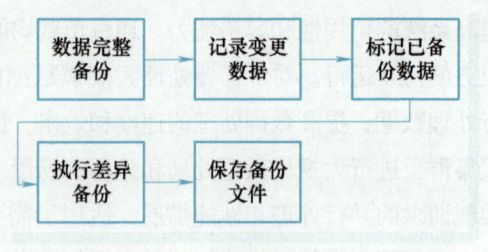

● 图 6-14　差异备份的一般流程

差异备份的实现机制允许在定期备份过程中只备份发生变更的数据，从而减少了备份的时间和存储空间。然而，需要注意的是，差异备份链的长度可能会随着时间的推移而增长，因此一些系统可能需要周期性地重新开启差异备份链。

差异备份主要应用于数据库领域，直接支持差异备份的数据库有 SQL Server、Oracle Database、IBM Db2、Sybase ASE 等。

6.6.5　增量备份

增量备份仅备份上一次备份之后新添加或修改的数据。与差异备份不同的是，增量备份只备份上次备份之后的变更，而不是上次完整备份之后的变更。这样可以减少备份的存储空间，但在恢复时需要依赖完整备份和所有增量备份。

增量备份与差异备份的流程基本相同，但其在备份内容、频率、依赖性、还原的复杂性及备份链方面有很大的差异。

增量备份仅备份自上一次备份以来发生变更的数据。因此，每个增量备份只包含变更的数据，相对较小。差异备份要备份自上一次完整备份以来的所有变更，而不仅是自上一次备份以来的变更。因此，每个差异备份相对于上一次完整备份而言较小，但相对于上一次备份较大。增量备份架构的元素、元素属性及其相互关系见表 6-23。

表 6-23　增量备份架构的元素、元素属性及其相互关系

元　素	元素属性	相互关系
完整备份	完整备份将整个数据库备份到一个文件中，包含数据库的所有数据和日志。备份完成后，标记数据库中所有数据页的状态为已备份	完整备份和增量备份之间存在时间顺序关系，增量备份是在完整备份之后进行的。完整备份和增量备份是数据库备份的不同类型，用于实现不同的备份策略。完整备份和增量备份都是数据库备份的组成部分，用于保护数据库的数据和日志，确保数据的完整性和可恢复性
增量备份	增量备份将从上次完整备份或上次增量备份以来发生更改的数据备份到另一个文件中。只备份自上次备份以来发生更改的数据页，因此备份文件通常比完整备份小很多	

增量备份链随着备份次数的增加而增长。每个增量备份都建立在上一个完整备份或增量备份的基础之上，形成链式结构。相比之下，差异备份链的长度相对稳定，每个差异备份都是相对于上一个完整备份的变更，而不是相对于上一次备份。

在数据还原时，增量备份需要使用最近的完整备份和所有的增量备份，并按照备份链的顺序进行还原。而差异备份还原时只需要使用最近的完整备份和最近的差异备份，不需要所有中间的备份，这就减少了还原时需要处理的备份数量。

通常，增量备份较为频繁，因为它们只备份发生变更的数据，能够有效减少备份的时间和存储空间。而差异备份的频率相对较低，因为它们会备份自上一次完整备份以来的所有变更。

增量备份的还原依赖于完整备份和所有的增量备份。如果链中的任何一个备份损坏，都可能影响后续备份的还原。而差异备份的还原相对独立，只依赖于最近的完整备份和最近的差异备份。

选择增量备份还是差异备份通常取决于具体的备份策略、业务需求和恢复目标。增量备份在频繁备份、减少存储空间方面具有优势，但还原时可能需要处理更多的备份文件。差异备份相对来说更独立，但备份文件相对较大。

直接支持增量备份的数据库有 Microsoft SQL Server、Oracle Database、IBM Db2、MySQL、PostgreSQL、SAP HANA、Couchbase 等。

6.6.6 快照备份

快照备份是通过记录数据库文件系统的快照来实现备份的，通常用于虚拟化环境。它可以在短时间内创建数据库的镜像，以支持快速的备份和还原。

快照是当前数据状态的一个静态副本，记录了特定时间点存储设备中的数据。在进行快照备份之前，系统会创建一个快照。这一过程是通过在存储系统上创建一个元数据副本或指针来完成的，而不是实际复制数据。快照具有只读属性，以确保在备份期间数据的一致性，即任何对原始数据的修改都不会影响快照，从而确保备份数据的完整性。

有些系统支持增量快照，这种快照只记录自上一次快照以来发生的变更。这减小了存储需求，因为只有变更的数据会被存储。

一旦创建好快照，备份程序就可以使用该快照来复制数据，且在快照上执行备份操作不会影响实际的生产数据。在备份期间，系统需要确保快照和备份数据的完整性，包括监控存储设备的状态，并在发现问题时执行相应的错误处理。

一些系统支持在备份数据中应用压缩和去重技术，以减少备份数据的存储需求，提高备份效率并减少存储成本。

快照备份架构的元素、元素属性及其相互关系见表 6-24。

表 6-24 快照备份架构的元素、元素属性及其相互关系

元素	元素属性	相互关系
快照备份	快照备份是对数据库或存储系统的快照进行备份，而不是备份实际的数据文件。快照备份是一种快速、高效的备份方法，可以在短时间内创建备份，且不会中断正常的数据库操作	快照备份依赖于存储系统的快照功能，通过存储系统快速创建数据库或存储系统的快照。快照备份与实际的数据库或存储系统之间不存在直接的物理连接，而是通过存储系统的快照来实现备份。快照备份通常是基于存储系统级别的，因此可以跨越多个数据库或应用程序，提供一致性的备份点。快照备份具有快速、高效的特点，适用于需要频繁备份且要求备份时间尽可能短的场景
存储系统	存储系统是数据库或应用程序所依赖的底层存储设备，例如磁盘阵列、网络存储等。存储系统通常具有创建快照的功能，可以在几乎瞬间创建数据库或存储系统的快照	

快照备份允许在短时间内还原到先前的数据状态。由于快照记录了特定时间点的完整数据状态，因此可以快速还原整个系统，缩短业务中断的时间。

传统备份通常需要在备份窗口期间执行，可能导致业务中断。而快照备份几乎可以在任何时间点创建，大大减少了备份对业务的影响。一些快照备份系统支持增量快照，只记录自上一次快照以来的变更，既减小了存储需求又缩短了备份时间，提高了备份效率。而且，创建快照对系统的性能影响较小，因为快照是只读的，对原始数据的修改不会对快照产生直接影响，这有助于降低备份操作对业务性能的影响。

快照备份利用存储空间的快照技术，避免了传统备份中存储重复数据的问题，通过记录变更并使用指针指向原始数据来实现。这样可以轻松地创建定期的备份点，以便在需要时选择还原到某个特定的时间点，提供了更灵活的还原选项，满足不同的业务需求。

快照备份特别适用于虚拟化环境，能够为虚拟机和虚拟硬盘创建快照，为虚拟机管理和还原提供更灵活的选项。由于快照是在瞬时点创建的，因此备份的数据在特定时间点上是一致的，确保了备份数据的完整性。

6.6.7 逻辑备份

逻辑备份是通过数据库查询语言导出数据库的逻辑结构，并以文本文件或其他格式进行保存的备份方式。这种备份方式提供了更灵活的数据导出和导入选项。逻辑备份架构的元素、元素属性及其相互关系见表 6-25。

表 6-25 逻辑备份架构的元素、元素属性及其相互关系

元素	元素属性	相互关系
主节点	拥有高性能服务器、大容量存储设备、高速网络连接，数据处理能力强	主节点是逻辑备份架构的核心，负责数据的存储、处理和分发。它与备份节点之间建立可靠的网络连接，以确保数据能够及时备份和恢复。主节点通常拥有高性能的服务器和大容量的存储设备，以满足数据处理和存储的需求

（续）

元 素	元素属性	相 互 关 系
备份节点	可靠性高、灵活性强、资源消耗低、容错能力强	备份节点负责存储主节点备份的数据，并在需要时进行数据恢复。它们与主节点之间建立稳定的通信通道，用于接收和发送数据。备份节点通常设计为可扩展和灵活的架构，可以根据需要动态添加或移除节点，以适应数据规模的变化。同时，备份节点也要具备良好的容错能力，确保即使部分节点发生故障，整个备份系统仍能够正常运行

逻辑备份生成的备份文件通常是文本文件或包含 SQL 语句的脚本，因此在不同的数据库管理系统之间迁移数据更加容易，提供了更大的平台独立性。逻辑备份文件通常是人类可读的文本，便于理解和审查，这在需要检查备份数据或手动修改数据时很有用。

逻辑备份允许选择性地还原数据库的部分数据，而不必还原整个数据库，这在需要还原特定表或特定数据的情况下非常有用。逻辑备份可应用于数据库升级或迁移到不同的数据库管理系统，通过导出数据并在新系统上执行导入操作，实现平滑迁移。逻辑备份通常包括数据库的结构，这对于完整备份数据库的结构和数据非常有用。

然而，逻辑备份通常比物理备份慢，因为它涉及将数据转换为文本格式并生成包含 SQL 语句的脚本，导致备份和还原的过程更加耗时。此外，逻辑备份文件通常比物理备份文件大，因为其中包含了大量 SQL 语句和文本信息，导致需要更多的存储空间。逻辑备份在备份和还原的过程中，可能需要重新创建约束和索引，这增加了一些手动操作的复杂性。对于大型数据库而言，逻辑备份可能不是最佳选择，因为它可能需要较长的时间来执行，且产生的备份文件可能过大。另外，逻辑备份可能无法完全捕获数据库系统级别的信息，例如用户权限、触发器状态等。

选择逻辑备份还是物理备份通常取决于具体的业务需求、数据库系统及备份和恢复的性能要求。在某些情况下，逻辑备份是非常有用的，特别是在需要跨平台迁移、实现灵活的数据恢复，以及获取人类可读的备份文件时。

6.6.8 事务日志备份

事务日志备份记录数据库的事务日志，它仅包含数据库发生变更的部分。在某些数据库系统中，事务日志备份可以结合完整备份或差异备份使用，从而提供更灵活的备份和恢复方案。事务日志备份架构的元素、元素属性及其相互关系见表 6-26。

表 6-26 事务日志备份架构的元素、元素属性及其相互关系

元 素	元素属性	相 互 关 系
数据库服务器	作为数据生成点，具备事务日志记录功能、高性能处理能力，以及稳定的网络连接	数据库服务器是事务日志备份架构的核心组件之一，负责存储和管理数据库的数据。它需要具备强大的事务日志记录功能，以确保所有数据库操作都能够被记录下来。同时，数据库服务器需要具备高性能的处理能力，以确保能够及时记录大量的事务日志。稳定的网络连接可以保证事务日志能够及时传输至备份服务器

(续)

元　素	元素属性	相互关系
备份服务器	拥有大容量存储、高速网络连接、数据处理能力，具备数据加密和安全性保障功能	备份服务器负责存储和管理从数据库服务器传输过来的事务日志数据。它需要提供大容量的存储空间，以满足长期备份数据的存储需求。备份服务器还需要具备高速的网络连接和数据处理能力，以确保能够及时接收和处理数据库服务器传输过来的事务日志数据。同时，备份服务器还需要有数据加密和安全性功能，以确保备份数据的安全性和完整性
备份服务	具备自动化备份、灵活的备份策略、数据压缩和加密、监控和报警功能	备份软件或备份服务负责管理和执行事务日志备份任务。它们需要提供自动化备份功能，能够根据预设的备份策略和计划，定期备份数据库的事务日志。备份软件还需要具备灵活的备份策略，以满足不同数据库的备份需求。数据压缩和加密功能能够减少备份数据的存储空间，并提高数据安全性。监控和报警功能能够及时发现备份异常和故障，保障备份系统的稳定运行

事务日志备份架构的元素之间关系密切，数据库服务器负责生成和记录事务日志，备份服务器负责存储和管理事务日志数据，备份服务负责管理和执行备份任务，三者共同构成了完整的事务日志备份系统。

适用事务日志备份思想的开源软件有 Kafka、HDFS、MySQL、MariaDB、PostgreSQL 等关系数据库系统。

Kafka 的持久性和可靠性建立在日志的基础之上。生产者产生的消息首先被追加到日志，然后由消费者按照顺序读取。这种日志持久性机制确保在节点故障或重新启动时，数据不会丢失。Kafka 中的事务日志本质就是消息日志，消息的写入、消费和处理是 Kafka 的核心功能，因此事务日志的备份更加注重对消息的一致性、可靠性和顺序性。由于 Kafka 的特性，其消息日志是持续不断增加的，不像关系数据库那样可以周期性地进行完整备份。因此，Kafka 的备份通常采用持续的增量备份策略，以确保能够及时记录新增的消息。对于 Kafka，往往需要保留较长时间的消息日志，以确保消息的可靠性，这可能导致备份过程中考虑更多的存储和管理策略，以应对长时间的数据积累。Kafka 的消息日志通常被划分为多个分区，且每个分区都有多个副本，备份的时候需要处理分布式环境下的分区和副本，以确保数据的完整性和可用性。Kafka 的事务日志备份更关注消息的顺序性、分布式特性及长时间的数据保留，与传统数据库备份的周期性和固定结构有所不同。

HDFS 通过将文件切分为块并在集群中的多个节点上进行备份，同时记录操作和数据块的变更日志，来确保数据的持久性和可靠性。HDFS 是分布式文件系统，其设计目标是存储大规模数据，并提供高可靠性和容错性。HDFS 有两个关键组件，即 NameNode 和 DataNode。NameNode 负责维护文件系统的命名空间和元数据，而 DataNode 存储实际的数据块。事务日志备份会同时对这两个组件进行备份，以确保系统的完整性。由于 HDFS 的设计目标是提供高一致性，事务日志备份需要确保备份和还原的过程是原子的，以防止数据不一致的情况发生。

MySQL、MariaDB、PostgreSQL 等关系数据库系统通常会记录事务日志，用于记录数据库中的变更。这些事务日志在崩溃恢复、故障转移和备份/还原过程中，保证了数据的一致性和完整性。MySQL 和 MariaDB 使用二进制日志来记录事务，二进制日志包含了对数据库执行的所有更改及相关信息，备份可基于这些二进制日志进行。PostgreSQL 使用 Write-Ahead Logging（WAL，预写式日志记录）记录事务，WAL 包含了对数据库进行的所有修改的详细记录。MySQL 和 MariaDB 支持完整备份和增量备份。PostgreSQL 支持完整备份和基于 WAL 的增量备份。MySQL 和 MariaDB 通过备份二进制日志，可以确保事务的一致性，保证备份数据的完整性。PostgreSQL 通过 WAL 保证了事务的一致性，备份可以基于 WAL 日志进行，以将数据库还原到事务一致的状态。MySQL 和 MariaDB 在备份过程中存在数据库锁和并发控制的问题。而 PostgreSQL 通过 WAL 的方式进行备份，尽量避免了对数据库的锁定，提高了并发备份的性能。

事务日志备份是数据库和分布式系统中确保数据一致性、原子性、可靠性的关键环节。在关系数据库领域，如 MySQL、MariaDB、PostgreSQL，事务日志主要用于记录对数据库中数据的更改操作，通过不断追加事务日志来保障事务的原子性和一致性。这些数据库通常会将快照和事务日志结合使用，通过快照定期保存整个数据库状态，再通过事务日志记录自上一个快照以来的所有更改，以实现数据的可靠备份和恢复。

不同系统的事务日志备份机制在设计上各有特点，但共同目标都是通过日志的记录和持久化，确保数据在面对故障、恢复或重启时能够保持一致性和可靠性。在这一过程中，关注点包括事务日志的写入性能、数据一致性、系统的高可用性及对分布式环境的适应性。

第 7 章

自定义架构实践

7.1 自定义架构风格理论

7.1.1 架构需求分析

架构需求通常来源于业务需求、利益相关者需求、技术需求、法规和标准、质量属性、风险管理,以及未来发展方向等方面。

架构需求分析旨在识别和定义一个系统的结构和行为,以确保其能够满足业务目标和技术要求。架构需求分析内容包括功能需求、非功能需求、系统环境及约束条件等。通过系统性地收集和评估需求,确保架构设计与业务目标和用户需求相契合,提高设计的准确性和有效性。明确需求有助于识别潜在的风险和瓶颈,便于预先制定应对策略,降低项目风险。此外,分析步骤还能促进团队成员之间的沟通与协作,确保各方对需求达成共识。

架构需求分析的步骤见表 7-1。

表 7-1 架构需求分析的步骤

步 骤	详 细 内 容
1)需求收集与分析	功能需求:明确系统必须实现的核心功能和业务流程 非功能需求:性能(如响应时间、吞吐量)、可用性、可扩展性、安全性、可维护性等 系统约束:技术限制(如硬件、软件、网络环境)、法律法规、预算和时间限制等 用户需求:确定最终用户的期望、使用场景和交互方式
2)系统上下文与边界定义	系统上下文:定义系统与外部环境的交互,包括系统与其他系统、用户之间的接口和数据流 系统边界:明确系统的边界,区分系统内部和外部的功能和组件
3)关键架构决策	架构风格:选择合适的架构风格,如微服务架构、分层架构、事件驱动架构等 技术选型:选择适当的技术栈,包括编程语言、数据库、中间件、框架等 架构模式:选择适用的设计模式,如 MVC(模型-视图-控制器)、Repository 模式、Factory 模式等
4)质量属性分析	性能:分析系统需要满足的性能指标,如响应时间、吞吐量等 安全性:评估系统的安全需求,涉及数据保护、身份验证、授权机制等 可用性:考虑系统的高可用性需求,如故障恢复、负载均衡、灾难恢复等 可扩展性:确保系统能够根据业务增长进行扩展,以支持增加的用户数量和数据量
5)架构模型的设计	逻辑架构:描述系统的主要功能模块及其相互关系 物理架构:定义系统在物理层面的部署方案,包括服务器、网络、存储等 数据架构:描述系统的数据模型和数据流,包括数据库设计、数据存储和数据访问策略 接口设计:定义系统与其他系统或组件之间的接口,包括 API 设计、协议、数据格式等

(续)

步骤	详细内容
6）风险分析与管理	风险识别：识别架构设计过程中可能遇到的技术风险、实现风险、集成风险等 风险缓解：为每个风险点设计相应的缓解措施和应急计划

通过架构需求分析，能够确保系统架构在满足当前需求的同时，具备良好的可扩展性、灵活性和可维护性，为后续的设计与开发奠定坚实的基础。系统化的需求分析可以提高架构设计的可维护性和可扩展性，使系统在未来的需求变化和技术演进中更具灵活性和适应性。按架构需求分析的步骤操作可以创建高质量、稳定且易于维护的系统架构。

▶▶ 7.1.2 评估参考架构

评估参考架构是系统架构设计过程中非常重要的步骤。参考架构是一种通用的架构框架，它基于行业最佳实践和成功案例，提供了标准化的解决方案。在评估参考架构时，需要全面考虑它的适用性、灵活性、可扩展性等多个方面。评估参考架构的主要步骤见表7-2。

表7-2 评估参考架构的主要步骤

步骤	详细内容
1）适用性评估	业务需求匹配：检查参考架构是否能够满足当前系统的业务需求，包括核心功能、业务流程、用户需求等 行业标准符合性：评估参考架构是否符合特定行业的标准或法规要求 现有技术栈兼容性：判断参考架构是否能够与现有的技术栈和基础设施兼容，以减少整合的复杂性
2）架构风格与模式评估	架构风格：判断参考架构使用的架构风格，如微服务、分层架构、SOA等，是否适合当前项目 设计模式：评估参考架构中使用的设计模式是否能有效解决当前系统面临的设计问题
3）技术与工具评估	技术栈分析：分析参考架构中使用的技术和工具，评估它们的成熟度、社区支持情况、可用性和未来发展前景 可扩展性与性能：检查参考架构中的技术选择是否能够支持系统的可扩展性和性能需求 安全性：评估参考架构在安全性方面的设计和实践，包括数据保护、身份验证、授权机制等
4）灵活性与可扩展性评估	模块化与可替换性：考察参考架构是否具有良好的模块化设计，是否支持灵活地替换或扩展各个模块 扩展能力：评估参考架构应对未来需求变化的可扩展能力，例如是否支持新功能的添加、用户负载的增加、新技术的集成等
5）实施难度与成本评估	实施复杂性：评估实施参考架构的复杂程度，包括开发难度、集成复杂性、团队技能要求等 时间与成本：估算采用参考架构的时间和成本，包括开发、测试、部署和维护成本 迁移策略：如果是在现有系统的基础上实施，评估从当前架构迁移到参考架构的难度和风险

(续)

步　骤	详　细　内　容
6）质量属性评估	可靠性：评估参考架构在高可用性、容错性和灾难恢复方面的设计 维护性：评估架构的维护难度，包括代码的可读性、文档质量、测试支持等 可管理性：考量参考架构在管理和监控方面的支持，例如日志管理、性能监控、配置管理等
7）风险分析与管理评估	技术风险：识别参考架构中可能存在的技术风险，如技术过时、社区支持不足等 实现风险：评估在实际实施过程中可能遇到的挑战，如技能缺乏、集成问题等 依赖风险：识别参考架构中涉及的外部依赖，如第三方库、服务提供商等的可靠性
8）社区与支持评估	社区支持：查看参考架构是否有活跃的社区支持，这有助于解决问题、获取更新和进行性能优化 文档与资源：评估参考架构的文档质量和学习资源是否丰富，是否有足够的案例、教程和支持文档 长期支持：考虑参考架构的长期支持和发展前景，包括厂商支持、版本更新等
9）案例研究与验证	成功案例分析：查看参考架构是否有成功应用于类似项目的案例，从中汲取经验和教训 概念验证：在评估的后期，可以进行概念验证，通过实现关键功能来验证参考架构的适用性
10）最终决策与报告	比较与决策：将参考架构与其他备选架构进行对比，基于评估结果做出最终决策 报告撰写：编写详细的评估报告，记录评估过程、发现、结论和建议

通过评估参考架构，团队可以全面了解参考架构的优缺点，并根据具体的项目需求和环境做出最佳选择。这确保了架构设计与业务需求和技术要求高度契合，保证了系统的功能性和可操作性。评估参考架构有助于优化设计方案，提升系统的性能与可靠性，实现资源利用的最大化。评估参考架构不仅能够降低实施风险，还能提高项目成功的概率，从而推动业务成功和技术进步。

7.1.3 参考架构设计思想提取

设计思想提取是从现有系统或设计方案中总结出核心的设计原则、模式和策略的过程。这一过程不仅有助于深入理解设计的本质，还能为后续的系统设计提供指导，提升设计的一致性和可复用性。通过识别和总结有效的设计理念，可以快速应用于类似项目，减少重复劳动。同时，它还促进了知识共享和团队间的协作，使得设计过程更高效且具有更强的系统性。设计思想提取的主要步骤见表 7-3。

表 7-3　设计思想提取的主要步骤

步　骤	详　细　内　容
1）理解系统的整体目标与上下文	系统目标：明确系统要实现的总体目标和核心功能，了解系统要解决的主要问题和业务需求 系统上下文：理解系统在其运行环境中的位置，系统与外部环境之间的交互关系

(续)

步　　骤	详细内容
2）分析系统的架构与组件	架构风格：识别系统采用的架构风格，理解为何选择这种架构风格 组件分析：研究系统的主要模块和组件，理解每个组件的职责和它们之间的关系 模块化设计：查看系统是否有明确的模块划分，并探讨模块之间的耦合与独立性
3）识别关键设计模式	设计模式：提取系统中使用的设计模式 模式适用性：分析选择这些设计模式的原因，评估它们在系统中的有效性和适用性
4）评估系统的质量属性	性能：考察系统如何通过设计实现高性能目标，了解使用了哪些优化策略（如缓存、并发处理、负载均衡等） 可扩展性：探讨系统是如何通过设计适应未来的扩展需求，了解扩展策略（如垂直扩展、水平扩展、模块化设计等） 安全性：识别系统中的安全设计思想，如数据加密、身份验证、访问控制等 可维护性：查看系统设计如何便于维护和升级，理解代码组织、注释、文档化等方面的设计策略
5）分析系统的接口与交互设计	API 设计：研究系统对外暴露的接口，理解接口的设计原则，如统一性、灵活性和可扩展性 数据流与通信机制：分析系统内部和外部的通信机制，理解数据流设计和信息交换的策略
6）探讨设计决策的背景	技术选择：了解设计过程中关键技术的选择，如编程语言、数据库、中间件等，理解这些选择的原因和影响 折中分析：分析设计中做出的权衡和折中
7）提取复用性与通用性思想	复用性设计：查看系统设计中是否有可复用的模块、组件或代码，理解如何实现高复用性 通用性设计：理解系统设计中是否考虑了通用性，即适用于多种应用场景和需求的策略
8）总结设计原则与理念	核心设计原则：提炼出设计的核心原则，如面向对象设计原则、面向服务的设计思想等 设计理念：总结系统设计的总体理念，例如简洁性、松耦合、高内聚、可扩展性、可测试性等

设计思想提取不仅是对已有系统的总结和反思，也是对设计经验的升华。通过提取和总结设计思想，开发者和架构师可以形成一套行之有效的设计指南，用于指导未来的系统设计，避免重复犯错，并促进设计模式和最佳实践在团队或组织中的传播。

7.1.4 核心元素定义

在架构和系统设计中，核心元素的定义是至关重要的。这些元素通常是系统中最关键的部分，它们的设计和实现直接影响整个系统的功能、性能和质量。定义核心元素有助于清晰地理解系统的基本结构，为后续的设计和开发提供明确的指导。核心元素定义见表 7-4。

表 7-4　核心元素定义

元　　素	二级元素	详　细　内　容
功能核心元素	核心模块	系统中承担主要业务逻辑和功能的模块或组件。它通常是系统的主干部分，提供系统最基本的功能。例如，在电子商务平台中，核心模块可能包括用户管理、订单处理、支付系统等
	核心功能	指系统中不可或缺的功能，这些功能是系统的基本价值所在。它们直接与用户需求相关，通常会被优先开发和维护
架构核心元素	架构风格	系统整体采用的架构模式或风格，例如微服务架构、事件驱动架构、分层架构等。它决定了系统的整体结构和交互方式
	关键组件	在系统架构中起关键作用的组件，如数据库、消息队列、负载均衡器等。它们通常与系统的性能、可扩展性、可靠性密切相关
数据核心元素	数据模型	系统中的核心数据结构和模型，例如实体关系图、对象模型等。数据模型定义了系统中的数据组织和存储方式
	数据流	数据在系统内外的流动路径，涉及数据的输入、处理、存储和输出。理解数据流是确保数据一致性和系统效率的关键
接口核心元素	API	系统对外或对内提供的编程接口，是系统功能的开放点和扩展点。API 设计直接影响系统的易用性、灵活性和安全性
	协议与标准	系统采用的通信协议和数据格式标准，这些标准决定了系统与外部世界交互的方式
技术核心元素	技术栈	系统中使用的主要技术工具和平台，包括编程语言、数据库、中间件、框架等。技术栈的选择直接影响系统的开发效率、性能和可维护性
	关键算法	系统中实现核心功能的主要算法，如排序、搜索、数据压缩等。算法的选择和优化直接关系到系统的核心性能
安全核心元素	认证与授权机制	保护系统免受未授权访问的核心设计，如 OAuth、JWT、RBAC 等
	数据加密	保护敏感数据的核心技术，如 SSL/TLS 协议、对称加密与非对称加密等
性能核心元素	缓存机制	提高系统响应速度的核心技术，如内存缓存、数据库缓存等。缓存设计直接影响系统的响应时间和资源利用率
	负载均衡	分配系统负载的核心策略，确保系统能够在高并发情况下稳定运行。负载均衡的设计对系统的可用性和可扩展性至关重要
可维护性与可扩展性核心元素	模块化设计	支持系统维护和扩展的核心设计思想，通过将系统分解为独立模块，降低系统的复杂度，提高可维护性
	扩展点	设计中预留的扩展机制或接口，使系统能够适应未来的变化和增长。例如，通过插件机制或微服务的方式实现系统的功能扩展
用户体验核心元素	用户界面	系统与用户交互的核心部分，影响用户对系统的直接体验。UI 设计通常围绕易用性、美观性和响应性展开
	用户交互流程	用户完成某项任务的步骤和流程设计，是用户体验设计的核心内容。良好的交互设计能够提高用户满意度和系统使用效率

(续)

元　素	二级元素	详细内容
质量保障核心元素	测试框架与工具	用于保障系统质量的核心工具，如单元测试、集成测试、自动化测试工具。测试框架的选择与实施对系统的可靠性和稳定性有直接影响
	监控与日志	用于实时监控系统状态和记录系统操作的核心机制，如日志管理、性能监控工具等。监控与日志系统是确保系统在生产环境中稳定运行的重要保障

定义核心元素是一项系统性的工作，需要对系统的功能、结构、数据、接口、技术、安全等各个方面进行全面考量。通过明确这些核心元素，可以确保系统设计的各个方面都有清晰的目标和方向，从而提升系统的整体质量、可维护性和可扩展性。

7.1.5 设计方法与实现

设计方法与实现是将系统需求转化为具体架构和代码的过程。这个过程包括选择合适的设计方法、制定详细的设计方案，以及通过编码、测试、部署等步骤。设计方法与实现的主要步骤见表7-5。

表7-5　设计方法与实现的主要步骤

步　骤	详细内容
1）设计方法的选择	根据需求和系统特性，选择合适的设计方法。常见的设计方法有面向对象设计、面向服务设计、领域驱动设计等
2）架构设计	制定系统的总体架构方案，明确系统的主要模块、组件及其交互关系。常见的架构风格有分层架构、微服务架构等
3）详细设计	进行类设计与对象建模、接口设计、算法设计、用户界面设计
4）实现与编码	涉及技术选型、遵守编码规范、完成模块与组件实现、开展单元测试
5）集成与测试	包括模块集成、集成测试、性能测试、安全测试

设计方法与实现是系统开发的核心环节，它将需求转化为可执行的技术方案，并通过编码、测试等步骤将方案落地。选择合适的设计方法，进行精细化的设计，以及遵循规范化的实现过程，能够有效提高系统的质量、可维护性和可扩展性，最终实现系统的业务目标。

7.1.6 架构验证

架构验证是软件开发过程中的关键步骤，旨在确保系统架构能够满足预期的需求和质量属性。通过架构验证，可以提前发现潜在的问题，并在开发早期进行调整，从而降低后续开发和维护风险。架构验证的主要步骤见表7-6。

表 7-6　架构验证的主要步骤

步　骤	子　步　骤	详　细　内　容
1）定义验证目标	明确验证目标	根据系统的功能需求和非功能需求，明确架构验证的主要目标。这些目标通常包括性能、可扩展性、安全性、可靠性、可维护性等质量属性
	验证范围	确定需要验证的架构部分，包括关键模块、组件、接口和数据流等。确定验证的深度，即确定是验证整体架构，还是针对特定的高风险区域
2）选择验证方法	架构评审	通过专家评审会的方式，邀请架构师、开发人员、测试人员、业务分析师等对架构进行审查和讨论，识别潜在问题
	原型验证	构建系统的原型或概念验证模型，对关键技术、架构选择、系统性能等进行初步验证
	建模与仿真	使用建模工具和仿真工具对架构进行建模，并通过模拟系统运行的各种场景，验证架构的设计决策
	测试验证	通过各种测试，验证架构是否满足非功能性需求
	形式化验证	使用数学和逻辑工具对架构进行形式化建模和验证，适用于高安全性和高可靠性要求的系统
3）架构评审	架构文档审查	对架构文档进行详细审查，确保设计的清晰性和完整性
	场景分析	使用特定的业务场景和用例分析架构的适用性，验证架构在处理这些场景时是否能够满足功能和性能要求
	质量属性分析	评估架构对关键质量属性的支持程度，使用质量属性场景来评估
4）原型验证	原型开发	开发系统的关键部分或高风险部分的原型，验证关键技术的可行性和架构设计的合理性
	性能测试	对原型进行性能测试，验证系统在不同负载条件下的响应时间、吞吐量等关键性能指标
	技术验证	通过原型验证特定技术的适用性，确保技术决策符合预期
5）建模与仿真	架构建模	使用 UML 或其他建模工具对系统架构进行详细建模，明确各个组件、模块、接口和数据流
	仿真运行	通过仿真工具模拟系统的运行，验证架构在不同场景下的行为和性能，特别是在极端条件下的表现
	行为验证	检查架构模型是否能够正确描述系统的行为，尤其是在并发、错误处理、异常情况等方面
6）测试验证	负载测试	模拟真实环境下的高负载情况，验证架构能否支持预期的用户数量和操作频率，检测系统的瓶颈
	压力测试	通过持续增加系统负载直到系统崩溃，测试架构的极限和稳定性，识别系统的弱点
	安全测试	进行安全性评估和渗透测试，验证架构的安全设计是否能抵御常见的攻击和漏洞
	可靠性测试	验证系统在不稳定条件下的表现，如网络中断、硬件故障等，确保架构设计能够支持系统的可靠性要求

(续)

步骤	子步骤	详细内容
7) 形式化验证	形式化建模	使用形式化方法对系统架构进行精确的数学建模
	定理证明与模型检验	通过定理证明或模型检验工具验证架构的正确性,确保架构模型不包含逻辑错误和设计缺陷
	死锁和活锁分析	在并发系统中,形式化验证可有效检测并解决死锁和活锁等并发问题
8) 分析验证结果	问题识别与修正	根据验证过程中发现的问题,分析问题根源,并对架构设计进行必要的修改和优化
	风险评估	对未解决的或难以验证的架构部分进行风险评估,确定这些风险对系统的影响,并制定相应的应对策略

架构验证并非一次性活动,而是贯穿于整个开发过程中的持续性工作。

7.1.7 优化与调整

在系统开发和运维过程中,优化与调整是提升系统性能、可扩展性、可靠性等质量属性的关键环节。通过不断优化和调整,可以改善系统的运行效率,增强用户体验,并适应业务需求的变化。系统架构优化与调整的主要步骤见表 7-7。

表 7-7 系统架构优化与调整的主要步骤

步骤	子步骤	详细内容
1) 性能优化	性能瓶颈识别	使用性能监控工具实时监测系统的性能,识别 CPU、内存、I/O、网络等资源的瓶颈
	代码优化	对关键代码路径进行优化,如算法优化、减少不必要的循环和条件判断、使用更高效的数据结构等
	数据库优化	优化数据库查询语句、创建适当的索引、使用数据库分区和分片技术、优化事务处理
	缓存机制优化	在系统中引入或优化缓存机制,减少数据库的访问,降低延迟,提高响应速度
	负载均衡优化	通过配置或优化负载均衡器,均匀分配流量,防止单点过载,提高系统的并发处理能力
2) 可扩展性优化	水平扩展	增加系统的实例数量,分担流量和负载,如增加服务器节点或数据库实例,使用容器技术进行动态扩展
	服务拆分与微服务化	将单一的大型系统拆分为多个独立的微服务,独立部署和扩展,降低耦合,提高系统的灵活性和扩展能力
	异步处理与消息队列	使用消息队列将耗时任务异步化,降低系统的同步压力,提高系统的吞吐量
	数据库读写分离	实现数据库读写分离,将读操作分配到从库,减轻主库的压力,提高整体数据处理能力

(续)

步骤	子步骤	详细内容
3）可靠性与容错性优化	故障隔离	通过设计系统的故障隔离区域，确保部分故障不会影响整个系统。例如，分区隔离关键功能模块，采用断路器模式隔离故障
	自动化恢复	配置自动化恢复机制，如使用 Kubernetes 等容器编排工具实现自动故障检测和重启，确保系统在故障发生时自动恢复
	数据备份与恢复	制定和实施数据备份策略，确保在数据丢失或损坏时能够快速恢复系统的关键数据
	灾难恢复计划	建立和演练灾难恢复计划，确保系统在遭遇重大事故时能够快速恢复并继续运行
4）安全性优化	安全审计与修复	定期进行安全审计，检查系统的安全漏洞，并进行修复。确保系统符合最新的安全标准和法规要求
	加密优化	优化数据的加密和传输机制，确保敏感数据的安全性。使用最新的加密算法和 SSL/TLS 协议，避免使用过时或不安全的加密方法
	身份验证与授权优化	改进用户身份验证机制，优化授权流程，确保权限管理的严密性和灵活性
	日志与监控	强化日志记录和监控系统，特别是在安全相关操作方面，如登录失败次数、异常访问等。实时监控系统的安全状态，及时响应和处理安全事件
5）可维护性优化	代码重构	定期进行代码重构，改善代码结构，消除技术债务，提升代码的可读性和可维护性。遵循设计模式和 SOLID 原则，提高代码质量
	自动化测试	增加并优化自动化测试覆盖率，包括单元测试、集成测试、回归测试等。使用 CI/CD 工具自动化执行测试，确保系统的持续稳定
	监控与报警优化	改进监控和报警机制，设置合理的阈值和策略，确保在问题出现前就能检测到并进行预防性维护
6）用户体验优化	UI/UX 改进	根据用户反馈，改进用户界面设计和用户体验，提高系统的易用性和美观性
	响应速度优化	通过前端优化提升系统的响应速度，减少用户的等待时间
	交互流程简化	优化用户操作流程，减少不必要的步骤，提高用户操作的效率和便捷性
7）成本优化	资源优化	评估和优化系统资源的使用情况，如服务器、存储、网络带宽等，避免资源浪费。使用云计算平台的按需扩展功能，优化资源配置
	自动化管理	使用自动化工具管理和配置系统资源，降低手动管理的复杂性和成本
	架构简化	简化系统架构，减少不必要的复杂性，降低开发和维护成本。选择合适的架构模式，避免过度设计
	开源与商用工具平衡	评估系统中使用的工具和技术，合理平衡开源与商用工具的使用，根据实际需求和成本效益选择最优方案

(续)

步　　骤	子　步　骤	详细内容
8）持续优化与迭代	持续集成与持续交付	采用 CI/CD 实践，确保系统持续优化和迭代。通过频繁的小版本发布，及时引入优化和调整，降低风险
	技术演进与升级	保持对新技术和新工具的关注，定期评估并引入对系统有益的新技术，进行技术升级和演进
	反馈循环	建立有效的反馈机制，通过用户反馈、监控数据、测试结果等途径，不断获取系统运行和使用情况的信息，进行持续改进

优化与调整是一个持续的过程，需要根据系统的实际运行情况、用户反馈及业务需求的变化进行灵活调整。通过性能优化、可扩展性优化、可靠性和容错性优化、安全性优化、可维护性优化、用户体验优化、成本优化等多方面的努力，可以确保系统在不断变化的环境中保持高效、稳定且安全运行。持续的优化与调整不仅能够延长系统的生命周期，还能提升系统的整体质量和用户满意度。

▶▶ 7.1.8　权衡与 Plan B

Plan B 为系统提供了备份方案，以应对不可预见的挑战或故障，确保系统在出现故障或异常时的连续性和稳定性，降低业务中断风险。同时，它还有助于识别潜在的风险点，针对不同场景制定应对策略，从而提升系统的弹性和可靠性。通过提前规划备选方案，架构设计可以更好地应对变化和突发事件，确保系统长期稳定运行和业务顺利开展。

制定多个架构设计方案能够为团队提供多种视角和解决方案，助力全面理解问题的不同层面。每种设计方案在性能、扩展性或成本收益等方面可能各有优势。通过比较这些方案，团队可以深入了解每种设计的优缺点，从而做出更全面、明智的决策。这种多方案的比对可以有效减少因单一视角导致的设计盲点或潜在风险。

多份架构设计有助于识别和应对未来可能遇到的变化和挑战。系统需求和技术环境通常会随时间推移而变化，初始架构设计方案可能无法完全适应这些变化。通过制定多个设计方案，团队可以考虑到不同的未来场景和需求变化，选出在长期内更具灵活性和适应性的架构。这种前瞻性的设计思维能够提高系统的可扩展性和可维护性，降低未来变更带来的成本和风险。

进行多份架构设计方案还有助于在资源和成本方面做出最佳决策。不同的架构方案在实现成本、资源需求和开发周期上可能存在较大的差异。通过比较这些不同的方案，团队可以更好地评估每种方案的经济性和实际可行性，从而在预算和时间限制内做出最优选择。这种多方案的制定和评估过程能够确保项目资源利用高效，减少因选择不当而造成的资源浪费和额外成本。

综上，制定多个架构设计方案不仅能够提供更全面的视角和解决方案，还有助于应对未来的不确定性，并在资源和成本管理方面做出最佳决策。这一过程是确保架构设计质量和系统长期成功的关键。

在面对多个架构方案时,需要对每个方案进行详细的分析,以评估它们的优缺点。可以从功能实现、成本、技术可行性等方面进行比较。每个方案在这些方面表现各异,因此在选择时必须充分了解它们的具体细节和适用场景。在对比的过程中,还需考虑到方案的未来扩展和维护难度,以确保长期稳定性。

将各种方案与项目的实际需求进行匹配。这个过程包括分析每个方案如何满足项目的具体需求,例如性能要求、用户规模及系统安全性等。此外,还需考虑团队的技术能力和现有资源,确保所选方案在实际操作中得以有效实施。这里的关键在于找到一个平衡点,使得方案在满足需求的同时,还能在实际操作中获得最佳效果。

最终的决策应基于综合评估的结果,选择出最符合项目目标的架构方案。这个过程中需要充分考虑所有因素,包括方案的可维护性、可扩展性和成本效益。最终选择的方案应该能够长期支持项目的发展需求,减少技术债务,并能适应未来的变化。最终的选择并非单纯的技术决策,还要兼顾项目的整体战略和业务目标。

7.2 自定义架构风格实践——多种约束条件的物联网系统架构设计

7.2.1 物联网系统架构需求分析

物联网系统架构需求分析是确保系统高效、可扩展且安全运行的基础。功能需求涉及设备互连互通、数据采集与处理、实时监控和远程控制等基本功能。系统应能支持各类传感器和设备的集成,实时采集环境数据,并通过分析提供有价值的信息和控制指令。性能需求包括具备高并发处理能力、实现低延迟的数据传输,以及高效的数据存储和检索。系统设计需要考虑处理大量数据流和支持大规模设备的能力。可扩展性需求要求架构易于集成新设备和功能,并能随着需求增长进行水平扩展,避免出现系统瓶颈。安全需求方面,必须实施数据加密、用户认证和访问控制,以防止数据泄露和未经授权的访问。可靠性和稳定性也是设计的关键要素,系统应具备高可用性、容错性和灾备能力,确保在各种故障情况下仍能正常运行。

物联网系统架构的功能需求、非功能需求、系统约束、用户需求等具体需求分析见表 7-8。

表 7-8 物联网系统架构需求分析

层 级	需 求	详细说明
感知层	设备互连	支持多种传感器和执行器的接入,保证设备稳定地收集和传输数据
	数据采集	高效的数据采集机制,确保传感器数据的准确性和实时性
	协议支持	支持各种通信协议,如 MQTT、HTTP 等,适配不同设备和应用场景

(续)

层级	需求	详细说明
网络层	数据传输	采用高效的网络协议和技术,确保数据可靠传输,实现网络全面覆盖
	网络拓扑	合理设计网络拓扑结构,能支持大规模设备的接入和数据传输
	延迟和带宽	充分考虑延迟要求和带宽需求,满足实时数据处理和传输的需求
边缘计算层	数据处理	支持本地数据处理和分析,减少数据向云端传输的需求,降低延迟
	设备管理	具备边缘设备管理功能,包括配置、监控和维护
	计算资源	分配充足的计算资源用于处理实时数据和运行应用程序
云计算层	数据存储	提供弹性的数据存储解决方案,支持大规模数据存储和管理
	数据分析	具备强大的数据分析能力,包括大数据处理和机器学习算法,以提取有价值的信息
	应用服务	提供应用程序接口和服务,支持不同应用的开发和集成
应用层	应用接口	提供用户友好的应用接口和仪表板,用于展示和管理数据
	业务逻辑	支持各种业务逻辑和规则,实现不同应用场景
	用户体验	设计良好的用户体验,包括界面设计和用户交互,提高应用的易用性和效率
安全性	数据安全	对数据传输和存储过程进行加密和保护
	身份验证	建立设备和用户的身份验证机制,防止未经授权的访问
	访问控制	管理不同角色和用户的访问权限,确保数据和系统的安全性
	漏洞管理	定期检查和修补系统中的安全漏洞,以防止潜在的攻击
可扩展性	设备扩展	支持设备的动态增加和扩展,确保系统的可扩展性
	数据处理	实现数据处理能力的水平扩展,应对大数据量的挑战
	模块化设计	采用模块化设计,便于系统的维护、升级和功能扩展
互操作性	标准化	采用标准化的协议和接口,确保不同厂商设备和系统之间的互操作性
	接口兼容	确保系统能与现有技术和平台兼容,支持多种设备和应用的集成

7.2.2 评估参考架构

在选择参考架构时,可选择与物联网系统相似的系统架构,这里以智能家居系统和本书提到的分布式架构社交网络应用作为参考架构。智能家居系统的架构核心元素包括感知层、控制层、执行层、通信层和应用层。感知层由各种传感器和监控设备组成,如温度传感器、运动探测器和摄像头,这些设备负责实时采集环境数据和用户状态。控制层包括中央控制单元或智能网关,它整合了来自感知层的数据,并根据设定的规则和用户指令进行决策。执行层包括各种执行器和家电,如智能灯具、调节器和门锁,这些设备根据控制层的指令执行具体操作。通信层负责设备之间的数据传输和通信任务,确保不同设备和系统组件无缝连接。应用层提供用户接口和服务,让用户能够方便地控制和监视智能家居系统的各个部分,并进行自定义设置。每个核心元素在系统中都扮演着重要角色，确保智能家居系统的高效性、智能性和用户友好性，通过相互配合实现设备的智能化管理，优化用户体验。智能家居系统架构的核心元素定义见表 7-9。

表 7-9 智能家居系统架构的核心元素定义

核心元素	定 义	功能与作用
感知层	包括所有智能传感器和设备，用于实时采集环境数据	传感器收集数据（如温度、湿度、光线、动线等），并将数据传输到系统中
控制层	包括控制器和执行器，用于管理和控制各种家居设备	根据传感器数据或用户命令调节设备状态（如调节灯光、控制窗帘、调整温度等）
通信层	负责不同设备和系统之间的无线或有线通信	实现设备之间的数据传输和协调，支持多种通信协议（如 WiFi、Zigbee、Z-Wave、蓝牙）
边缘计算层	包括边缘设备和网关，用于本地数据处理和控制逻辑的执行	提高响应速度，减少数据传输到云端的延迟，进行数据预处理和本地智能决策
云平台层	提供数据存储、分析和远程管理服务	存储和处理大量数据，支持远程访问和控制，提供数据分析和智能服务（如预测维护、使用习惯分析等）
用户接口	包括移动应用、网页界面和语音助手，用于用户与系统交互	让用户监管和控制智能家居设备，查看数据报告，设置自动化规则和场景
安全层	包括数据加密、身份验证和访问控制机制	保护系统免受未授权访问和数据泄露，确保用户数据和设备的安全性
自动化层	包括规则引擎和自动化场景设置，用于实现设备的自动控制	根据预设规则和传感器数据自动调整设备状态，创建和管理家庭自动化场景（如离家模式、回家模式等）
数据管理层	涉及数据收集、存储和处理机制	确保数据的完整性和可用性，进行历史数据存储和实时数据处理，为数据分析和决策提供基础
设备管理层	负责设备的注册、配置和维护	支持设备的添加、配置、升级和故障排除，管理设备的状态和性能

分布式架构的社交网络应用能够处理大规模用户数据和高并发请求。其核心包括分布式数据存储、分布式计算、负载均衡和故障恢复机制。数据存储采用分布式文件系统和分布式数据库，通过数据分片和副本机制提高可扩展性和数据可靠性。分布式计算使用 MapReduce 框架，实现数据的并行处理，提升计算效率。负载均衡器均匀分配用户请求，防止单点过载，优化系统性能。故障恢复机制通过自动检测和快速修复保证系统的高可用性，即使部分节点故障也不会影响整体服务。结合这些技术，分布式架构能够灵活应对社交网络应用的增长需求，确保数据的一致性、系统的可靠性和用户体验的稳定性。分布式架构社交网络应用的核心元素定义见表 7-10。

表 7-10 分布式架构社交网络应用的核心元素定义

核心元素	描 述	优 点
分布式数据存储	将数据分割成多个块，存储在不同的节点上，使用分布式文件系统	提高存储容量、可扩展性，减少单点故障的风险

(续)

核心元素	描述	优点
数据分片	将数据划分成更小的部分,分布在多个节点上,以便于高效存储和处理	提升处理效率,简化数据管理和扩展
数据副本	在多个节点上保存数据的副本,以增强数据的可用性和容错性	确保数据的可靠性,高可用性,降低数据丢失的风险
负载均衡	使用负载均衡器将请求均匀分配到不同的服务器节点上	避免单点过载,提升系统性能和响应速度
分布式计算	采用 MapReduce 等框架将计算任务分发到多个节点并行处理	提高计算速度和处理能力,优化大规模数据处理
故障恢复	自动检测和修复节点故障,保持系统的高可用性	确保系统的稳定性和可靠性,减少系统的停机时间
一致性管理	通过一致性协议确保数据在多个节点间的一致性	维护数据的一致性和完整性,支持高并发访问

对于智能家居系统核心元素在物联网系统中的适用性,从架构风格与模式、技术与工具、灵活性与可扩展性、实施难度与成本、质量属性等方面进行评估。详细评估内容见表 7-11。考虑到业务需求匹配、行业标准符合性及现有技术栈的兼容性,大部分核心元素适用于物联网系统,但也存在一些特定应用场景和技术要求上的不适用性。

表 7-11 智能家居系统参考架构评估

核心元素	适用性评估	架构风格与模式评估	技术与工具评估	灵活性与可扩展性评估	实施难度与成本评估	质量属性评估
感知层	高度适用:适用于多种 IoT 应用,包括环境监测、健康管理等	适用:分层架构风格,感知层作为数据采集层符合这种模式	兼容:支持多种传感器技术和通信协议(如 MQTT)	适用:设计支持设备和传感器的灵活扩展,能够适应各种应用需求	适中:传感器成本较低,但设备集成可能涉及复杂性	高:影响系统性能和数据采集的准确性,直接关系到系统的有效性和可靠性
网络层	高度适用:物联网系统需要强大的网络层支持,确保设备间的通信	适用:使用分布式架构风格,支持多设备环境,适合无线和有线网络	兼容:支持现有网络技术(如 WiFi、Zigbee、5G)	适用:支持多种通信技术和协议的灵活扩展,能够适应不同规模的网络需求	适中:网络技术选择和配置可能影响成本,但有大量现成技术和工具可用	高:网络层的可靠性和覆盖范围直接影响数据的传输质量和系统的稳定性
边缘计算层	适用:适合需要低延迟和本地数据处理的 IoT 应用	适用:支持分布式和边缘计算模式,提高实时数据处理能力	兼容:与边缘计算平台(如 AWS IoT Greengrass、Azure IoT Edge)兼容	适用:支持动态扩展和负载均衡,提高系统的灵活性和响应能力	较高:边缘计算平台和设备的成本较高,实施复杂度大	高:边缘计算的性能影响数据处理速度和系统响应时间,这对实时应用尤其重要

（续）

核心元素	适用性评估	架构风格与模式评估	技术与工具评估	灵活性与可扩展性评估	实施难度与成本评估	质量属性评估
数据处理与存储	高度适用：物联网系统需要强大的数据处理和存储能力	适用：使用云计算和分布式存储模式，支持大规模数据管理	兼容：支持现有云服务平台（如 AWS、Google Cloud、Azure）	适用：数据处理和存储解决方案支持弹性扩展，能够处理海量数据和动态增长	较高：云服务和数据存储的成本较高，但可通过弹性扩展控制成本	高：数据处理效率和安全性直接影响系统的性能和数据的完整性
应用层	适用：用户界面和应用程序对于 IoT 系统的用户交互至关重要	适用：前端和后端架构风格支持应用开发和用户接口设计	兼容：支持各种应用开发框架（如 React、Angular、Swift）	适用：应用层的模块化设计支持功能扩展和用户界面的灵活调整	适中：应用开发成本相对较低，但设计和测试阶段需投入资源	高：用户界面的友好性和应用的响应速度影响用户体验和系统的易用性
安全性	高度适用：物联网系统需全面的安全措施以保护数据和设备	适用：多层安全架构模式，包括数据加密、身份验证和访问控制	兼容：支持现有安全技术和工具（如 TLS/SSL、OAuth）	适用：安全策略和措施可以根据需求进行调整和扩展	较高：实现全面的安全措施需要额外投入成本和技术	高：安全性直接关系到系统的可信赖性和数据的保护能力
设备管理	适用：支持设备的远程管理和维护功能，对 IoT 系统至关重要	适用：集中管理和分布式管理模式适合设备的管理和维护	兼容：支持设备管理平台（如 IoT 管理平台、MDM 系统）	适用：支持多设备和管理策略的灵活调整，具备良好的扩展能力	适中：设备管理系统实施涉及配置和维护成本，但有助于提高管理效率	中：设备管理的有效性影响系统维护的便捷性和效率
集成与互操作性	高度适用：需要确保设备和系统的互操作性以支持各种设备和应用的集成	适用：支持服务导向架构（SOA）和 API 驱动的集成模式，确保系统和设备间的兼容性	兼容：支持多种集成平台和 API（如 RESTful API、SOAP）	适用：设计支持集成和扩展，确保与新设备和系统的兼容性	较高：实现互操作性可能需要额外的集成工作和费用，尤其是在不同标准和协议的情况下	高：良好的集成和互操作性确保系统的灵活性和可扩展性，影响系统的兼容性和功能扩展

分布式架构的社交网络应用核心元素包括数据分片、数据副本、分布式存储、负载均衡、分布式计算、故障恢复和一致性管理。数据分片和数据副本提高了系统的可扩展性和可靠性，分布式存储和分布式计算支持大规模数据处理，负载均衡优化了请求分配，故障恢复确保了系统的高可用性，一致性管理维护了数据的准确性。每个元素的实施涉及不同的技术工具、灵活性和成本，需在决策时综合考虑，以实现高性能、稳定性和经济效益的平衡。详细评估内容见表 7-12。

表 7-12 分布式架构的社交网络应用详细评估内容

核心元素	适用性评估	架构风格与模式评估	技术与工具评估	灵活性与可扩展性评估	实施难度与成本评估	质量属性评估
数据分片	适用于大规模数据处理，支持高并发访问	支持分层架构和微服务架构	常用工具：HDFS、Cassandra	支持高水平扩展，能够处理数据量的动态增长	实施中需配置数据分片策略和管理分片，成本和复杂度中等	提高了存储效率和处理能力，但管理复杂度也增加了
数据副本	提供高数据可靠性和可用性，适合关键数据存储	支持分布式存储和数据冗余架构	常用工具：Cassandra、MongoDB	高可用性和容错性，支持系统的动态扩展	增加存储和维护成本，实施相对简单，但需确保数据副本的一致性	确保了数据的高可靠性和冗余性，增加了系统的容错能力
分布式存储	适合大规模数据存储和高负载应用	支持分布式文件系统和数据库架构	常用工具：HDFS、Cassandra、Amazon S3	支持水平扩展，能够处理大量数据	配置复杂度高，存储成本随数据量的增长而增加	提供高存储容量和高可用性，但可能面临一致性挑战
负载均衡	能够有效分配用户请求，提升系统的响应速度	支持应用层和网络层负载均衡架构	常用工具：Nginx、HAProxy、AWS Elastic Load Balancing	灵活性高，能够动态调整负载	配置和管理负载均衡器的复杂度中等，维护成本较低	提升了系统性能和可用性，避免了单点过载
分布式计算	适合处理大规模数据计算和分析任务	支持 MapReduce 或类似的分布式计算框架	常用工具：Apache Hadoop、Apache Spark	可扩展性高，支持并行计算和任务调度	配置复杂，需要较高的计算资源，成本相对较高	提高了计算速度和处理能力，但需要管理计算任务的调度和资源分配
故障恢复	保证系统的高可用性和业务的连续性	支持自动故障检测和恢复机制	常用工具：Zookeeper、Kubernetes	可靠性高，能够在故障发生时迅速恢复	实施复杂度较高，需要配置故障检测和恢复策略，成本中等	保持了系统的稳定性和高可用性，减少了系统的停机时间
一致性管理	确保分布式环境中的数据一致性	支持分布式一致性协议（如 Paxos、Raft）	常用工具：Apache ZooKeeper、etcd	支持高并发环境的数据一致性和完整性	配置和维护一致性协议复杂，成本和难度较高	确保数据的一致性和完整性，但可能增加系统的复杂度和延迟

7.2.3 参考架构设计思想提取

智能家居系统的核心元素设计思想主要围绕用户体验、系统集成、可扩展性和安全性进行构建。用户体验处于设计的核心地位，通过智能设备和中央控制系统的无缝集成，提供直观的用户接口和简便的操作方式,使用户能够轻松控制家中的各种设备。智能家居系统通常包括传感器、控制器、执行器和用户接口等核心组件。传感器负责数据采集,控制器则根据用户设置和环境数据发出指令,执行器则执行实际操作。系统集成和可扩展性确保各个设备和服务借助统一的协议和平台实现互连互通,支持设备的自动发现和配置,以及未来功能的扩展。使用开放标准和协议可以增强设备间的兼容性。此外,安全性至关重要,通过加密通信、认证机制和访问控制来保护用户数据和隐私。在设计时要实施多层次的安全防护,防止未授权访问和数据泄露。综合这些设计思想,可以构建一个既智能又可靠的家居系统,提升用户的生活质量,营造舒适、安全的居住环境。智能家居系统核心元素的设计思想见表7-13。

表 7-13 智能家居系统核心元素的设计思想

核心元素	设计思想
感知层	数据采集:准确、高效地采集环境和用户数据
	设备兼容性:支持多种传感器和执行器
	标准化接口:简化设备间的互操作性
网络层	可靠性:确保设备间数据传输的稳定性和低延迟
	安全性:加密传输和网络隔离保护数据安全
	灵活性:支持多种网络协议和拓扑结构
边缘计算层	低延迟处理:减少数据传输延迟,提高系统的响应速度
	本地决策:在边缘节点进行实时决策
	资源优化:动态负载均衡和资源管理
数据处理与存储	大数据管理:高效存储和处理大规模数据
	数据安全:加密存储和访问控制
	弹性扩展:动态调整存储和计算资源
应用层	用户友好:直观、易用的用户界面
	跨平台支持:多平台应用提供一致体验
	功能扩展:模块化设计支持功能扩展和更新
安全性	多层防护:实施数据加密、身份验证和访问控制
	实时监控:及时发现和应对安全威胁
	合规性:符合数据保护法规和行业标准
设备管理	集中管理:简化设备的配置、监控和维护
	自动化:自动注册、固件升级和故障检测
	可扩展性:支持大规模设备管理和监控
集成与互操作性	标准化接口:使用标准 API 和协议,确保互操作性
	灵活集成:支持多种集成模式和接口
	兼容性测试:确保与各种设备和服务兼容

分布式架构的社交网络应用核心元素设计思想集中在高可扩展性、高可用性和高性能。通过将数据划分成小块并分布在多个节点上，实现水平扩展和负载均衡，提升了系统的处理能力。确保关键数据的冗余存储，增强了系统的容错能力和数据可靠性，即使部分节点故障也不会导致数据丢失。采用如 HDFS 或 Cassandra 的方案，支持大规模数据存储，解决了单点故障问题。通过均匀分配请求，优化了系统的响应速度，防止了资源瓶颈。使用 MapReduce 等框架，实现了大数据的并行处理，提升了计算效率。自动检测和修复故障，保证了系统的高可用性。通过一致性协议维护数据的一致性，确保了在高并发环境下的数据准确性。这些设计思想共同作用，构建了一个高效、稳定且具有弹性的社交网络应用架构。分布式架构的社交网络应用设计思想见表 7-14。

表 7-14　分布式架构的社交网络应用设计思想

核心元素	设计思想
数据分片	将数据划分为多个小块，分布在不同的节点上，实现了水平扩展。这种方式提高了存储和处理效率，支持大规模数据的灵活扩展
数据副本	在多个节点上存储数据副本，确保数据冗余和可靠性，增强数据的容错能力和高可用性，即使部分节点失效也不会丢失数据
分布式存储	使用分布式文件系统或数据库存储数据。这种方案支持大规模数据存储，避免了单点故障问题
负载均衡	通过负载均衡器将用户请求和计算任务均匀分配到多个节点上，避免了单点过载，提高了系统的响应速度和整体性能
分布式计算	采用 MapReduce 等框架将计算任务分发到集群中的多个节点并行处理，提升了计算效率，优化了大规模数据处理，缩短了处理时间
故障恢复	自动检测并修复系统中的故障，保持系统的高可用性，这提高了系统的稳定性，减少了故障引起的停机时间，保证了业务的连续性
一致性管理	通过一致性协议确保分布式环境中的数据一致性。维护数据的一致性和完整性，确保在高并发环境下的数据准确性

7.2.4　物联网系统自定义架构核心元素定义

在自定义物联网系统架构中，核心元素包括感知层、网络层、边缘计算层、数据处理与存储、应用层、业务层、安全性、设备管理和集成与互操作性。这些元素共同支持系统的全面功能和高效运行，确保数据采集、处理、存储及用户交互的准确性和安全性。物联网系统自定义架构核心元素定义见表 7-15。

表 7-15　物联网系统自定义架构核心元素定义

核心元素	定义	
感知层	功能	负责数据采集，涵盖传感器、执行器和采集设备
	作用	提供环境数据和设备状态信息
	特点	高精度、低功耗、实时采集
网络层	功能	实现设备间的数据传输和通信
	作用	确保数据从感知层传输到处理层
	特点	支持多种通信协议
边缘计算层	功能	在靠近数据源的地方进行数据处理和分析
	作用	降低延迟，提供实时响应
	特点	支持本地计算和决策，减少对云端的依赖
数据处理与存储	功能	处理和存储从感知层收集的数据
	作用	开展数据分析、存储历史记录、生成报告
	特点	高效存储、大数据处理、弹性扩展
应用层	功能	提供用户界面和应用功能
	作用	允许用户与系统进行交互、控制设备和查看数据
	特点	用户友好、跨平台支持、功能模块化
业务层	功能	执行各类基于业务逻辑的操作
	作用	将物联网采集的数据转化为有价值的信息和具体行动，实现智能化决策、管理与控制，满足不同行业和用户的多样化业务需求
	特点	智能化决策、管理与控制、个性化开发
安全性	功能	保护系统免受未经授权的访问和数据泄露
	作用	实施数据加密、身份验证和访问控制
	特点	多层防护、实时监控、符合合规性要求
设备管理	功能	管理和维护所有物联网设备
	作用	进行设备配置、监控、故障检测和固件升级
	特点	集中管理、自动化操作、具备可扩展性
集成与互操作性	功能	确保系统与其他系统和服务的兼容性
	作用	实现系统间的数据共享和功能集成
	特点	标准化接口、灵活集成、广泛兼容

物联网系统的自定义架构设计综合考虑了各核心元素的功能和相互关系，确保系统的高效性、可扩展性和安全性。

感知层负责数据采集和设备管理，通过传感器和执行器实时获取环境信息。这一层的优势在于能够高效、准确地收集数据，为系统提供丰富的输入。网络层确保数据从感知层传输到其他层，使用 MQTT 通信协议保证数据的可靠性和低延迟。这一层的优势是增强了数据传输的稳定性和效率。边缘计算层在靠近数据源处进行数据处理和分析，降低了延迟，优化了实时处理能力。这一层的优势在于提升了系统的响应速度和处理效率。应用层提供用户接口和应用功能，通过 API 和服务接口将数据转化为有用的信息和操作。这一层的优势是提供了灵活的用户交互和功能扩展。业务层负责业务逻辑和决策支持，通过综合分析和优化策略，实现系统的智能化管理。这一层的优势在于支持业务决策和策略优化，提高系统的整体智能水平。

分层架构的物联网系统能够高效地处理数据、优化资源使用，并提供强大的功能扩展和业务支持能力。

7.2.5 物联网系统架构设计方法与实现

物联网系统架构设计采用面向对象方法，架构风格适用分层架构。根据此设计方法首先进行对象的识别。感知层包括传感器、执行器、采集器；网络层包括网络协议及网络管理；边缘计算层包括边缘设备及设备管理；数据处理及存储包括数据存储及数据处理，如图 7-1 所示。

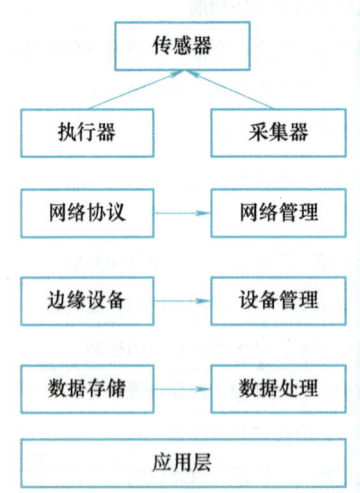

• 图 7-1 物联网系统架构设计面向对象类

用户从各种传感器设备获取实时数据并将其传输到云端服务器。传感器数据的采集通过设备的数据采集 API 进行，这些 API 负责将传感器读取的数据格式化并发送到数据存储系统。

数据采集的流程包括数据的采集、预处理、传输和存储。设备采集到的数据首先在本地进行初步处理，以去除噪声和进行格式转换，然后通过安全的通信协议发送到物联网系统云端。数据传输过程中，采用加密和认证措施，以确保数据的安全性。数据到达后，被存储在数据库中，以供进一步分析和处理。

详细设计及实现以用户采集传感器数据为例。用户采集传感器数据的设计需要保证数据的准确性、实时性和安全性,以支持物联网系统的智能决策和应用。物联网系统用户采集传感器数据的协作过程如图 7-2 所示。

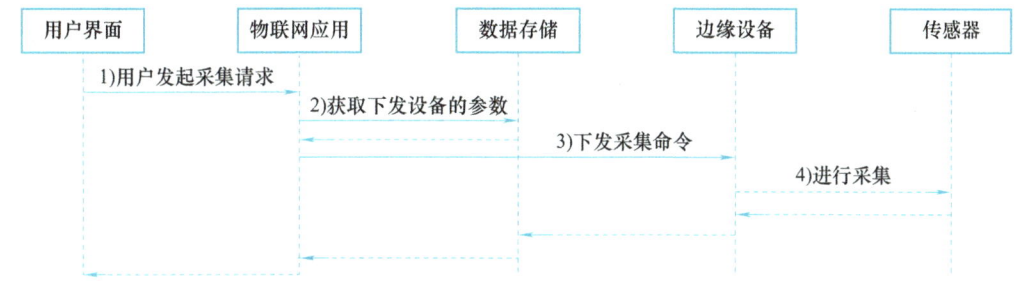

● 图 7-2　用户采集传感器数据的协作过程

在物联网系统中,API 是系统组件之间、设备与服务之间的通信桥梁。API 分为设备管理 API、传感器 API、边缘计算 API、数据处理及存储 API 和应用层 API 等,分别提供设备的注册、数据的采集、边缘计算任务管理、数据管理、控制指令的发送及用户管理等功能。本实践采用 RESTful 风格,实现标准化和易于集成。物联网系统 API 见表 7-16。

表 7-16　物联网系统 API

功能层次	功能模块	路径	描述
设备管理 API	获取所有设备	/api/devices	获取所有设备的列表
	获取设备信息	/api/devices/{id}	获取特定设备的信息
	添加设备	/api/devices	添加新的设备
	更新设备信息	/api/devices/{id}	更新设备信息
	删除设备	/api/devices/{id}	删除特定设备
传感器 API	获取传感器数据	/api/sensors/{id}/data	获取特定传感器的数据
	提交传感器数据	/api/sensors/{id}/data	向特定传感器提交数据
边缘计算 API	获取边缘计算任务列表	/api/edge-tasks	获取所有边缘计算任务的列表
	创建边缘计算任务	/api/edge-tasks	创建新的边缘计算任务
数据处理及存储 API	查询数据	/api/data	查询存储的数据
	提交数据	/api/data	提交数据到存储系统
应用层 API	获取用户信息	/api/user-info	获取当前用户的信息
	发送控制指令	/api/commands	发送控制指令到设备

系统网络传输协议采用 HTTPS 和 MQTTS，并采用 TLSv1.2 对传输内容进行加密。

缓存层能够显著提升系统的响应速度和性能。缓存层用于存储频繁访问的数据，以减少对后端数据库的负载，并加快数据访问速度。缓存设计包括选择合适的缓存策略、缓存机制和缓存管理工具。

缓存机制包括内存缓存和分布式缓存。内存缓存处理高频次的读取操作，提供快速的数据访问。分布式缓存用于处理大规模数据集和高并发请求，确保系统的可扩展性和高可用性。

对于缓存管理中的数据一致性和缓存失效问题，采用缓存失效策略和数据同步机制，以保持数据的一致性和准确性。物联网系统缓存层设计见表 7-17。

表 7-17 物联网系统缓存层设计

层次	缓存目的	缓存数据	缓存策略	技术示例
感知层缓存	提高传感器数据获取速度	最近采集的传感器数据	10min 时间过期	本地缓存机制
			LRU（最近最少使用）	
网络层缓存	缓解网络传输延迟和负载	API 响应、设备状态	短时间缓存	反向代理服务器 Nginx
			内容变更缓存	
边缘计算层缓存	缓存计算结果和中间数据	边缘计算结果、中间数据	计算结果缓存	本地存储、内存缓存 Redis 和 Memcached
			请求合并	
数据处理及存储层缓存	减少数据库访问频率	数据库查询结果、频繁访问的数据	查询缓存	缓存系统 Redis
应用层缓存	提升用户体验	用户请求响应、常用数据	页面缓存	缓存服务器 Redis
			用户会话缓存	

物联网系统的存储层设计是确保数据高效、安全存储和快速访问的关键。数据存储选择文件存储服务器、关系数据库和 NoSQL 数据库。文件存储服务器存储非结构化数据，如日志文件和传感器记录；关系数据库存储结构化数据，支持复杂查询和事务处理，以及需要强数据一致性的应用；NoSQL 数据库用于大规模、灵活的数据存储，如大数据分析和实时数据处理，处理半结构化或非结构化数据，提供高可扩展性和灵活的查询能力。

数据冗余和备份确保数据的持久性和可靠性。通过数据分区和分片技术提高存储系统的性能和可扩展性，通过将数据分布在多个存储节点上，减轻单点负载，并加快数据的读写速度。

物联网系统的存储层设计综合考虑了数据类型、存储需求、冗余备份、性能优化，具体见表 7-18。

表 7-18 物联网系统存储层设计

存储类型	应 用	优 点	缺 点	适用场景	技术选型
文件存储服务器	存储大型文件和静态数据	简单易用	不适合复杂查询和数据分析	存储传感器原始数据和日志文件	Amazon S3
	存储图像、视频流或大容量数据文件	适合大文件和非结构化数据	缺乏数据关系和事务支持	存储视频监控数据	
	提供文件系统访问功能	支持高并发访问	—	文件备份和恢复	
关系数据库	存储结构化数据	支持 ACID 事务	可扩展性有限	存储设备管理数据和用户信息	MySQL
	处理复杂查询和数据分析	强大的查询能力	对非结构化数据处理能力较弱	需要复杂查询和报表生成	
	支持事务处理	适合结构化数据	—	事务性操作	
NoSQL 数据库	存储非结构化或半结构化数据	高可扩展性	不支持传统关系模型和事务处理	存储实时传感器数据和日志数据	HBase
	处理大规模数据和高并发读写	支持多种数据格式	查询能力和一致性控制较弱	高吞吐量和低延迟数据访问	
	提供灵活的数据模型	适合非结构化数据存储	—	灵活的数据存储需求	

物联网系统的安全设计包括认证与授权、加密、数据隐私、网络安全、设备安全和日志与监控。具体措施包括使用多因素认证、TLS/SSL 加密、数据匿名化技术、防火墙和入侵检测系统、定期固件更新及物理安全措施,以及实时监控工具。这些策略和工具共同工作,确保系统的全面保护,防止数据泄露和未经授权的访问。物联网系统的安全设计见表 7-19。

表 7-19 物联网系统的安全设计

安全设计要素	描 述	实现方法	具体工具或方法
认证与授权	确保只有合法用户和设备可以访问系统	多因素认证(MFA)	OAuth 2.0
		强密码策略	
		角色基于访问控制(RBAC)	
加密	保护数据的传输和存储安全	使用 TLS/SSL 加密通信	OpenSSL
		数据存储加密	AES
数据隐私	保护用户和设备数据的隐私	数据匿名化	k-anonymity 技术
		数据最小化	数据脱敏工具 Apache NiFi

(续)

安全设计要素	描 述	实 现 方 法	具体工具或方法
网络安全	防止和检测网络中的恶意行为	防火墙和入侵检测系统	pfSense
		网络隔离与分段	Snort
设备安全	确保设备在物理和软件上都受到保护	定期固件更新	OTA 更新工具
日志与监控	记录和监控系统活动，以便发现和响应安全事件	安全日志记录	Elasticsearch、Logstash、Kibana、Grafana
		实时监控系统状态和安全事件	Prometheus

物联网系统部署采用 Docker 作为部署工具，使用 K8S 编排工具对环境进行统一管理。

物联网系统采用微服务风格、无状态架构、分层架构，架构将系统划分为多个独立的微服务，每个服务处理特定的功能，提升了系统的灵活性和可维护性。API 网关负责接收和路由外部请求、管理认证和速率限制。微服务集群包括设备管理、数据接收、数据分析和用户管理服务，通过服务注册和发现实现内部通信。数据存储层使用 SQL 和 NoSQL 数据库来应对不同类型的数据存储需求。边缘计算层执行实时数据处理和本地存储，降低延迟。感知层负责数据采集和控制。整体架构通过微服务实现了系统的高可扩展性、灵活性和高效性，适应复杂的物联网应用。物联网系统的部署架构如图 7-3 所示。

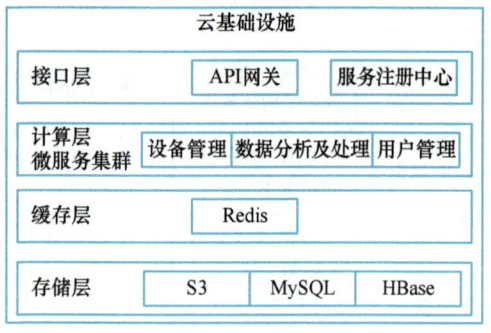

● 图 7-3 物联网系统的部署架构

7.2.6 物联网系统架构验证

物联网系统架构验证旨在确保设计满足功能性、性能和安全性要求。其关键步骤包括需求验证、设计审查、原型测试、性能和安全测试、集成验证、合规性检查及文档审查。需求验证确保架构符合规格说明；设计验证通过审查架构图确保设计的合理性；原型测试是对关键功能进行测试并收集反馈；性能测试评估负载下的系统表现；安全测试检测漏洞和防御能力；集成验证确认组件间接口和服务集成的正确性；合规性检查确保符合相关法规；文档审查保证设计和操作文档的准确性和完整性。物联网系统架构验证见表 7-20。

表 7-20 物联网系统架构验证

验证步骤	描 述	验证方法	具体工具或技术
需求验证	确保系统架构满足所有功能性和非功能性需求	对比需求规格说明书（SRS）与设计文档	JIRA

（续）

验证步骤	描述	验证方法	具体工具或技术
设计验证	验证架构图和设计方案的合理性和可行性	架构图审查	Visio
		设计审查会议	会议系统
原型测试	通过原型测试关键功能和性能指标，收集反馈	原型开发	Figma
		用户反馈收集	
性能测试	验证系统在高负载和极端条件下的性能	负载测试	Jmeter
		压力测试	LoadRunner
安全测试	检查系统的安全漏洞和防御能力	漏洞扫描	Nessus
		渗透测试	Metasploit
集成验证	确保各组件和服务之间的接口和集成的正确性	接口测试	Postman
		系统集成测试	TestNG
合规性检查	验证系统架构是否符合行业标准和法规要求	合规性审查	GDPR、ISO 27001 标准
			合规性检查工具
文档审查	确保设计和操作文档准确、完整且易于理解	文档审查	文档管理工具

7.2.7 物联网系统架构优化与调整

物联网系统架构优化与调整有助于提升系统的性能、可扩展性、安全性和用户体验。性能优化涉及负载均衡、缓存机制、数据处理优化和异步处理，旨在提高系统的响应速度和处理能力。可扩展性提升依靠微服务架构和自动扩展实现。安全增强包括定期安全审计、漏洞修复、加密技术更新及权限管理。成本优化通过资源优化、云计算资源管理和自动化运维，降低系统运行和维护费用。可靠性改进通过冗余设计、备份和恢复策略及故障检测与修复，增强系统的稳定性。用户体验改善则涉及界面优化、缩短响应时间及反馈收集和分析，提升系统的用户友好性和操作便捷性。通过这些优化措施，系统能够更好地应对各种挑战，提升整体效能和用户满意度。物联网系统架构优化见表 7-21。

表 7-21 物联网系统架构优化

优化方向	描述	优化方法
性能优化	提高系统的响应速度和处理能力	负载均衡
		缓存机制
		数据处理优化
		异步处理

(续)

优化方向	描述	优化方法
可扩展性提升	确保系统能够应对不断增长的需求	微服务架构
		自动扩展
		弹性计算资源
安全增强	提高系统对潜在威胁的防护能力	安全审计
		漏洞修复
		加密技术更新
		权限管理
成本优化	降低系统运行和维护成本	资源优化
		云计算资源管理
		自动化运维
可靠性改进	提高系统的可用性和故障恢复能力	冗余设计
		备份和恢复策略
		故障检测与修复
用户体验改善	提升系统的用户友好性和操作便捷性	界面优化
		缩短响应时间
		反馈收集和分析

7.2.8 利益冲突下的权衡与 Plan B

在物联网系统中，利益冲突存在于不同的利益相关者之间，如设备制造商、服务提供商、用户及监管机构等。处理这些冲突时，需要根据不同利益相关者的需求在多个方案间进行权衡并做出决策，以确保系统的稳定性和利益平衡。设备制造商和用户之间的利益冲突主要体现在隐私、安全、成本和功能需求等方面，具体分析方法见表 7-22。

表 7-22 设备制造商与用户的利益冲突分析方法

步骤	描述	权衡方法	Plan B
识别冲突	确定设备制造商和用户之间的具体冲突点	利益相关者分析	制定利益相关者沟通计划
		冲突识别会议	
评估影响	评估利益冲突对系统目标、用户体验和设备功能的影响	风险评估	制定风险应对措施，分配缓冲资源
		影响分析	
确定解决方案	设计解决方案，平衡设备制造商的商业目标和用户的需求	方案对比分析	确定替代方案，调整设备功能或用户权限
		多方协商	

（续）

步骤	描 述	权衡方法	Plan B
制定 Plan B	制定应对计划失败的备用方案，确保系统稳定运行	制定替代策略	设计备用功能或服务，确保最小化冲突带来的影响
		资源调配	
沟通与协调	与设备制造商和用户清晰沟通权衡决策和备用计划，确保透明和一致	沟通计划	实施定期沟通和反馈机制
		协调会议	
实施和监控	执行备用计划，并持续监控其效果，确保有效应对冲突	实施计划	进行系统测试和用户反馈，随时调整策略
		监控和调整	
回顾与优化	对备用计划实施效果进行回顾，总结经验教训，并根据实际情况进行优化	事后分析	根据回顾结果调整和优化备用计划
		经验教训总结	

设备制造商希望收集用户数据以优化产品和服务，实现商业目标。然而，用户可能担心个人隐私受到侵犯，或对设备的功能和数据使用有不同的期待。因此，处理这类冲突需要精确的识别、评估、权衡并制定 Plan B，以保障各方利益的平衡和系统的稳定运行。

识别冲突的过程包括绘制利益相关者图谱和进行 SWOT 分析，以了解设备制造商与用户之间的具体冲突点。例如，用户担心设备的持续数据收集，而制造商可能需要这些数据来提升产品性能。利益相关者图谱见表 7-23。可以利用 SWOT 分析工具识别冲突的内部和外部因素，明确冲突的性质和范围，SWOT 分析见表 7-24。接下来，通过风险管理工具进行风险评估和影响分析，评估冲突对系统目标、用户体验和设备功能的潜在影响，确定需要优先解决的冲突点，为后续的解决方案设计提供依据。

表 7-23 利益相关者图谱

利益相关者	主 要 利 益	潜 在 冲 突
设备制造商	降低生产成本	高利润可能导致降低产品质量，成本节约可能侵犯用户隐私
	增加利润	
	提高市场份额	
用户	高质量设备	对设备质量和隐私有高要求，可能与制造商的成本节约目标冲突
	数据隐私	
	性价比	
供应商	增加原材料或组件的销售量	可能要求设备制造商增加采购量，但设备制造商可能希望控制成本
服务提供商	提供技术支持和维护服务	可能受到设备制造商对服务的限制，制造商可能减少支持

(续)

利益相关者	主要利益	潜在冲突
监管机构	确保设备符合安全和隐私法规	可能与设备制造商的商业利益产生冲突,增加合规成本
竞争对手	增加市场份额	竞争压力可能影响设备制造商的市场策略,影响用户的设备选择
	价格竞争	

表 7-24 SWOT 分析

类别	设备制造商	最终用户
优势(Strength)	技术创新,提供先进设备和功能	市场选择权,增强谈判能力,用户需求推动制造商改进产品质量和服务
	规模经济,降低生产成本	
	强大的研发能力,满足市场需求	
劣势(Weakness)	降低成本可能影响产品质量和用户隐私	信息不对称,难以做出明智选择,对制造商的依赖限制选择范围
	产品质量问题或隐私侵犯损害品牌声誉	
机会(Opportunity)	市场扩展,通过创新和多样化产品进入新市场	技术进步提高设备性能和安全性,政府和监管机构推动的用户保护政策提高设备标准
	与服务提供商和监管机构合作,提升产品附加值	
威胁(Threat)	日益严格的隐私和安全法规增加合规成本	数据隐私风险,设备可能泄露用户数据,技术复杂性使用户难以跟上设备的更新和维护
	来自市场上其他制造商的竞争压力	

确定解决方案和制定备用计划是确保系统稳定性的核心。为平衡设备制造商的商业目标和用户的需求,通过方案对比分析和多方协商来制定解决方案,如调整设备功能以保护用户隐私,或为用户提供更多的控制选项。在此基础上,制定 Plan B,设计备用功能或服务,确保主要计划失败时系统仍能稳定运行。使用项目管理工具和资源管理工具来规划备用计划的实施步骤和资源调配,确保备用计划能够有效应对主要计划中的冲突。

沟通与协调、实施和监控是管理和优化备用计划的关键环节。向所有相关方清晰沟通权衡决策和备用计划,确保透明和一致,以维护各方利益。定期与设备制造商和用户沟通,保持信息的透明和一致性。在实施和监控阶段,使用项目跟踪工具进行任务跟踪,确保备用计划的有效性。通过回顾会议总结经验教训,根据实际情况优化备用策略。